U0322234

核安全国别报告2017
（"一带一路"版）

余少青　曾　超　张　鸥　温玉姣　逯馨华　著

中国环境出版集团·北京

图书在版编目（CIP）数据

核安全国别报告 2017："一带一路"版/余少青等著. —
北京：中国环境出版集团，2018.12
ISBN 978-7-5111-3883-5

Ⅰ. ①核… Ⅱ. ①余… Ⅲ. ①核安全—研究报告—
世界—2017 Ⅳ. ①TL7

中国版本图书馆 CIP 数据核字（2018）第 299993 号

出 版 人　武德凯
责任编辑　董蓓蓓
责任校对　任　丽
封面设计　宋　瑞

出版发行　中国环境出版集团
　　　　　（100062　北京市东城区广渠门内大街 16 号）
　　　　　网　　址：http: //www.cesp.com.cn
　　　　　电子邮箱：bjgl@cesp.com.cn
　　　　　联系电话：010-67112765（编辑管理部）
　　　　　发行热线：010-67125803，010-67113405（传真）
印　　刷　北京建宏印刷有限公司
经　　销　各地新华书店
版　　次　2018 年 12 月第 1 版
印　　次　2018 年 12 月第 1 次印刷
开　　本　787×1092　1/16
印　　张　16.25
字　　数　320 千字
定　　价　80.00 元

前　言

核电"走出去"是国家"一带一路"倡议的重要内容，我国已与多个国家就核电"走出去"洽谈了合作协议或建立起了合作关系，我国自主开发的"华龙一号"、CAP1400和高温气冷堆技术已经在国际市场被广泛关注。

以习近平总书记提出的"理性、协调、并进"的核安全观为指导，为落实习近平总书记于2016年在华盛顿核安全峰会上宣布的"中国将推广国家核电安全监管体系"倡议，服务"一带一路"倡议实施，生态环境部国际合作司组织编制并牵头实施《加强核安全监管国际合作支撑核电"走出去"工作方案》。通过有针对性地开展双边合作、积极利用多边合作平台、做好国内基础工作等，加强核安全监管国际合作方面的相关工作，为核电"走出去"提供有力支撑。

为了落实"走出去"工作方案，本书选取阿根廷、阿联酋、埃及、巴西、保加利亚、南非、沙特阿拉伯、土耳其、伊朗、印度尼西亚、英国等11个核电出口目标国，从国家概况、核能发展历史与现状、核能发展政策与规划、主要核能企业、核安全与核能国际合作、福岛核事故后主要安全事项改进、核能重点关注事项及挑战等方面进行逐一阐述，可为我国核电技术出口与核安全监管国际交流提供重要参考。

本书在编写过程中得到了以下同志的大力支持，其中第一章由张鸥完成；第二章由温玉姣完成；第三章由张弛完成；第四章由黄子健完成；第五章由荆放完成；第六章由付杰完成；第七章由曾超完成；第八章由余少青完成；第九章由栾海燕完成；第十章由封祎完成；第十一章由遆馨华完成。

本书中的数据和信息主要来自各国核安全监管机构、核电公司及国际机构的官方网站，以及相关组织在一些重要场合所发布的信息，如《核安全公约》的履约国家报告等，数据信息收集截止到2018年6月30日。鉴于编者的水平和掌握的资料有限，书中可能存在某些内容和文字表达不妥之处，敬请批评指正。

生态环境部核与辐射安全中心国别报告编写组

2018年8月29日

目　录

第一章 阿根廷

Argentina

一、概述

（一）国家概述

阿根廷共和国，简称阿根廷，位于南美洲南部，由 23 个省和联邦首都（布宜诺斯艾利斯）组成，官方语言是西班牙语。阿根廷与智利、玻利维亚、巴拉圭、巴西、乌拉圭等国接壤，东南面向大西洋。阿根廷是南美洲国家联盟、二十国集团（G20）成员和拉美第三大经济体，是世界上综合国力较强的发展中国家之一，也是世界粮食和肉类的主要生产和出口国之一。

一个多世纪以来，阿根廷始终是中等强国、拉丁美洲的地域大国，是联合国、世行集团、世贸组织、南方共同市场、南美洲国家联盟、拉共体和伊比利亚美洲国家组织的创始国之一。同时，作为一个传统农业国和新兴市场国家，阿根廷以购买力平价来计的人均国内生产总值处于中高水平，与智利和乌拉圭同属拉美第一集团。收入不平等程度虽高，但低于拉美国家平均水平。

阿根廷发展核能的历史较为悠久，并且有良好的重水堆核能全产业基础。1957 年阿根廷自主开发设计并建造了拉美第一座研究用反应堆。长期核计划由阿根廷原子能委员会（CNEA）负责。1983 年，该国承认有能力生产武器级铀，这是制造核武器的重要步骤，但此后阿根廷承诺将和平利用核能。作为国际原子能机构（IAEA）成员国，阿根廷一贯支持核不扩散，并致力于维护全球核安全。1974 年阿根廷核电公司与德国西门子合作建设的阿图查 1 号正式投运，阿根廷成为第一个利用核能发电的拉美国家。2015 年建成投运的阿图查 2 号反应堆采用西门子技术，40%的燃料组件为自主研发。此外，阿根廷恩巴尔塞核电站采用了加拿大 CANDU 重水堆技术。

（二）与中国的战略伙伴关系

1972 年 2 月 19 日，中阿两国建交。阿政府坚定奉行一个中国政策。2004 年中阿建立战略伙伴关系，2014 年 7 月提升为全面战略伙伴关系。

自建交以来，中阿两国贸易额不断增长，经贸合作日益深化。据海关统计，2017 年双方贸易额为 138.09 亿美元，其中中方出口 90.67 亿美元，进口 47.42 亿美元。目前，阿根廷是中国在拉美的第五大贸易伙伴，中国是阿根廷全球第三大贸易伙伴。中国主要出口机械设备、电器和电子产品、计算机和通信设备、摩托车、纺织服装等，主要进口大豆、原油、皮革等。两国经济、产业结构互补性强，合作前景广阔。两国农、牧、渔业合作潜力有待进一步挖掘。

截至 2017 年年底，中阿双方已举行了 4 次经济合作与协调战略对话、20 次经贸混委会会议。2004 年 11 月，阿根廷宣布承认中国的市场经济地位。中国人民银行同阿根廷中央银行分别于 2009 年 4 月、2014 年 7 月和 2017 年 7 月签署了本币互换协议，协议规模由 700 亿元人民币/380 亿阿根廷比索逐渐增长为 700 亿元人民币/1 750 亿阿根廷比索。

中阿基础设施合作有望成为中阿经贸合作的新亮点。为推动经济发展，阿根廷政府希望进一步加大对现有基础设施的改造以及对能源、资源等领域的投入。中国企业正在积极跟进一批水力、风力、火力、太阳能、核能发电，铁路客、货线路改造，地铁、轻轨建设，港口、内河疏浚，通信，住房，农业灌溉等项目，一些项目已取得了阶段性进展。

中阿产能合作将成为中阿经贸合作的新趋势。2015 年 5 月，李克强总理访问拉美时首次提出加强中拉产能合作的新倡议，不仅为中拉整体合作规划了路线图，也为中阿务实合作提质升级提供了新思路和新机遇。双方在水电、核能、铁路运输等领域重大项目的落地，为产能合作打下了坚实基础。

中阿两国于 1985 年签署和平利用核能协定，并自 2010 年起开始核电合作。经过磋商，2017 年 5 月 17 日，中核集团与阿根廷核电公司在北京签署了关于阿根廷第 4 座和第 5 座核电站的总合同。根据双方约定，将于 2018 年开工建设一台 70 万 kW CANDU-6 型重水堆核电机组；在 2020 年开工建设一台百万千瓦级“华龙一号”压水堆核电机组。

二、核能发展历史与现状

阿根廷是第一个利用核能发电的拉美国家，也是较早开发民用核能技术的拉美国家之一。截至 2017 年，阿根廷拥有 3 台运行核电机组、1 台在建核电机组，均为重水堆。2017 年，阿根廷核电站全年发电量约为 62 亿 kW·h，占全国总发电量的 4.5%左右[①]。

相对其他拉美国家，阿根廷发展核能的历史较为悠久，并且有良好的核能全产业基础。CNEA 从成立一开始就特别关注放射性同位素的研究和应用，积极探索辐照在医学领域的

---

① 数据来源：Nuclear share figures，2007—2017，World Nuclear Association.

应用，同时致力于研发核技术在物理、化学、放射生物学、冶金、材料和工程科学等方面的应用。在人才储备方面，CNEA 与阿根廷国立大学合作，分别针对本科及研究生教育开立了相应的科技工程学院，用于培养锻炼自己的专业技术人才。

近几十年来，由于经济衰退以及信用违约导致的融资困难，阿根廷核能产业受制于资金限制发展相对缓慢。但阿根廷政府对于核能产业发展的坚定态度始终没有动摇，对于核电站建设的需求也是较为迫切的。

（一）核能发展历程

阿根廷核工业起步于 20 世纪 50 年代，阿根廷原子能委员于 1950 年成立。1964 年，阿根廷政府决定建造一座天然铀重水堆。1965 年，阿根廷核电公司正式成立。1974 年，阿根廷核电公司与德国西门子合作建设的阿图查 1 号正式投运。同年，双方合建的阿图查 2 号重水堆开工。1974 年起，阿根廷核电公司与加拿大 AECL 共同建设 CANDU 型重水堆。

20 世纪 90 年代，阿根廷经济衰退，核能发展因缺乏资金支持而全面暂停，阿图查 2 号建设被迫停滞。截至 2003 年，内斯托·基什内尔总统执政后，恢复了对核工业发展的重视，并于 2006 年发布核电重启计划，积极推动阿根廷议会于 2009 年通过 26.566 号法令，该法令决定建设阿根廷第 4 座核电站，包括一台重水堆和一台压水堆机组，以及一台模块化小型反应堆（CAREM）。

2017 年 5 月，中阿核电企业签署关于阿根廷第 4 座和第 5 座核电站的总合同。计划于 2018 年开工建设一台 70 万 kW CANDU-6 型重水堆核电机组，在 2020 年开工建设一台百万千瓦级"华龙一号"压水堆核电机组。

（二）核能立法、政策与规划

1997 年发布的 24.804 号法令《国家核能法》是阿根廷国内和平利用核能的基本法律框架，该法令与 1994 年发布的 1.540 号法令一起，规定了 CNEA 具有研究和发展核能及制定相关核能政策的职能，阿根廷核监管局则履行其在核监管领域的职能，阿根廷核电公司作为国有大型企业，被赋予设计、建造和运营核电站的职能。

2009 年通过的 26.566 号法令规定允许进行如下活动：

①恩巴尔塞核电站延寿相关工作，包括运营许可延期。

②阿图查 1 号核电站延寿前期研究启动。

③执行待定的建设活动，以便结束阿图查 2 号核电站的建造、调试和运行工作。

④启动第 4 座核电站的可行性研究工作。

⑤CAREM 反应堆的设计、执行和调试。

第 26.566 号法令将上述工作视为其国家利益，意味着国家和联邦政府关于上述活动的相关行为将优先于地方政府的行为，并且地方政府不得颁布任何对以上活动产生影响的法律、法规或法令。

根据阿根廷核能发展规划，阿根廷将继续发展核电，达到装机 490 万 kW 的目标。包括如下内容：

2016 年：恩巴尔塞核电站延寿工作，以及 35 万 kW 升级改造；

2017 年：第 4 座核电站重水堆项目开工建设；

2018 年：CAREM 核电站投运（25 MW）；

2019 年：第 5 座核电站压水堆项目开工建设；

2020 年：位于阿根廷东北地区福尔摩萨省一台 15 万 kW CAREM 核电站的启动。考虑启动第 6 座核电站压水堆项目。

（三）影响核能发展的经济、政治等因素

阿根廷当前发展核能面临资金问题，虽然现政府致力于与欧美国家改善合作关系，但是在欧美的投资尚未到位之前，中国仍是阿根廷的第二大贸易伙伴和主要融资国。

由于阿根廷 2001 年主权债务违约后难以从国际市场获得融资，目前仅有美洲开发银行及安第斯集团愿意向阿根廷提供融资，故阿根廷对于参与基础设施建设的企业融资期望很高。

2018 年，随着美联储加息和美元走强对新兴市场影响的扩大，阿根廷比索在 5 月初、6 月中旬、8 月初发生过三次大幅贬值。阿根廷央行行长费德里科·斯图塞内赫尔也因此宣布辞职。阿根廷政府采取了动用外汇储备、提高基准利率、调整经济政策释放积极信号等救市措施，并在 6 月底与国际货币基金组织（IMF）达成 500 亿美元援助贷款协议，有效遏制了汇率暴跌势头。阿根廷经济专家分析，由于货币贬值，政府未能出台有效遏制货币持续贬值的明确计划，让阿根廷经济仍充满极大的不确定性。

此外，政治稳定是核能发展的重要基础，多党制国家的政府换届会对核能政策和计划，以及计划中或建设中的核能项目产生一定程度的影响。中阿关于出口核电机组的合同也曾因阿根廷政府换届影响，一度濒临被取消的危机。

（四）核电发展现状

阿根廷国内的能源结构主要有水电、火电、天然气以及核电四部分。1990 年以来，阿根廷的用电量急剧增加，人均消耗量从 2002 年的 2 000 多 kW·h/a，增至 2015 年的 3 000 kW·h/a。2015 年全国净发电量为 145 TW·h，其中天然气 72 TW·h（50%）、水电 39 TW·h（27%）、石油 22 TW·h（15%）、煤 3 TW·h（2%）、核电 7 TW·h（5%），以及净

进口 2 TW·h（1%）[1]。

表 1-1 所示为各不同阶段核能在阿根廷能源结构中的比重。

表 1-1　1970—2017 年核电占阿根廷全国总发电量比重[2]　　　　单位：%

年份	1970	1980	1990	2000	2010	2013	2015	2016	2017
核能发电占总发电量比重	0.00	5.89	14.76	6.94	5.71	4.45	4.8	5.6	4.5

经过 60 多年的发展，在阿根廷政府、CNEA、阿根廷核电公司和阿根廷核监管局的共同努力下，阿根廷建设了 3 个重水堆核电机组，以及相应的重水制造厂、燃料生产厂和数个核电设备生产基地。

1.　现有核电机组

阿根廷现拥有 2 座在运核电机组——阿图查 1 号、2 号核电站，1 座延寿中的恩巴尔塞核电站，总装机容量为 175.5 万 kW。此外，阿根廷自主研发的示范堆——CAREM 小堆正在建设中。详细信息见表 1-2。

表 1-2　阿根廷现有核电站及示范堆[3]

核电站名称	地点	型号及设计商	参考功率/万 kW·h	总发电量/万 kW·h	首次发电时间
阿图查 1 号（Atucha-Ⅰ）	布宜诺斯艾利斯省	重水堆（西门子公司）	34	36.2	1974 年
恩巴尔赛（Embalse）	科尔多瓦省	CANDU-6 型重水堆（加拿大 AECL）	60	64.8	1983 年
阿图查 2 号（Atucha-Ⅱ）	布宜诺斯艾利斯省	重水堆（西门子公司）	69.3	74.5	2014 年
CAREM25 小型反应堆	布宜诺斯艾利斯省	压水堆（阿根廷自主研发）	25	29	建设中

[1]　数据来源：Nuclear Power in Argentina，updated June 2018，World Nuclear Association.
[2]　数据来源：IAEA PRIS 2018.
[3]　数据来源：IAEA PRIS 2018.

各机组详细情况介绍如下：

（1）阿图查 1 号核电站

1968 年开工建设，1974 年投入商业运行，为额定功率 362 MWe 的重水堆。该核电站位于布宜诺斯艾利斯西北 100 km 的 Lima 小镇，坐落于 Paraná 河岸，由德国西门子公司设计，采用天然铀作为燃料。1995 年，该核电站升级改造，为提高燃料燃耗深度、减少乏燃料，燃料改为轻度浓缩的铀（0.85%U-235）。这是世界上第一座以轻度浓缩铀作为燃料的重水堆核电站。

（2）恩巴尔塞核电站

1974 年开工建设，1984 年投入商业运行，为额定功率 648 MWe 的重水堆。该电站位于科尔多瓦省内陆地区，距布宜诺斯艾利斯 700 km，采用加拿大 CANDU 技术。除发电外，该核电站还用来生产 Co-60，年产量位列世界第三。2010 年，恩巴尔塞核电站签订翻新项目，将提高 7%的发电量。该电站与加拿大兰万灵公司 Candu Energy Inc.签订合同，协助其延寿 30 年。整个项目预计耗资 14 亿美元。2016 年电站停堆进行主要的延寿工作，计划于 2018 年下半年完成翻新工作。

（3）阿图查 2 号核电站

1974 年开工建设，2015 年并网发电，为额定功率 745 MWe 的重水堆。该核电站与阿图查 1 号核电站毗邻，采用德国西门子技术。该核电站始建于 1981 年，但因资金缺乏，于 1994 年暂时停工，当时整个工程已经完成 81%。2006 年 8 月，阿根廷政府宣布投资 35 亿美元，重启后续工程建设。2014 年 6 月该电站首次达到临界，2016 年 5 月投入商业运行。

（4）小型模块堆 CAREM

由阿根廷国家原子能委员会自主研发的 CAREM 小型模块堆，是采用一体化蒸汽发生器的模块式压水堆，设计功率为 29 MWe，可用于研究或海水淡化。CAREM 项目位于阿图查 1 号核电站附近，已于 2014 年开工，计划于 2020 年建成。目前选定德国西门子为常规岛供商，核岛部分将由阿根廷本国供货和服务，由本国生产的设备占 70%。阿根廷政府宣布将投入 35 亿阿根廷比索（约 4.55 亿美元）用于模块建设，包括用来生产反应堆压力容器和其他主要设备的基础建设等。

CAREM 项目整个一回路冷却剂系统均在其反应堆压力容器内，燃料采用的是带有可燃毒物的富集度为 3.4%的燃料，每年换料一次。

IAEA 将 CAREM25 列为 100 MWe 的研究堆。

2．相关核设施

（1）研究堆

目前，阿根廷 3 个主要核研究中心和 INVAP 公司负责研究堆技术的研发，已在国内建成 6 个研究堆临界装置：

RA-0，1965 年建成，主要用于教学研究。

RA-1，1957 年建成，是拉美地区第一座核反应堆，主要用于材料辐照实验。

RA-3，1967 年建成，主要生产医用和工业用同位素，其生产的 Mo-99 不仅能满足阿根廷国内需求，还向国外出口。

RA-4，1972 年建成，位于 Rosario 大学内，主要用于教学研究。

RA-6，1982 年建成，用于教学和培训。2009 年，为履行和平利用核能及核不扩散的承诺，阿根廷对其进行了改造，将燃料由 90%U-235 换为 20%U-235。

RA-8，1997 年建成，设计小堆 CAREM 实验用。

RA-10，目前正在建设当中。

（2）核燃料循环设施

1955 年，阿根廷开始工业化规模铀矿开采。目前，阿根廷已探明铀矿 16 500 t，未探明的铀资源估计有约 14 000 t。在铀转化与铀浓缩方面，阿根廷也具备一定实力，使用气体扩散法生产浓缩铀，同时也开始研究激光法与离心法等浓缩技术。

在燃料制造方面，阿根廷可制造燃料芯块，但需进口锆材，能够生产棒状元件与板状元件，以满足不同堆型需要。阿根廷生产的燃料主要满足国内核电站与研究堆需求，还为出口过研究堆的国家供应所需核燃料。CONUAR 是 CNEA 的下属工厂，坐落于布宜诺斯艾利斯近郊的 Ezeiza，从事燃料组件的生产，年产量 150 t。

阿根廷拥有一家重水生产厂——ENSI，年产量 200 t，足以为阿根廷现有核电站和后续机组提供重水，甚至还可向海外出口。

阿根廷的放射性废物管理体系也较为完善，目前在研究乏燃料后处理的技术。在科尔多瓦省，CNEA 下属 Dioxitek 工厂拥有一台产量 150 t/a 的铀燃料离心分离机，用于回收利用铀燃料。

3．拟建核电项目

2013 年，阿根廷政府首次明确建设国内第 4、第 5 座核电站的相关计划。考虑到阿根廷国内现有核工业体系的发展情况，第 4 座核电站将延续阿根廷已有的加拿大 CANDU 技术，充分利用当前重水堆技术队伍、燃料供应体系等资源。第 5 座核电站则将采用世界主流技术——压水堆技术，逐步实现从重水堆技术到压水堆技术的转变。

2015 年 11 月，中核集团与阿根廷核电公司正式签署阿根廷重水堆核电站商务合同及压水堆核电站框架合同，标志着中核集团与阿根廷核电公司将合作建设第 4、第 5 座核电站。其中阿图查 3 号机组采用加拿大 CANDU 堆技术，而阿图查 4 号机组将采用我国自主研发的"华龙一号"反应堆，这也是我国自主第三代核电站首次成功出海。

2017 年 5 月，中核集团与阿根廷核电公司签署关于阿根廷第 4 座和第 5 座核电站的总合同。计划于 2018 年开工建设一台 70 万 kW CANDU-6 型重水堆核电机组，在 2020 年开工建设一台百万千瓦级"华龙一号"压水堆核电机组。

三、国家核安全监管体系

根据 1994 年 8 月 30 日通过的政府法令，阿根廷国内核能行业体系重建，将核能相关活动分为 3 个实体，分别为：阿根廷核监管局（ARN）、阿根廷核电公司（NASA）以及 CNEA 分别负责阿根廷的核能监管、核设施营运以及核能相关领域的研发。

图 1-1 为阿根廷核能行业国家管理体制架构。

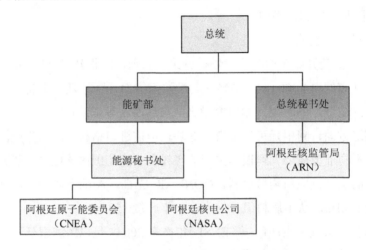

图 1-1　阿根廷核能行业国家管理体制架构

（一）核能发展规划和研发部门

1．能源与矿业部

能源与矿业部简称能矿部，成立于 2015 年 12 月 10 日，是阿根廷主管各类能源和矿业活动的政府部门，负责制定电力政策。下设能源秘书处，直接管理国内核领域事务和国际核能合作事务。

2．原子能委员会

CNEA 成立于 1950 年 5 月 31 日，是负责核能研究与发展的政府机构。其中包括 Bariloche 核能研究中心、Constituyentes 核能研究中心（位于布宜诺斯艾利斯市）以及 Ezeiza 核能研究中心（位于布宜诺斯艾利斯省）。

CNEA 主要负责核电及研究堆技术方案的研发、铀矿开采、核燃料制造和供应、乏燃料与放射性废物管理、核设备与放射性设施退役、核技术应用、培训以及与核相关的环境保护等。此外，还负责为政府制定核能政策提供相关咨询服务。

CNEA 承担以下职能：就核政策的界定向行政权力机关出具意见；高级专业人才资源的培养和核能领域科技的发展，包括认真执行促进高新技术产业发展的项目等；确保技术转让、技术专利的取得和发展顺利进行，确保阿根廷联邦促进核不扩散承诺得到落实；履行放射性废料的管理职责；建立核电站设施及其他放射性设施的退出机制；提供核电站或其他核设施要求的服务；对包含在辐射燃料中的特殊的可裂变辐射原料实施国家所有权；发展、建造和运作实验性的核反应堆；发展生物、医药和工业中放射性元素和辐射的应用；核使用的探矿权；先进循环中燃料制造过程和原料的发展；开展核技术基础科学方面的基础和应用性研究；通过外交部与第三国在上文提到的领域方面的活动和核聚变技术方面进行合作；促进和实施其他研究以及核裂变和核反应的科学应用；持续更新核电站技术每个阶段的信息并且利用好信息的价值；与国外相关机构建立直接联系；与核设施反应堆运营商建立伙伴关系以便进行研究。

（二）核安全监管部门

阿根廷核监管局（ARN），1997 年由总统颁布 24.804/97 号法令正式成立。ARN 拥有行政和财政自主权，拥有公法法人资格，主要负责制定核辐射安全标准、物理保护与核材料使用法规、发放许可证和执照、对核设施进行监管以及保证阿根廷核活动符合国际和国内安全标准。ARN 的主要职责、机构组织、人力资源、财政预算，以及核安全监管的政策规划、立法、监管框架等，将在下文详述。

（三）主要核能企业

阿根廷核电公司（NASA）

为发展阿根廷的核电事业，提高阿根廷在国际的影响力，1965 年由国家成立了阿根廷核电公司。NASA 是一家专业从事清洁能源和核能发电的公司。公司成立初期致力于重水堆和天然铀燃料的引进与开发。经过 40 年的发展，公司业务领域已覆盖阿根廷国内所有的核电项目及其他清洁能源发电项目。NASA 股东构成为：79%阿根廷能源与矿业部，20% CNEA 以及 1%其他企业。

1994 年，阿根廷政府颁布法令，对核能机构进行重组，将原来的原子能委员会分为 3 个职能机构：ARN、CNEA 及 NASA。NASA 作为国内大型核电站的业主，主要职责是建造和运行核电站。

NASA 和 CNEA 均设有设计部门或分部。尽管 NASA 在建造重水堆核电站期间获得了加拿大 AECL 的技术转让，但其设计力量较薄弱。

（四）主要供应商

1. 设备供应商

主要的国内设备供应商如下：

（1）工程服务类：7 家

分别是 TECHINT S. A.、TECNA、INVAP、SENER、SIEMENS、ELIN、ISI MUSTANG。

阿根廷工程服务类供应商主要业绩集中在阿根廷国内石油、天然气、电网输配电领域，在核电方面比较少，尤其在资质方面与我国核安全局监管要求有不小差距，其主要原因在于国家层面还没有统一的核安全法规等政策上的要求。

（2）机械设备类：14 家

分别是 AESA、combustibles nuclearsargentions S.A、FAE、KSB、FAINSER、TENARIS、SECIN、FLOWSERVE、IMPSA、VALTRONIC、CINTOLO HNO.S、METALURGICA SAIC、MOTOMECANICA ARGENTINA S.A.、TANDANOR。

对于核级设备，阿根廷国内目前没有专门机构给制造企业颁发核设备制造及设计许可证，阿根廷核电公司也没有核级设备制造资质的评定办法。虽然许多厂家在装备制造上具备能力，只有极少企业对 ASME Section III 有初步的了解，对于中国采用的 RCC-M 标准缺乏认识。

（3）电气设备类：3 家

分别是 FARADAY、ABB、ZOLODA S.A.。

2. 燃料制造企业

（1）CONUAR 核燃料元件制造厂

CONUAR 成立于 1982 年，主要负责阿图查 1 号、2 号和 CANDU6 电站燃料元件生产。该工厂原料为 UO_2 粉末，设有芯块制备、燃料棒制造、组件组装、零部件加工等设施。

（2）DIOXITEK 二氧化铀粉末工厂

DIOXITEK 成立于 1982 年，主要负责为燃料元件提供 UO_2 粉末生产。生产原料为天然 U_3O_8。现有生产能力（铀）为 170 t/a，新厂建成后，新增 230 t/a 的生产能力。

（3）FAE 锆材生产厂

FAE 成立于 1986 年，主要生产重水堆燃料元件配套用的锆包壳管、锆棒、重水堆用镍基合金管、钛合金管、不锈钢管、棒等。此外，该厂在重水堆电站设备加工方面具有较高的水平。

（4）Pilcaniyeu 铀浓缩厂

Pilcaniyeu 铀浓缩厂建于 1965 年，使用气体扩散法进行铀浓缩。该厂自 1983 年运行至 1989 年，期间被关闭了 20 年。2006 年阿政府宣布再度将该厂投入运行计划，2010 年

10 月正式确认重新运行。阿根廷于当时预计将于 2011 年 9 月开始运行，然而直到 2014 年，CNEA 才开始在该厂进行实验室水平的铀浓缩活动。

阿根廷利用自己的技术对该工厂进行了翻新和升级，翻新的第一阶段涉及建造 20 个升级扩散器原型机。该厂此前具备每年 20 000 分离功（SWU）的浓缩能力，重新运行后，计划要求升级后的工厂浓缩能力达到 300 万分离功的产能。

阿根廷联邦计划部在一份声明中说，由 Pilcaniyeu 工厂生产的浓缩铀为阿根廷三大核电反应堆提供燃料，并且还将为遍布阿根廷的 13 个核医学中心（部分正在建设中）提供燃料。

（五）核安全监管部门

阿根廷核监管局（ARN），1997 年由总统颁布 24.804/97 号法令正式成立。ARN 拥有行政和财政自主权，拥有公法法人资格，主要负责制定核辐射安全标准、物理保护与核材料使用法规、发放许可证和执照、对核设施进行监管以及保证阿根廷核活动符合国际和国内安全标准。

根据 24.804 号法令，ARN 的主要职责包括：核安全标准制定相关事宜；核安全监督与执照授权及修改；对核设施的执照过程进行评估，并拥有独立处置权；发展核与辐射防护相关的科学与技术；组织核安全与辐射防护相关的人员的培训；提供核废料的验收标准与转运条件；提供核废料的转运程序；为议会提供核废料战略计划的建议等。

ARN 监督和管理的目的在于：保护人民免受核电辐射的危害；确保阿根廷国内辐射和核行为的安全；确保核行为的发展方向符合本法及相应法律法规、阿根廷在防止核扩散方面做出的国际承诺和相关政策；防止故意的可能导致严重辐射后果的行为。

ARN 由一系列主管及拥有技术和专业背景的成员组成，其最高管理层是一位主席和两位副主席。

为实现更好的经济与人力资源配置，ARN 成立了多个专业部门，包括标准监督与指导处、辐射防护和应急准备处、辐射安全与物理防护设施处、科学与技术支持处、综合管理处、核事务与工业交流处、核反应堆执照控制处、人力资源处、法律事务处。

随着核事业的发展，ARN 人员由 2010 年的 364 人发展到 2013 年的 420 人。值得一提的是，在 420 人当中有 52%是专业人员、18%是技术人员、30%的人员从事支持活动。在所有专业人员中，41%属于工程领域、28%属于自然科学领域（包括但不限于物理、化学、生物和医学等）、10%属于社会科学领域、7%属于经济学领域、4%属于法律领域、10%属于其他领域。

ARN 的财政资源直接由政府的财政预算拨款。2013 年预算为 21.2 亿阿根廷比索（约

3.6 亿美元），其中 54%属于人力支出、32%属于服务性支出、6%属于交通支出、5%属于设备支出、3%属于其他支出。

（六）监管立法及监管框架

根据第 24.804 号法令《国家核能法》的规定，核电站项目的主管机构有两个：一个是核监管局（ARN），主要负责一般性监管和对国内核行为的管理；另一个是原子能委员会（CNEA），其有权就与核行为有关的一切事项向行政权力机关提出建议，同时享有并负责与国内核行为有关的权力和任务。

根据 24.804 号法令第 9 条 a）段的规定，从事核活动必须获得 ARN 的许可、批准或授权。因此，在阿根廷国内只有获得该许可、批准或授权的机构才能运营核设施。

阿根廷核监管体系主要由 ARN 发布的《核管制标准》构成，《核管制标准》为建设、启动、运营和关闭核设施提供了审批许可规定。该体系规定被许可人应当在各个阶段都符合相关规定。

主要法律法规：

（1）与核行为有关的国际条约

1963 年 5 月 21 日通过的《核损害民事责任的维也纳公约》（"1963 年公约"）；

1986 年 9 月 26 日通过的《及早通报核事故公约》；

1986 年 9 月 26 日通过的《核事故或辐射紧急情况援助公约》；

1994 年 6 月 17 日通过的《核安全公约》。

1997 年 9 月 12 日通过的《修正〈关于核损害民事责任的维也纳公约〉的议定书》（"1997 年修正案"，与"1963 年公约"共同构成《维也纳公约》）；

1997 年 9 月 12 日通过的《核损害补充赔偿公约》；

根据《阿根廷联邦宪法》第 31 条，国际条约（仅限于阿根廷批准的内容）在阿根廷完全适用。阿根廷最高法院曾多次强调如果国际条约含义清楚且不需要更多其他规定辅助其生效，则其在阿根廷境内自动适用。另外，根据《阿根廷联邦宪法》第 75 条第 22 款规定，国际条约比国内法规处于更高的法律位阶。所以，如果国内法律与国际条约规定发生冲突，国际条约优先适用而相抵触国内法律不能适用。

（2）核损害及核责任

关于核损害，阿根廷于 1997 年 4 月 2 日通过了第 24.804 号法令《国家核能法》。该法令第 9 条 c）段明确规定核损害的责任参照《维也纳公约》。

根据《国家核能法》第 31 条，核运营人对放射性物质的安全以及其运营财产的防护与实体保护承担严格绝对的责任，核运营人的产品与服务供应商只对侵权造成的非核事故损害承担责任。

根据《国家核能法》第 9 条 c）段的规定，若发生核事故，核运营人应当完全并且独自承担《维也纳公约》规定的民事责任。

阿根廷一些法律评论认为，《维也纳公约》第 4.2 条的责任限制规定（重大过失或故意行为）在阿根廷法律中可以适用。

此外，根据《维也纳公约》第 4.4 条，核运营人需要独自承担那些无法从核损害中分离出来的非核损害的风险（当核损害与非核损害发生时，该核损害与非核损害是核事故造成的或由核事故与其他事件共同造成的，那些无法从核损害中合理分离出来的非核损害应当视为由核事故造成的损害）。

阿根廷法律没有限制核运营人责任（该责任由第三方供应的产品瑕疵或缺陷引起核事故造成的损害和损失）的专门法律法规。相反，根据《国家核能法》，放射性与核安全以及财产的防护与实体保护责任需完全由核运营人承担，这种责任不能转移，即使核运营人将其一部分工作委托于其他人。此外，核运营人需承担由《维也纳公约》规定的民事责任。因为核安全责任具有不可免责性，所以核设施的运营人不能免责。因为核责任不能转移，所以核运营人无法将其责任转移至承包商或其他第三方。

（七）核安全监管政策

ARN 负责和监管核能活动，因阿根廷目前在运堆型只有重水堆，ARN 在重水堆技术领域的监管政策较为完善，其他堆型的监管仍待建设。

四、核安全与核能国际合作

（一）与中国的核安全与核能国际合作

1. 政府间合作

中阿两国政府于 1985 年 4 月 15 日签订《阿根廷共和国政府与中华人民共和国政府和平利用核能协定》。

阿根廷共和国计划、公共投资与服务部和中国国家能源局于 2010 年 7 月 13 日签订《阿根廷共和国计划、公共投资与服务部和中国国家能源局谅解备忘录》，于 2012 年 6 月 25 日签订《阿根廷共和国计划、公共投资与服务部和中国国家能源局关于核能合作的协议》。

两国政府于 2014 年 7 月 18 日签订《阿根廷共和国政府与中华人民共和国政府经济和投资合作框架协议》和《阿根廷共和国政府与中华人民共和国政府关于在阿根廷合作建设压力管重水堆核电站的协议》。

中国国家原子能机构为 CNEA 的对口部门。2015 年 1 月 CNEA 主席曾到访中国并与国家原子能机构副主任王毅韧会面，双方就两国核领域深入合作交换意见。

ARN 对口部门为中国国家核安全局。2016 年 9 月，两国核安全监管当局签署了《中华人民共和国国家核安全局与阿根廷共和国核监管局关于核安全监管技术合作和信息交流的协议》。双方将通过高层定期会议机制、信息交流、人员互访、专题培训研讨、联合审评监督等方式，在核安全审评、核安全监督、核事故应急、放射性废物处置等领域开展合作与交流。

2016 年，核与辐射安全中心通过科技部拉美地区人才交流项目合作的渠道，接受一名阿根廷核安全监管人员来中心岗位培训一年。为进一步提升培训效果，对外方人员除安排在中心培训工作外，还将适当派驻监督站参与见证核安全监督活动的策划与实施，以及通过核电"走出去"工作组，在核设施营运单位接受短期的现场考察和培训。

2016 年 6 月，在 G20 能源部长会议期间，中国国家能源局与阿根廷能源与矿业部签署了《关于合作建设阿根廷核电站的谅解备忘录》，明确了重水堆和压水堆项目后续工作总体目标。

2. 核电项目合作

中核集团与工商银行、NASA 于 2014 年 7 月 18 日签订《中国核工业集团公司、中国工商银行与 NASA 关于建设阿根廷压力管重水堆核电站项目的实施协议》。

中核集团与 NASA 于 2014 年 9 月 3 日签订《中国核工业集团公司与阿根廷核电公司关于在阿根廷建设压力管重水堆核电站项目（国家项目）的框架合同》。

中核集团与 NASA 于 2015 年 11 月 15 日签订阿根廷重水堆项目商务合同和压水堆项目框架合同。

2017 年 5 月 17 日，中核集团与 NASA 在北京签署了关于阿根廷第 4 座和第 5 座核电站的总合同。根据双方约定，将于 2018 年开工建设一台 70 万 kW CANDU-6 型重水堆核电机组；在 2020 年开工建设一台百万千瓦级"华龙一号"压水堆核电机组。

总之，中阿两国近年来在核能合作领域交流密切，未来的潜在合作方式包括双方高层的定期会议机制、信息交流、人员互访、专题培训研讨、联合审评监督等，涉及核安全审评、核安全监督、核事故应急、放射性废物处置等领域。必要时，在两国监管机构的技术支持单位之间建立直接的沟通渠道，签署合作协议，开展深度的技术交流与合作。

（二）与其他国家的核安全与核能国际合作

阿根廷积极与核能组织和核能发展国建立并发展合作关系，除已从德国、加拿大进口核电技术外，阿根廷凭借其先进的核能研究水平，与巴西、秘鲁等国签署核能研究协议，同时向秘鲁、澳大利亚、埃及等国出口了研究堆，详细信息见表 1-3。

表 1-3　阿根廷出口研究堆信息

国家	地点	首次临界	名称	热功率	备注
秘鲁	利马	1978 年	RP-0	10 MW	为秘鲁核能研究院
		1988 年	RP-10	10 MW	提供核检测装置
阿尔及利亚	阿尔及尔	1989 年	NUR	1 MW	用于核研究
埃及	开罗	1997 年	ETRR-2	22 MW	多功能研究堆
澳大利亚	悉尼	2007 年	OPAL	20 MW	用于同位素生产

2014 年 4 月，阿根廷联邦计划、公共投资与服务部部长与阿联酋外长在布宜诺斯艾利斯签署了一份为期 5 年的在核能利用领域展开合作的谅解备忘录。

2014 年 7 月，俄罗斯国家原子能公司（Rosatam）总裁与阿根廷计划、公共投资与服务部部长在俄罗斯总统普京访问阿根廷期间签署了一份和平利用原子能的政府间协议。这份协议取代了 2012 年 12 月到期的协议并扩大了合作领域。这些领域涵盖了核电厂与研究堆以及海水淡化设施的设计、建造、运行和退役，还包括了对核燃料循环、放射性废物管理和同位素生产的支持。

2015 年 3 月，阿根廷联邦计划、公共投资与服务部部长与玻利维亚碳氢化合物和能源部部长签署了一份合作促进和平利用核能的相关协议。

2015 年 4 月，阿根廷总统克里斯蒂娜·基什内尔率领的阿根廷代表团与俄罗斯总统普京举行会晤，双方就为阿根廷阿图查核电站建设 6 号机组一事签署了备忘录。俄罗斯国家原子能公司此前曾发出信号，愿意以发包方和承建方的身份参与阿图查核电站 6 号机组的建设工作。

五、核能重点关注事项及改进

（一）福岛核事故后主要安全事项改进

日本福岛核事故后，伊比利亚-美洲地区核辐射监管机构论坛（该组织成员国为阿根廷、巴西、智利、古巴、墨西哥、秘鲁、西班牙以及乌拉圭）的成员国达成一致，决定对成员国内所有核电站进行压力测试，旨在了解成员国核电站的安全余量，分析和评估各成员国对于设计基准外极端事件（如全厂断电以及最终热阱长期失效等）的应对措施，以对各成员国应对极端事件的应急反应进行全面考察。阿根廷核监管机构按照要求开展了压力测试，并将测试结果评估和相应改进措施以国家报告的形式提交机构论坛审阅。

阿根廷核能当局高度重视核电站安全监管和安全运行，应用最新或改进后的 IAEA 安全标准，针对主要安全事项进行了全面改进。包括：

- 基于国际原子能机构 GS-R-3 和 ISO 9001：2008 标准，实施质量管理体系（QMS）。
- 发布《核事故中的放射性标准》，并应用于阿图查 2 号和 CAREM 执照发放过程中。
- 继续努力加强和维持人力资源的教育和培训。
- 升级和检查保护人民和环境远离电离辐射的措施。
- 环境和地震鉴定：根据国家规定进行重新评估和改进。

（二）近年来面临的挑战及改进措施

近年来，阿根廷核能发展和核安全监管主要面临以下挑战：

- 阿图查 1 号乏燃料池在 2015 年将装满，因此需设计和建造一个干式乏燃料储存场。
- 监管机构的员工培训。随着人员退休和核电发展计划的实施，知识保存仍然是一项挑战，需增加监管人员，开展知识管理。
- 核电站整修和建设项目需持续关注质量并监督外部供应商：
  - 应用特殊的授权程序，评估供应商提供货物或服务的能力，并在签合同前检查其质量管理体系；
  - 资格审查过程某些情况下需要供应商准备一些样品，用作对比测试；
  - 国内的供应商，执行检查和监查，如果确认合适，将作为核电厂永久供应商；
  - 执行监查，确认供应商质量管理系统有效性，确保满足既定要求。

主要采取的后续改进行动有：

- 外部技术监查：核电厂 WANO 同行评估；恩巴尔塞核电站执行 OSART。
- 阿图查核电站 1 号、2 号机组新建实物防护系统（PPS）。
- 阿图查 1 号机组新的应急供电系统正在调试中。
- 干式乏燃料贮存场正在建造中。
- 恩巴尔塞核电机组延长寿命运行：更换管件、更换蒸汽发生器。
- 恩巴尔塞核电站整修。
- 改善设备老化评估的技术。
- 压力测试后的改进项实施。
- 内部技术支持团队建设。
- 使用自身电站的模拟机对人员进行培训。

- 在第 4 座核电站重水堆项目设计中将参考中国秦山三期核电项目的设计改进，以及福岛核事故后的设计升级，提高新建重水堆的安全性。

核监管局的良好实践包括：

- 在地区培训中心进行监管机构新员工专业课程培训。

- 在建工程的设备安装：应用 PSA1、PSA2 和 PSA3 级许可。

- 对现有运行反应堆：增加新的紧急供电系统（EPS）。

第二章　巴西

Brazil

一、概述

巴西联邦共和国（葡萄牙语：República Federativa do Brasil），简称"巴西"，是南美洲最大的国家，享有"足球王国"的美誉。

古代巴西是印第安人的居住地。1500 年被葡萄牙航海家佩德罗·阿尔瓦雷斯·卡布拉尔（Pedro Alvares Cabral）发现之后，逐渐沦为葡萄牙殖民地。1807 年拿破仑入侵葡萄牙，葡萄牙王室逃到巴西，将里约热内卢定为葡萄牙、巴西和阿尔加维联合王国的首都。1821 年葡萄牙王室迁回里斯本，王子佩德罗于 1822 年 9 月 7 日宣布独立，建立巴西帝国。1889 年 11 月 15 日丰塞卡将军发动政变，废除帝制。1891 年 2 月 24 日，巴西通过第一部联邦共和国宪法，将国名定为巴西合众国。1960 年首都自里约热内卢迁至巴西利亚。1964 年军人政变执政。1967 年改国名为巴西联邦共和国。1985 年 1 月，反对党在总统间接选举中获胜，结束军人执政。此后，巴西政权 6 次平稳更迭，代议制民主政体基本稳固。2002 年 10 月，以劳工党为首的左翼政党联盟候选人卢拉赢得大选，成为巴西历史上首位直选左翼总统。2006 年 10 月，卢拉获得连任。2010 年 10 月，迪尔玛·罗塞芙作为劳工党候选人赢得大选，成为巴西历史上首位女总统，并于 2011 年 1 月 1 日就职，任期至 2015 年 1 月 1 日。2014 年 10 月，迪尔玛·罗塞芙赢得大选获得连任，2015 年 1 月 1 日就任新一任总统，任期至 2019 年 1 月 1 日。如今，巴西是重要的新兴经济体，与中国、印度、俄罗斯和南非并称为"金砖国家"。

巴西是南美洲面积最大的国家，领土面积 851.49 万 km^2，约占南美洲总面积的 46%，在世界上仅次于俄罗斯、加拿大、中国和美国，排行第五。

巴西国土面积大，横跨 4 个时区，巴西利亚、圣保罗、里约热内卢等巴西东部地区，被称为巴西利亚时区，比格林尼治时间晚 3 h，比北京时间晚 11 h；马托格罗索州、南马托格罗索州比巴西利亚时间晚 1 h，阿克里州和亚马孙州比巴西利亚晚 2 h，其东部岛屿比巴西利亚时间早 1 h。

巴西实行代议制民主政治体制。1988 年 10 月 5 日颁布的新宪法规定，总统由直接选举产生，取消总统直接颁布法令的权力。总统是国家元首和政府首脑兼武装部队总司令。1994 年和 1997 年议会通过宪法修正案，规定将总统任期缩短为 4 年，总统和各州、市长均可连选连任。国民议会由联邦参议院和众议院组成，为国家最高权力机关和立法机构。内阁为政府行政机构，内阁成员由总统任命。

巴西是农产品生产大国，种植业和畜牧业是农业中两大重要产业部门。除小麦、奶制品等少数农产品尚需进口外，巴西主要农产品均实现自给。巴西同时还是全球农产品出口大国，农产品出口是巴西国民经济的支柱产业，21 世纪以来，巴西农产品出口额迅速增长，到 2013 年达到历史最高点，出口总额达到 999.68 亿美元，农产品贸易顺差达到 829.07 亿美元，2014 年，由于全球大宗农产品价格持续低迷，巴西农产品出口贸易额和贸易顺差均出现小幅回落。其中，出口贸易总额为 967.5 亿美元，同比减少 3.2%，农产品贸易顺差 801.3 亿美元，同比减少 3.3%。

巴西工业实力居拉美各国首位。20 世纪 70 年代即建成比较完整的工业体系，工业基础较雄厚。主要工业部门有钢铁、汽车、造船、石油、水泥、化工、冶金、电力、建筑、纺织、制鞋、造纸、食品等。核电、通信、电子、飞机制造、信息、燃料乙醇等行业已跨入世界先进行列。20 世纪 90 年代中期以来，药品、食品、塑料、电器、通信设备及交通器材等生产增长较快；制鞋、服装、皮革、纺织和机械工业等萎缩。2014 年，巴西工业产值 11 047 亿雷亚尔，同比增长 8.15%，占国内生产总值 23.4%。

二、核能发展历史与现状

本节从巴西核能发展历史以及核能发展现状两个角度，介绍了该国核能发展的主要历程，通过对该国现有核设施及其状态的分析，明确了该国核电技术水平及核能发展需求。

（一）核能发展历史

1. 概况

1970 年，巴西政府决定对国内的第一座反应堆进行招标，最终美国西屋公司（Westing House）成功中标，建造工作于 1971 年在海岸线展开。第一座商业核电机组（Angra 1 号）于 1982 年投运。

1975 年，为了能够独立掌握核电技术，巴西政府颁布了一项政策，在该项政策的指导下，政府与德国签订了一份在未来 15 年建设 8 座 1 300 MWe 的反应堆的协议。签订协议之后 Angra 2 和 Angra 3 的建造工作立即展开，由 Kraftwerk Union（KWU，西门子旗下的核电业务公司，后出售给 Areva）提供设备。根据技术交流协议，剩余的工程将实现 90%

的巴西国产化，为了实现这一目标，一些研究核燃料循环的子公司联合成立了由州政府拥有的 Empresas Nucleares Brasileiras S.A.（Nuclebrás）公司。

但是巴西的经济因素决定了建造两座核电站的工作将不会很顺利，整项工程在 20 世纪 90 年代发生重大变化。1988 年，政府成立了一个新的公司——Indústrias Nucleares do Brasil S.A.（INB）接手了 Nuclebrás 的核燃料循环的子公司。Angra 2 号和 Angra 3 号的建造任务交给了 Eletrobras 的一个子公司——Furnas Centrais Elétricas S.A.（Furnas）。但是 Nuclebrás 公司以前的一个子公司 Nuclen 也持有 KWU 的股权，仍作为巴西的反应堆建造和运营公司。

1995 年德国银行、Furnas 和 Eletrobras 三方共同投资 13 亿美元建造 Angra 2 号。一些重型的核电设备的制造任务仍由 Nuclebrás 以前的一个子公司 Nuclen 承担，Nuclen 和 INB 都是 CNEA 的子公司，但拥有独立管理的职能，工作情况直接向国家的科学技术部报告。截至目前，巴西共有 2 座运行核电机组，核电占总发电量的 3%，1 座机组在建。同时计划 2020 年代再建成并运行 4 个大型机组。

Angra 1 号和 Angra 2 号对东南电力系统（主要靠水力）的可靠性起到重要的作用，确保为里约热内卢州和圣埃斯皮里图州连续供电，这两个州当地的水力资源几乎已被耗尽，供电依靠于很长的输电线路。2012 年，Angra 1 号和 Angra 2 号的发电量是 16 040 790.5 GW·h，负荷系数分别是 96.0% 和 89.8%。

2. Angra 1 号机组

1970 年，巴西政府通过国际招标，由西屋公司建造巴西第一座核电站 Angra 1 号。1971 年开始建设，1982 年建成，厂址在里约热内卢以西 130 km。机组最初几年蒸汽供应系统运行问题频发，导致意外停堆。1999 年起，情况大为好转。

Angra 1 号核电站位于圣保罗和里约热内卢之间，净容量是 626 MWe，于 1984 年开始商业运营。1985—1989 年，由于主冷凝器和应急柴油发电机的问题，电站经历了两次计划外停机现象。

自 1984 年起，在有需要时，Angra 1 号有时在满负荷下运行。1993 年 3 月，电站遇到一些燃料棒的问题，于 1994 年 12 月重新开始发电。自 1994 年起，Angra 1 号的性能表现更可靠，于 1999 年达到电站的发电记录 3 976.9 GW·h，效率达到 96%。但是为了确保蒸汽发生器的安全运行，容量运行的限制始终保持在最高 80%，Angra 1 号的表现一直不佳，直到 2009 年更换蒸汽发生器为止。从那以后，电站运行表现卓越，此后，在 2010 年、2011 年和 2012 年打破该电站的发电纪录。

3. Angra 2 号机组

1975 年，为了能够独立掌握核电技术，巴西政府与德国签订了在 15 年内建设 8 座 1 300 MWe 的反应堆的协议，由 KWU 提供技术，整个工程建造目标要实现 90% 的国产化。前两台 Angra 2 号、Angra 3 号立即开始建设，由 KWU 提供设备，其余在技术转让协议下由巴西方占 90%。为此，巴西成立了国有公司 Empresas Nucleares Brasileras S.A.（Nuclebrás），下属企业分别负责工程以及燃料循环等。但是，由于巴西的经济发展缓慢，核电站建设进度严重滞后。

Angra 2 号核电站于 1976 年 1 月开始建设，但是由于经济问题，机组建设放缓，多次停工。20 世纪 80 年代末，整个项目重启。1988 年，成立 Indústrias Nucleares do Brasil S.A.（INB），取代 Nuclebrás 核燃料循环职责。建设 Angra 2 号、Angra 3 号机组的业主转由 Eletrobras 的子公司 Furnas Centrais Eletricas S.A.（Furnas）承担。Nuclebrás 的子公司 Nuclen，仍负责核电厂的工程和设计。

1985 年，由德国银行、Furnas、Eletrobras 联合投资 13 亿美元，重新恢复 Angra 2 号机组建设。Angra 2 号机组于 2000 年 7 月 14 日晚 10：16 时达到临界。Angra 2 号首次与巴西的互联电网同步。2000 年 12 月顺利完成 Angra 2 号的试运行（在 100%功率级下连续运行的测试阶段）。2001 年 2 月，Angra 2 号开始商业运营。在顺利更新初始运营的授权之后，Angra 2 号于 2011 年 6 月取得永久运营执照。同时，1997 年 Furnas 和 Nuclen 合并成立 Eletronuclear，成为 Eletrobras 下属单位，负责所有核电厂的建设和运行。

4．Angra 3 号机组

Angra 3 号机组是 1 330 MWe 的压水堆，与 Angra 2 号类似，是与 Angra 2 号一起从西门子/KWU 采购的。1991 年，土建工程和机电组装作业推迟，Eletronuclear 和几家独立咨询公司编制 Angra 3 号的技术和经济可行性研究，递交给政府主管部门，目前 Angra 3 号处于暂停状态。

（二）核电发展现状

巴西的电力高度依赖水电，这对巴西的环境造成了一定的影响，引起了一些气候专家的担忧并建议减少对水电的依赖。近些年，由于枯水期对水电的影响越来越明显，巴西考虑改善电力结构。

巴西全国 40%的电力由国家控股的电力公司提供，公司 1962 年成立，装机容量 39 400 MWe，占总装机容量的 38%，由矿产能源部管理，联邦政府拥有 54%的股份。约 20%的电力由州政府拥有的电力公司提供，其余的全部由私人公司提供。

巴西目前有两台压水堆核电机组投入运行（表 2-1）。Angra 1 号，采用西屋技术，电功率为 626 MWe，1985 年 1 月投入商业运营，没有模拟机，2006 年 AREVA 帮其更换过蒸汽发生器；Angra 2 号，采用西门子技术，电功率为 1 270 MWe，2000 年 12 月投入商业运营，有自己的模拟机。

2012 年，按照 2011 年 6 月 14 日的 106 号 CNEN 决议签发的 Angra 2 号永久运行授权（AOP）的第 20 项条款，完成定期安全审查（PSR）。这项工作于 2011 年 8 月到 2012 年

10 月由 Eletronuclear 的多专业小组进行。根据 PSR 的结果，Angra 2 号在近 10 年运行安全，没有任何重大的安全问题。

Angra 现场配有 PWR/Angra 2 号类型的模拟器，1985 年起开始使用。模拟器为西班牙、瑞士、德国和阿根廷等国家的公用事业公司提供操作培训服务，这几个国家都是利用由 KWU 供货的核电站。

表 2-1　巴西运行核电机组

	堆型	容量/MWe	并网	商业运行
Angra 1	PWR	626	1982 年	1985 年
Angra 2	PWR	1 270	2000 年	2000 年
总计		1 896		

Angra 3 号，2010 年 6 月开工，原计划预计 2015 年投入商业运营（现已暂停），功率有望提高到 1 405 MWe，是 Angra 2 号的姊妹堆，完全的数字化控制。

巴西核电站厂区概貌见图 2-1。

图 2-1　巴西核电站厂区概貌

（三）拟建核电项目

2006 年 11 月，政府宣布计划完成 Angra 3 号，计划自 2015 年起在同一厂址再建设 4 台百万千瓦级核电机组。2008 年 12 月，Eletronuclear 与 Areva 签署协议，由 Areva 完成 Angra 3 号建设，并考虑提供后续反应堆。Areva 还签署了 Angra 1 号机组的服务合同。

Angra 3 号 2010 年 6 月开始建设，计划工期 66 个月，2015 年年底运行。2013 年 11

月，Areva 获得 12.5 亿欧元工程服务、设备、数字化仪控系统、安装调试监督的合同。2015年因腐败问题合同取消，至今该机组已停建。

2014 年 8 月，巴西核电公司向世界主流压水堆技术厂商发出资讯要求书（RFI），为新建核电站项目技术选型做准备，其中包括我国国家核电的 CAP1400（2014 年 11 月，时任国家核电总经理顾军访问巴西核电时递交）。除 CAP1400 外，ETN 正在寻求信息的其他压水堆机型，包括美国的 AP1000、韩国的 APR1400、法国的 ATMEA 和 EPR、俄罗斯的 VVER，以及中核的"华龙一号"（ACP1000）。

目前来看，呼声最高的竞争对手是西屋公司和 Areva 公司。根据各方接触和交流，巴西各个层面关于后续核电发展技术选择更偏向于美国 AP1000，这既是源于西屋是 Angra 1 号的技术提供方，多年来提供燃料和技术服务，同时中国和美国有 8 台 AP1000 机组在建，也给了巴西人很大信心。Areva 最早推介的堆型是 EPR，2012 年 7 月与三菱在巴西组织开展了由整个巴西核工业领域参与的新方案推介活动，正式推出 ATMEA1。

巴西在建和建议的核电机组见表 2-2。

表 2-2　巴西在建和建议的核电机组

	堆型	装机容量/MWe	建设	商运
Angra 3	PWR	1 270	2010 年 6 月	计划 2015 年 12 月 估计 2018 年
Northeast，Pernambuco	PWR*4	6 000～6 600		21 世纪 20 年代
Southeast，Minas Gerais	PWR*4	4 000～6 000		21 世纪 20 年代

三、国家核安全监管体系

本节从巴西核能发展部门的政策和规划以及核安全监管部门的政策和规划两个方面，阐述了巴西政府、民众和媒体等对于核电项目的参与度以及接受度，评价了巴西在核能发展方面的政策调整和影响，分析了政府对核能发展的支持，介绍了巴西媒体对核能事件较为积极的态度以及为争取尽可能的公众支持所需关注的因素。

（一）核能发展部门

1. 政策和规划

根据巴西能源研究院（EPE）的规划，巴西未来 5 年内每年的电力增长在 5～7 GW。虽然受福岛核事故影响，但巴西仍计划发展核电。根据巴西"2030 年国家能源计划"，巴西计划到 2030 年前建造 4～8 个新核电厂以满足巴西能源需求，其中 2 个在东北部、2 个在东南部。目前，东北部最有可能先行启动，东北部有 4 个州积极竞争建设核电厂，并初选出 5 个符合技术标准的备选厂址，选址标准是一址 6 堆。将来由巴西总统圈定建设厂址，作为对州政府的政治支持。

根据巴西核电公司（ETN）提供的信息，该公司正在为巴西商用核电的扩展制定评选标准和长期规划，工作过程包括厂址选择、技术选择、取证计划、项目融资和风险控制。目前的展望是在 2030 年以前，再建 4～8 个核电机组。电站业主是巴西电力公司（Eletrobras）所属巴西核电公司（ETN），所需堆型为先进压水堆机组，发电量 1 000～1 600 MW。厂址正在筛选，目前计划开发两个厂址，每个厂址可建设 6 个机组。

Eletronuclear 已经建议在东北部新建 2 台机组，在东南部 Angra 附近新建 2 台机组。2009 年年底开始初步厂址研究。2013 年早期，2 个厂址进入最终评价：1 个在东北部，伯南布哥州和巴伊亚州邦之间的圣弗朗西斯科河大坝，6 000～6 600 MWe；1 个在东南部，米纳斯吉拉斯州北部，4 000～6 000 MWe。

为满足国家经济增长需要，巴西政府规划 2009—2019 年在电力领域（包括发电和电力传输）投资 1 270 亿美元，其中 1 035 亿美元将投资于发电，235 亿美元将投资于传输线路。具体的投资分配情况见表 2-3。

表 2-3　2009—2019 年巴西发电领域投资计划

类别		投资额/亿美元	占比/%
水电		588	56.8
热电	核能	47	4.6
	天然气	18	1.7
	煤炭	31	3.0
	石油	69	6.7
小水电、风电、生物发电		282	27.2
总计		1 035	100

2. 组织机构、职能、任务及主要内外接口关系

（1）巴西电力行业组织机构

电力改革以后，巴西新的电力工业管理体制如下：

①国家对电力管理的最高部门是国家能源政策委员会（CNPE），在 CNPE 下面有矿产能源部（MME）和能源秘书处（SEN），能源秘书处领导一个规划机构 CCPE，负责提出电力发展规划，指导电力工业发展。

②1996 年 12 月成立了独立的监管机构国家电力局（ANEEL），负责电力市场技术和经济方面的监管工作，颁发电力企业经营许可证，规范电力市场价格。

③1998 年 10 月巴西国家电力系统运行局（ONS）成立，1999 年 3 月 1 日正式运作。ONS 的主要职责是运行国家联网系统（SIN），管理国家输电网络。主要目的是保持由于协调运行可以得到的综合效益和保证电能供应质量，为电力行业各机构之间的公平和公正竞争创造条件。

④建立了电力批发市场（MAE），负责电力市场参与者之间的电力交易和结算，机构设在圣保罗。所有的发电公司、电力批发商、小型用户、配电公司，以及伊泰普水电站的代理商等，都可以通过 MAE 实现售电，也可以互相之间直接售电，目前双边协议占 85%～90%。

⑤巴西电力公司（Eletrobras），是联邦政府国有控股的企业集团，负责行业融资和对行业发展进行规划、协调和质量监督。该公司通过 4 个地区的子公司（Eletronorte、Eletrosul、CHESF 和 Furnas）进行运作，它们都是主要能源供应者，同时该电力公司还经营着一个州的子公司——Light。该公司旗下的子公司 Eletronuclear 负责巴西 Angra 1 号和 Angra 2 号核电站的运营工作。目前巴西电力公司正处于重组和私有化的进程中。

巴西电力工业包括两个主要互相连接的系统（南—东南—中和北—东北—中）以及若干小地区的独立系统。电力公司分 3 种——发电、输电和配电。发电和输电公司由联邦政府所有的国家电力公司支配，而配电公司一般由各州和市政当局所有。

图 2-2 介绍了与巴西电力行业相关的主要角色及其关系。

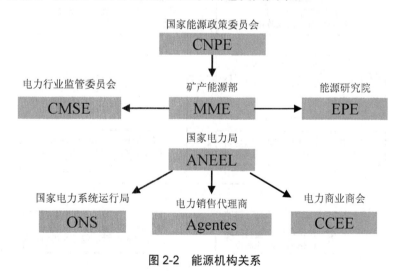

图 2-2 能源机构关系

（2）主要部门及机构

主要部门及机构见表 2-4。

表 2-4   主要部门及机构

机构名称	机构介绍
国家电力局（ANEEL）	负责监管、组织电力规范，控制电力服务的质量并且评审向最终消费者售电的电费价格
国家电力系统运行局（ONS）	负责协调、管理传输和发电并网
电力商业商会（CCEE）	负责监管电力企业的并购、出售交易
矿产能源部（MME）	负责保证能源供应的安全，确保执行 CNPE 对能源的政策
能源研究院（EPE）	计划、研究国家能源的需求
国家能源政策委员会（CNPE）	巴西总统的个人能源咨询组，协助总统制定国家能源政策
电力行业监管委员会（CMSE）	负责跟踪和评估能源供应安全措施

（3）巴西的核能体系

巴西核部门的组织结构和各个组织之间的关系见图 2-3。国家核能委员会（CNEN）是监管机构，向科技部（MCT）汇报。Eletrobras 负责在国家层面上规划和协调所有电力行业的活动，受矿产能源部管辖。其他组织在后文中论述。

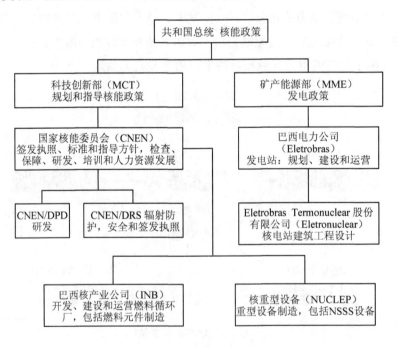

图 2-3   巴西核能的组织结构

（二）主要核电公司

巴西核电公司 Eletronuclear（Eletrobras Termonuclear S.A.）是巴西唯一一家负责建设和运营巴西核电站 Angra 1 号和 Angra 2 号的公用事业公司，隶属于巴西电力公司 Eletrobras，成立于 1997 年。巴西目前不允许私人资本投资核电。

1975 年，为了实现核力发电自给自足，巴西与联邦德国签署协议，在 15 年内建设 8 个 1 300 MWe 反应堆（PWR 比布利斯 B 型）。依据这项协议，其中两台机组（Angra 2 号和 Angra 3 号）预定于次年建设，大部分设备从德国的电站联盟（KWU）工厂进口。根据这项协议，其余设备要包含 90% 的巴西制造的设备。巴西-德国协组建 Empresas Nucleares Brasileiras（Nuclebrás），作为巴西的国有核电控股公司。此外，还组建了几个子公司（股份公司，表 2-5）实现从德国转移核电技术。

表 2-5　Nuclebrás 的子公司

公司	内容
NUCLEP	重型设备制造
NUCLEI	通过离心工艺浓缩
NUCLEN	核电站建筑和工程设计
NUCLAM	铀勘探
FEC	燃料元件制造
CDTN	核技术研发中心
NUCON	核电站建设
NUCLEMON	稀土生产
CIPC	采矿和铀精矿生产

20 世纪 80 年代起，巴西核电产业逐渐调整为 3 家主要企业，分别是负责核电站设计、建设和运营的 Eletronuclear（Eletrobras Termonuclear S.A.）股份有限公司，负责核燃料循环相关的 Indústrias Nucleares do Brasil S.A. 股份有限公司（INB）和负责重型核电装备制造的 Nuclebrás Equipmentos Pesdos S.A.（NUCLEP）。

INB 和 NUCLEP 虽然是 CNEN 的子公司，但是，INB 和 NUCLEP 两家公司直接向科技部汇报，在管理上与 CNEN 相互独立。

（三）主要设计院/工程公司

Eletronuclear（Eletrobras Termonuclear S.A.）股份有限公司负责核电工程、建造、运营，

由原 Nuclen（负责核电站的建筑和工程设计）、Nucon（负责核电站的建设）、Furnas（国有公用事业公司负责，负责为巴西的最发达地区整体供电）合并而成。

Eletronuclear 负责设计、采购和跟踪巴西和外国设备，管理核电站的建设、安装和调试，也是巴西国家唯一的核电站业主和运营商。

在 Eletronuclear 组建之时，西门子将 25% 的 NUCLEN 股份卖给 Eletrobras。NUCLEI 和 NUCLAM 解散。

（四）主要核供应商集团、铀矿冶等相关单位

国际社会普遍认为，巴西军方对核工业影响较大。巴西是唯一军方将浓缩铀租赁给民用核项目的无核武器国家；海军推动核领域技术进步，巴西是唯一发展核动力潜艇的无核武器国家。

1. 重型设备制造

由 Nuclebrás 的子公司 Nuclebrás Equipmentos Pesdos S.A.（NUCLEP）负责。NUCLEP 负责设计和制造重型核电站设备，特别是反应堆一回路中使用的设备。NUCLEP 专业制造由钢、镍和钛合金制成的大型设备。NUCLEP 有现代化的质量控制实验室，符合国际标准并经过认证，配有精密仪器，可以进行机械、化学和冶金检测。

2. 燃料循环

1988 年组建的 Indústrias Nucleares do Brasil S.A.股份有限公司（INB）主要任务是生产核电站核燃料循环相关的工业设备，负责铀矿开采和选矿，同位素浓缩、转换，生产燃料元件组装所需的工业设备。

转换：作为巴西海军核推进计划的一部分，目前正在位于伊佩罗（距圣保罗 100 km）的海军研究所（CTMSP）建设额定生产能力（U）为 40 t/a 的 UF6 试验工厂。近期没有建设商用工厂的计划。

浓缩：多数浓缩都由 URENCO 在欧洲做，或由美国做。20 世纪 80 年代早期，巴西海军还是核动力项目推进者，1989 年开始实施离心浓缩。在 Aramar 试验中心建设示范工程，目前仍为海军设施，为潜艇项目提供 20% 以下的浓缩铀。目前产品为 5% 的浓缩铀。利用海军在 Aramar 开发的浓缩技术以及租赁海军建设的离心机，INB 在 Resende 建设工业规模浓缩厂，满足 Angra 核电站的需求。一期工程 4 个模块，共 115 000 t SWU/a，耗资 1.7 亿美元，每个模块包括 4 个或 5 个 5 000～6 000 SWU/a 的级联。Resende 工厂 2009 年开始运行，当年生产 730 kg 4% 的浓缩铀。2012 年 3 个级联投产，生产 2 293 kg 4% 的浓缩铀，满足全国 5% 的需求。二期工程产能 200 000 SWU/a，计划 2018 年投产。本国离心技术与 URENCO 技术相似。

燃料制造：核燃料工厂（FCN）位于里约热内卢州的雷森迪 Resende，由西门子设计，

包括 3 台设施，即二氧化铀粉末转换、芯块制造和核燃料组件生产。二氧化铀粉末转换、芯块制造和燃料制造设备的年生产能力分别是 160 t、120 t 和 240 t。转换和球团机组于 2000 年开始商业运行，而装配工厂自 1982 年起就开始运行。FCN 工厂还生产自用和出口的核燃料组件，例如，上下管座等。在与韩国 KNFC 和美国西屋的联合计划中，在 Angra 1 号反应堆的先进燃料设计中发展支持 INB 各项活动的燃料工程能力，并使能力达到最高水平。

转化：除了海军在 Aramar 的小型试验工厂以外，所有转化都由 Areva 在法国做。INB 计划建设本地设施。

废料管理：关于国家立法，2001 年 11 月 20 日颁布 10308 号法令，确定放射性废料沉处选址、建设、执照签发、运行、控制、补偿、民事责任和保证的规定。CNEN 负责放射性废料的监管和最终处置。巴西于 1997 年 10 月签署《乏燃料管理安全和放射性废物管理安全联合公约》，于 2006 年 2 月颁发批准书。于 2008 年 5 月和 2011 年 5 月签发国家报告，描述履行公约各项义务所采取的措施，包括废燃料管理相关的政策与实践的描述及相关材料和设施的详细目录。为了更高效地处理废料安全问题，可以考虑组建一家专门负责废料管理的公司。巴西有两个最终处置库，处置 1997 年戈亚尼亚事故的恢复行动中产生的废料。目前，正在对 Angra 电站低中强度废料的最终处置库进行研究。近期还要考虑的问题包括由 CNEN 制定退役安全的法规，以及由运营商提供充足的资金。

废核燃料和再处理：巴西没有找到废燃料再处理或处置的技术解决方案。解决方案可能需要一些时间，达成国际共识才行。同时，巴西持续监督国际形势。目前还没有有关最终储存废燃料组件的决策。巴西目前的废燃料管理政策是在反应堆厂址存放废燃料。2002 年在 Angra 1 号安装紧凑存储架，存储量是 1 252 个燃料组件，增加现场反应堆凹地的存储能力。截至 2012 年 12 月，有 814 个燃料元件存储在 Angra 1 号的废燃料池中。同样的，Angra 2 号废燃料池可以存储 1 092 个燃料组件。截至 2012 年 12 月，存储了 496 个燃料元件。考虑到内部废燃料池的存储能力有限，而且，还需要一些时间才能对存储地点做出最终决策，Eletronuclear 已开始设计现场的补充存储单元，称为 UFC。这个存储单元将分两个阶段建设，补充 3 台机组在整个使用期限内的存储能力。第一阶段将于 2018 年投入使用，能存储 2 400 个组件。第二阶段另外增加 2 400 个组件的存储能力，应当根据巴西废燃料后段策略进行确定。

巴西没有后处理的设计，也没有对再处理进行的研究。目前，没有关于高放射性废料最终存储的决定。

（五）主要研发机构和技术支持机构

1. 研发情况

CNEN 的研发理事会（DPD）负责所有核燃料循环、反应堆技术、放射性同位素及相关研发，拥有 5 个核研究中心。国家核能研究院（IPEN）有 2 个研究堆（其中 1 个为 5 MWe 游泳池堆）和 1 个回旋加速器，可生产放射性同位素。

2013 年 5 月，与阿根廷 INVAP 公司签署合同，在阿根廷建设 RA-10，在巴西建设巴西多用途堆（RMB），参考设计为澳大利亚的 OPAL 堆。两座堆将用于放射性同位素生产、先进核燃料和材料的辐照试验、中子束研究等。RMB 计划 2018 年投入运行。

海军 Aramar 技术中心（CTMSP）正在研发海军动力原型堆。2005 年，海军和 NUCLEP 制造了反应堆压力容器。海军 2009 年建议，2014 年建设 11 MW 研究堆，2021 年建设 70 MW 低浓铀核潜艇下水。

2. 研发组织

在巴西，所有的核研发活动都是由政府机构开展的，主要是由科技部下面的 CNEN 研发研究所和国防部下面的军工研究所进行。这两个部负责制定国家的核研发政策和策略，提供所需的预算和筹资集资，以便使相应的研发项目具备可行性。

已经组建 5 个核研究中心，开展核科学和工程的研究与开发。逐步在这些中心建立研究用反应堆、加速器和几个研发实验室，包括试验工厂设施。这些研究中心附属于 CNEN 研发理事会（DPD），列举如下：

IPEN（圣保罗/SP）-能源和原子核研究所-研究用反应堆：2（1 个 5 MW/池式堆和 1 个零功率反应堆/罐式反应堆）-回旋加速器-放射性同位素生产（99 mTc；131I；123I；18F 等）-燃料循环和材料的研究；反应堆工艺学；安全；基本原理；辐射和放射性同位素应用；生物技术；环境和废料技术。

IEN（里约热内卢/RJ）-核工程研究所-研究用反应堆：1（100 kW ARGONAUTA）-回旋加速器-放射性同位素生产（123I；18F 等）-仪器仪表、控制和人机界面的研究；化学和材料；安全；反应堆工艺学。

CDTN（贝洛奥里藏特/MG）-核技术研发中心-研究用反应堆：1（250 kW TRIGA）-采矿研究；反应堆工艺学；材料、安全；化学；环境和废料技术。

IRD（里约热内卢/RJ）-辐射防护和放射量测定研究所-辐射防护和安全的研究；环境技术；计量学；医学物理。

CRCN（累西腓/PE）-核科学地区中心-辐射防护、放射量测定、计量学和反应堆工艺学的研发。

CRCN-CO（戈亚尼亚/GO）-中西部核科学地区中心-地下水和环境技术的研发。

巴西正在进行一个项目，建设多用途研究用反应堆（RMB）。最大功率为 30 MW，用浓缩成 20%的铀硅质岩提供动力，反应堆的中子通量超过 $2×10^{14}$ 个/（$cm^2·s$）。在完成概念设计后，选定了堆址，进行了环境影响评价。目前，与阿根廷合作进行基础工程设计。

除 CNEN 的研究所以外，海军技术中心、空军高等研究所、陆军技术中心等军工研究所和几所高校也在开展核研发活动。

（六）核安全监管部门

1．政策和规划

巴西已经建立和维护了必要的立法和监管框架，以确保其核设施的安全。1988 年颁布的《联邦宪法》规定了联邦、州和地方政府对公众健康和环境保护的职责分配，其中包括控制辐射材料和装置（第 23 条、第 24 条和第 202 条）。第 A.1 项提到，联邦需要对发电相关的核活动，包括调节、授权和控制核安全（第 21 条和第 22 条）全权负责。在此方面，按照国家核能源政策法案，Comissão Nacional de Energia Nuclear（巴西国家核能委员会-CNEN）成为国家监管机构。自 2000 年以来，CNEN 一直隶属于 Ministério de Ciência, Tecnologia e Inovação（MCT 科技创新部）。

CNEN 的职责包括但不限于：编制和发行核安全、辐射防护、辐射废物管理和实物保护相关的法规；核算和控制核材料（安全保障）；许可和授权核设施的选址、建设、运营和停运；管理检查核反应堆；成为国家权威以实施国际协定和核安全活动相关的条约；参加国家防备和应对核紧急情况。

此外，环境保护的相关宪法原则（第 225 条）要求，严重影响环境的任何设施应该进行必须公开的环境影响研究。更具体地说，对于核电站，《联邦宪法》规定，设施选址应当由法律批准（第 225 条第 6 款）。因此，核电站必须得到 CNEN 的核许可和 Instituto Brasileiro do Meio Ambiente e dos Recursos Naturais Renováveis（巴西环境和可再生资源研究所-IBAMA）的环境许可，参与的国家和地方环保机构必须是《国家环境政策法》和 2011年 12 月 8 日颁布的补充法第 140 条中所规定的。这些原则是 1988 年颁布的《联邦宪法》所规定的，那时 Angra 1 号已经运行，而 Angra 2 号已经开始建设。因此，这些核电站的许可程序会略微不同。

2．组织机构、职能、任务及主要内外接口关系

巴西核能监管和产业体系见图 2-4。

（1）监管和安全

主要立法是《核能国家政策》（1962），建立国家核材料管制。CNEN 于 1956 年成立，最初向总统战略事务秘书报告，目前隶属科技创新部。CNEN 的辐射安全和防护局（DRS）负责所有核设施的许可和监督。

1989 年，巴西环境和可再生资源研究院（IBAMA）成立，负责包括核设施在内的所有设施的环境许可，但 CNEN 仍是核辐射许可的协作机构。IBAMA 隶属环境部。

国家科技发展理事会（National Council for Scientific and Technological Development）于 1951 年成立。

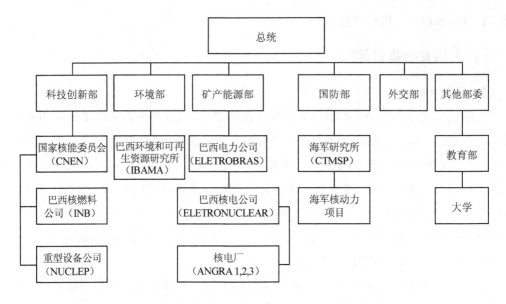

图 2-4　巴西核能监管和产业体系

（2）放射性废物管理

国家核能委员会（CNEN）负责放射性废物管理和处置。2001 年，低中放射性废物处置库选址、建设、运行立法。

（3）与核电相关的政府部门

巴西主要有 4 个与核电相关的政府部门，分别是科技创新部、矿产能源部、国防部和教育部。

①科技部下设国家核能委员会（CNEN），CNEN 是核安全监管机构，下设 5 个研究所和两个国有企业，分别是巴西核燃料公司 INB 和重型设备公司 NUCLEP。INB 负责核燃料循环，从事铀资源开采到燃料元件生产，NUCLEP 做核电站压力容器和安全壳。INB 掌握铀浓缩技术，但没有形成工业化规模。

②能源与矿业部下设巴西电力集团（Eletrobras，ETB），巴西电力集团下设巴西核电公司（Eletronuclear，ETN），是巴西现有 3 座核电站的业主单位。

③国防部下属海军在圣保罗大学内设有研究中心，主要负责核潜艇的反应堆设计和开发。巴西目前没有核潜艇，但已经和法国签订了设计制造核潜艇的合作协议，但该协议只包括核潜艇的设计，不包括核反应堆技术。巴西海军已经掌握了铀浓缩技术，可以做到峰度 4.2 的铀浓缩，目前还在继续提高铀浓缩峰度。巴西海军在 INB 厂区内设有独立封闭厂区做铀浓缩和军用核燃料。Angra 1 号和 Angra 2 号低浓度铀均由国外进口。

④教育部直属相关高校设有核科技领域研究与教育机构，最有影响力的是里约联邦大学 COPPE 学院和圣保罗大学核工程研究中心。巴西整个核领域人员老化非常严重，从业者年

龄平均在 55 岁以上，处于严重的青黄不接状态。2010 年以前，巴西没有核工程的本科生，2010 年开始第一批核工程本科生招生，2014 年毕业，共 10 人，后续最多一批 20 人。

（4）国家核能委员会（CNEN）

负责给巴西的核电站（NPP）和其他核装置签发执照的政府组织是国家核能委员会（CNEN）。

CNEN 于 1956 年组建，负责促进、指导和协调和平利用核能相关的各个领域中的研发工作。CNEN 包括 3 个指挥部，其职责是：

①制度管理指挥部（DGI）：人力资源、行政和信息管理、财务申报和控制；

②研发理事会（DPD）：燃料循环和材料；反应堆工艺学；辐射和放射性同位素在健康、工业、农业和环境中的应用；放射性同位素和放射药剂生产；仪器仪表、控制和人机界面；核安全；核物理学和化学等；

③辐射安全和防护局：核电站及其他核装置和放射性设施的辐射防护、安全性、控制和执照签发，保障措施和标准化。

1962 年 8 月，随着 4118 号法令的颁布，制定了国家核能政策，由政府垄断核材料和核矿物。

20 世纪 70 年代早期，由于巴西核电计划的需要，开始采用核安全标准。一整套条例和标准管理巴西的核活动。CNEN 的监管人员中有 300 多个符合资格的专业人士。监管流程包括签发 6 个执照或授权书，如下所示：

①场地审批；

②施工许可；

③核材料利用授权书；

④初始运行授权书；

⑤永久运行授权书；

⑥退役授权书。

CNEN-NE-1.04 号标准确定核装置执照签发流程的要求。在完成安全分析审批之后签发初始运行授权书，初始运行授权书针对的是有限的时期，用运行经验满足其他的次要信息。永久运行授权书的期限是 40 年。每运行 10 年，在可以修改或延长授权书条件时，进行一次定期安全复评。执行检验和审计计划，定期与运营商召开会议。

在核设施的运营阶段，需要提交定期安全报告。CNEN 通过审查执照持有人的报告和定期检查，进行监管安全评价。指派驻现场的检验人员对运行安全进行长期监督。

1999 年 1 月，国会通过一项确定执照和运营授权书的费用和税款的法律，由巴西总统签署（9.765/99 号法令）。这项法律确定了 NPP 运营执照的费用及运行机组的年费。这些费用直接支付到 CNEN 的执照签发和检查活动的专用账户。

1981 年，颁布《国家环境政策法》，1983—1989 年，CNEN 还负责对核装置签发环境执照。1989 年，组建巴西环境和可再生资源研究所（IBAMA），为包括核设施在内的所有装置签发环境执照。针对为核设施签发环境执照相关的辐射问题，CNEN 拥有共同管理的权力。共同管理的作用旨在 IBAMA 的最终决策中必须考虑到 CNEN 的评价和审查。这些组织根据各自的主管内容和领域制定法规，并跟踪法规的执行情况。

关于公众沟通，CNEN 听取公众关注的事宜，通过网络发布信息和标准，分发印刷材料，回复电子邮件，参加专业协会的展览会、会议和大事件。CNEN 长期接受媒体的采访。如受邀请，CNEN 还参加公众听证会和会谈。国会议员和检察院检察官等公众代表收取适时为所有问题提供的真实答复。

（七）立法及监管框架

1. 巴西国会审批核活动相关的法律

①Law No. 4，118：*National Policy on Nuclear Energy*，1962；

②Law No.6，189：*CNEN's Set-up as Regulatory and Licensing Federal Authority*，1974；

③Law No. 2，464：*Nuclear Sector Reorganization*，1988；

④Law No. 7，781：*Revision of Law No. 6，189*，1989；

⑤Law No.9，765：*Licensing，control and inspection tax for nuclear and radioactive materials and utilities*，1999。

2. 国家核能委员会（CNEN）的主要标准

①CNEN-NE.1.01：*Licensing of Nuclear Reactors Operators*，1979；

②CNEN-NE.1.04：*Licensing of Nuclear Installations*，1984；

③CNEN-NE.3.02：*Radiation Protection Services*，1988；

④CNEN-NE.1.13：*Licensing of Uranium and Thorium Mining and Milling Facilities*，1989；

⑤CNEN.NE.2.01：*Physical Protection of Operational Units of Nuclear Installations*，1996；

⑥CNEN-NE.2.04：*Fire Protection in Fuel Cycle Nuclear Installations*，1997；

⑦CNEN-NN.1.16：*Quality Assurance for Nuclear Power Plants*，1999；

⑧CNEN-NN.1.28：*Qualification of Independent Technical Supervisory Organization*，1999；

⑨CNEN-NN.2.02：*Nuclear Material Control and Safeguards*，1999；

⑩CNEN-NE.2.03：*Fire Protection in Nuclear Power Plants*，1999；

⑪CNEN-NN.3.03：*Certification of Qualification of Radiation Protection Officers*，1999；

⑫CNEN-NE.1.14：*Operating Reports of Nuclear Power Plants*，2002；

⑬CNEN-NE.5.02：*Transport Storage and Handling of Nuclear Fuels*，2003。

⑭CNEN-NE.3.01：*Basic Guidelines for Radiological Protection*，2005；

四、核安全与核能国际合作

本节从巴西与中国的核安全与核能国际合作，以及与其他国家的核安全与核能国际合作两个方面进行阐述，明确了巴西与中国两国政府对于核能发展的支持，分析了巴西的核能合作前景。

（一）双边核安全与核能国际合作

巴西与多个国家签署过核能合作协议：

- 1953–*Brazil and France：production of metalic uranium salt*；
- 1954–*Federal Republic of Germany seels centrifuges equipment to Brazil*；
- 1955–*Brazil and USA：Cooperation for civil utilization of nuclear energy*（03/08/55 – 02/08/60）；
- 1955–*Brazil and USA：Joint program to prospect uranium resources in Brazil*；
- 1958–*Brazil and Italy：Cooperation for pacific utilization of nuclear energy*；
- 1961–*Brazil and European Comunity：pacific utilization of nuclear energy*；
- 1961–*Brazil and Paraguai：Cooperation for pacificutilization of nuclear energy*；
- 1962–*Brazil and USA：Cooperation for civil utilization of nuclear energy*；
- 1962–*Brazil and France：Cooperation for pacific utilization of nuclear energy*；
- 1965–*Acordo entre o Brasil e Portugal para os usos pacíficos da energia nuclear*（18/06/65）；
- 1965–*Brasil and Portugal：Cooperation for pacificutilization of nuclear energy*；
- 1965–*Acordo de cooperação entre o Brasil e os EUApara os usos pacíficos da energia nuclear*（08/07/65）；
- 1965–*Brazil and USA：Cooperation for pacific utilization of nuclear energy*；
- 1965–*Brazil and Switzerland：Cooperation for pacific utilization of nuclear energy*；
- 1966–*Brazil and Peru：Cooperation for pacific utilization of nuclear energy*；
- 1966–*Brazil and Bolivia：Cooperation for pacific utilization of nuclear energy*；
- 1968–*Brazil and USA：Cooperation for civil utilization of nuclear energy，construction and operation of power reactors and research reactors*；
- 1968–*Brazil and India：Cooperation for pacific utilization of nuclear energy*；
- 1968–*Brazil and Spain：Cooperation for pacific utilization of nuclear energy*；
- 1969–*Brasil and Germany：Scientific and technological cooperation*；

- 1970–*Brazil and Equador*：*Cooperation for pacific utilization of nuclear energy*；
- 1972–*Brazil and USA*：*Supply of enriched uranium on exchange of natural uranium by Brazil*（with restrictions）；
- 1974–*Brazil and USA*：*USA informs that will not fulfill anymore the agreement to provide enriched uranium*；
- 1975–*Brazil and Germany*：*Technology transference concerning uranium enrichment*，*construction of nuclear power plants*，*equipment construction andprospection of radioactive minerals*；
- 1980–*Brazil and Argentina*：*Cooperation for development and application of pacific utilization of nuclear energy*；
- 1981–*Brazil and Colombia*：*Cooperation for pacificutilization of nuclear energy*；
- 1981–*Brazil and Peru*：*Cooperation for pacific utilization of nuclear energy*；
- 1983–*Brazil and Venezuela*：*Cooperation for civil utilization of nuclear energy*；
- 1983–*Brazil and Spain*：*Cooperation for pacific utilization of nuclear energy*；
- 1984–*Brazil and China*：*Cooperation for civil utilization of nuclear energy*；
- 1991–*Brazil*，*Argentina and AIEA*：*Exclusively pacific utilization of nuclear energy*；
- 1994–*Brazil and Russia*：*Cooperation for pacific utilization of nuclear energy*；
- 1996–*Brazil and Canada*：*Cooperation for civil utilization of nuclear energy*；
- 1997–*Brazil and USA*：*Cooperation for pacific utilization of nuclear energy*；
- 1998–*Brazil signs the Treat on Non-Proliferation of Nuclear Weapons*；
- 2001–*Brazil and Korea*：*Cooperation for civil utilization of nuclear energy*；
- 2002–*Brazil and France*：*Cooperation for pacific utilization of nuclear energy*。

（二）多边核安全与核能国际合作

1. 核不扩散

巴西 1985 年签署《不扩散核武器条约》（NPT），1998 年生效；1967 年缔结《拉丁美洲禁止核武器条约》（Tlatelolco 条约）。对 NPT 不豁免和平核爆炸、全球裁军机制等有保留。1968 年与 IAEA 缔结保障协定 INFCIRC110、147。

20 世纪七八十年代巴西追求核燃料循环独立。美国曾反对德国与巴西的合作，因为可能涉及浓缩技术供应。

1988 年巴西新宪法宣布不发展核武器，1991 年巴西-阿根廷核材料衡算与控制机构（ABACC）成立。1991 年巴西、阿根廷、ABACC、IAEA《西方保障监督协议》签署，1994年生效，巴西接受机构全面保障监督，包括海军设施。

1996 年巴西加入核供应国集团（NSG）。

巴西未缔结附加议定书（AP），认为国际体系推动防扩散多于更加重要的核裁军，尤其是因为巴西潜艇项目不透明，加入 AP 可能影响 ABACC。阿根廷也没有缔结 AP。

2010 年，巴西、土耳其、伊朗签署《德黑兰声明》，为伊朗与外国交换伊朗 20%浓缩铀，用于 TRR，减轻伊朗浓缩 20%铀的关切。

2. 新一代核反应堆系统的开发

自第四代核能系统国际论坛开始以来，巴西就积极参与，一直到签署具有法律约束力的《第四代核能系统研发国际合作框架协定》，从加拿大、法国、日本、英国和美国签署联合投资开发协议起，巴西就不是积极的参与国了。

巴西参与 IAEA INPRO（创新型核反应堆与燃料循环项目）项目，是指导委员会的委员，目前，正在根据 INPRO 方法进行两项评价研究。巴西还参与了 IRIS（国际反应堆创新和安全）计划，这个计划是一个联合计划，旨在开发中小功率（335 MWe）一体化压水反应堆。CNEN 的研发研究所参与具体的设计活动和一些匹配研究。

3. 国际合作和倡议

在 IAEA 的资助下，巴西参与多个技术援助计划、咨询小组和学术报告会。巴西与许多国家签订多个技术合作协议，交换和平利用核能各个领域的信息，例如，反应堆工艺学、材料、工业核应用、健康与环境、核安全和放射防护、计算机代码开发和评价、培训、放射性废料管理和放射性物质运输。

五、核能重点关注事项及改进

本节对福岛核事故后的安全事项改进进行了阐述并从投资环境、民众对于核电的接受度以及财务问题等方面提出了在巴西开展核电项目需要关注的重点及挑战，总结了巴西核能发展各个层面的影响因素，并提出了后续项目的相关行动建议。

（一）福岛核事故后主要安全事项改进

2011 年 3 月 11 日在日本福岛第一核电站发生的事故被确定为严重事故之后，Eletronuclear 的董事会取决于 2011 年 3 月 16 日成立一个技术委员会，由董事长负责协调，期望所有公司董事会的高级成员跟进事故演化并采取必要措施进行控制，遵守国际组织根据事故结果提出的有关核、环境、工业和放射性安全与保障的建议，以及帮助执行委员会处理后续事件造成的核安全相关事宜。

1. 主要行动计划

2011 年 4 月 19 日，Eletronuclear 对 2011 年 3 月世界核能协会发布的《重要运行经验报告》（WANO SOER 2011-2）进行了回应，包括建议针对设计基础事故外的其他方面对 Angra 1 号和 Angra 2 号核电站的能力进行验证，重点强调了全站断电、洪水和火灾隐患。

2011 年 5 月 13 日，CNEN 发布了文档（文档编号 082/11-CGRC/CNEN），正式要求 Eletronuclear 制定初步安全评估报告，基于福岛核事故对以下特定技术方面进行安全评估：

①确定福岛和 Angra 反应堆之间的主要设计差异；

②确定可能的外部起始事件（极端）和内部导致共模故障的潜在原因；

③控制容器中氢气的浓度；

④确保电力供应应急电源；

⑤履行全厂断电的需求；

⑥服务水系统，冷却链；

⑦严重事故程序；

⑧严重事故后，进入建筑物和反应堆的控制区域；

⑨1 级及 1 级到 2 级概率安全分析的演变；

⑩"压力测试"的性能；

⑪应急计划。

Eletronuclear 对于福岛的应急计划已在 2011 年 11 月被公司的执行委员会批准，不久之后，便提交到了 CNEN，然后在 2013 年 1 月进行了修订。该计划将 56 个举措分为 3 个方面进行评估：防范风险事件、冷却能力，以及辐射后果限制。一些举措已在进行中，因为 Eletronuclear 已经开始研发以提高核电站的安全和制订紧急计划。

计划中列出的研究和项目通常都是以核电站（核现场）以及核反应堆 Angra 1 号和 Angra 2 号为目标。Angra 2 号的成果将直接纳入 Angra 3 号的设计（如果适用）。

该计划包括三方面的评估：防范风险事件、冷却能力和辐射后果限制。这些方面包括 2011—2016 年的研究和项目，估计需要投资约 1.5 亿美元。这三方面的主要焦点和目标见图 2-5。

2．结论

基于巴西核设施的安全性能，巴西核组织认为其核计划具备：

实现和维持其核设施高水平的核安全；有效的防御措施，避免受到核设施的潜在辐射危害；防止发生辐射事故的措施，并做好一旦发生可以减轻这种后果的准备；改进了现场内外的应急情况管理条件。

因此，巴西认为其核设施相关的核计划已经实现且可以继续实现核安全的目标。

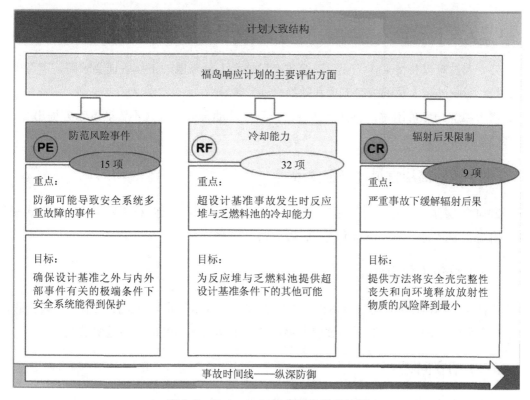

图 2-5 Eletronuclear 福岛改进项计划

（二）投资环境

巴西在吸收外资方面虽然有许多有利因素，但是投资环境中尚有许多不利因素需要综合考虑：

①税收种类多，税率高。2007 年巴西企业用于完税的工作时间长达 2 600 h，居世界首位，远高于居第二位的喀麦隆（1 400 h）。2013 年巴西税收占 GDP 的 36%。

②生产成本高，运输服务不完善、收费高。巴西是世界上收取公路建设费最高的国家之一，运输过程中货物被损坏或被盗等现象时有发生，增加了生产成本。

③办事花费时间长，已成为外资进入巴西的主要障碍之一。

④法令、法规繁多复杂，且经常会颁布一些临时措施，使外资企业难以很快适应。

⑤资本成本过高。巴西是世界上 4 个利率最高的国家之一，巴西的高利率加重了企业的融资成本。

⑥基础设施不健全，港口系统发展滞后。目前巴西港口处于饱和状态，进口货物滞港问题严重。

⑦港口费用过高，影响货物进出口贸易。

（三）劳工签证

外企人员难以获得工作签证，巴西政府对外企人员来巴的工作签证要求高、审查严、耗时长，影响外企人员的按时派遣和轮换。

雇用和解聘雇员困难，巴西法律规定，只要劳动合同终止（不管劳资哪方提出），雇主都要支付解雇费。

（四）政府高层官员、国企贪污

2014 年媒体报道的"洗车案"证明了巴西七大承包商、巴西石油公司、政府官员等牵涉政府与企业之间签署的合同不规范、被贿赂等问题。

（五）承包工程方面

巴西不是 WTO《政府采购协议》的签署方，工程承包市场开放度也不高。如巴西政府、非营利性医院等部门的采购过程中存在倾向于购买本国产品的不透明措施。

（六）治安问题

巴西社会治安状况一般，在圣保罗和里约热内卢等大城市恶性持枪抢劫时有发生，尤其是针对外国人。

巴西公共安全研究所 2017 年公布的调查报告显示，里约热内卢自 2002 年以来共有 3.8 万人死于各种与暴力相关的事件，平均每天达 7 人之多。

（七）罢工问题

巴西工会组织对企业有很大的影响力和约束力。巴西工会每年会向企业主提出关于劳工工资上涨幅度、最低工资标准、福利待遇等方面的问题。在一定情况下，如果劳动保护、待遇等条件得不到满足，企业可能被迫停工。

第三章　保加利亚
Bulgaria

一、概述

保加利亚位于巴尔干半岛东南部，约占该半岛面积的 22%。边界线总长 2 245 km，其中陆界 1 181 km、河界 686 km、海岸线 378 km，国土面积 111 001.9 km^2。北隔多瑙河与罗马尼亚相望，西与塞尔维亚、北马其顿相邻，南与希腊、土耳其接壤，东濒黑海（紧贴博斯普鲁斯海峡和达达尼尔海峡）。

1878 年，成立了保加利亚王国。"二战"末期的 1944 年 9 月，以保加利亚共产党和农民联盟为主体的祖国阵线政府成立，带领人民推翻了法西斯政权。1946 年 9 月 8 日，在保加利亚全民投票中，92.7% 的人赞成废除君主制，9 月 15 日，保加利亚宣布为人民共和国。

1989 年 11 月 10 日，保加利亚改行多党议会民主制。1990 年 11 月 15 日，改国名为"保加利亚共和国"。1991 年 7 月 12 日，国民议会批准保加利亚宪法，宪法规定保加利亚为多党议会制的共和国。

保加利亚于 2004 年 3 月 29 日加入北约，2007 年 1 月 1 日加入欧盟。当前保加利亚正在申请加入欧元区和申根区。

截至 2016 年年底，保加利亚人口约为 713.1 万人，其中男性 346.7 万人、女性 366.4 万人；城市人口占 73.1%。人口较为集中的城市为索非亚、普罗夫迪夫、瓦尔纳、布尔加斯等。

保加利亚首都索非亚（Sofia）是全国政治、经济、文化中心，位于保加利亚西部，地处四面环山的索非亚盆地南部，是全国第一大城市，跨伊斯克尔河及其支流，面积 167 km^2，人口约 125 万，古称"塞尔迪卡"。索非亚是一个旅游胜地，是闻名世界的花园城市。

保加利亚传统上是一个农业国，其生产的玫瑰、酸奶和葡萄酒历来在国际市场上享有盛名，玫瑰油的产量和输出量均居世界首位。工业以食品加工业和纺织业为主，旅游业近年来也有所发展。

在保加利亚居民中，信奉东正教者占 82.6%，信奉伊斯兰教者占 12.2%，信奉天主教、新教等其他宗教者占 1.3%。

保加利亚国庆日为 3 月 3 日。货币为列弗。

二、核能发展历史与现状

保加利亚是个传统农业国家，以建设成为工业发达国为主要目标，因此多年来对核能工业的发展极为重视。

（一）发展历史

1955 年 6 月 14 日保加利亚与苏联签订了原子能和平利用领域的合作协定，从此走上了争取成为核能工业国的道路。

1956 年在苏联的帮助下，保加利亚决定开始建造 ИРТ-2000 水池式研究用反应堆。该反应堆为保加利亚培养了大批人才。该堆位于保加利亚科学院核与核能研究所，最初使用高浓铀燃料，1989 年临时关闭以进行低浓化改造。2001 年，保加利亚决定重建该堆并更名为 IRT-200。但由于经费缺乏，重建工作一直没有进展。

20 世纪 60 年代前后，保加利亚开始发展核能并将其纳入国家电力投资的重点。1970 年 4 月 6 日，保加利亚在其北部多瑙河沿岸的科兹洛杜伊动工建造第一座核电站。第一期工程装备了两座 VVER-440 型反应堆，反应堆连接两台功率各为 2 万 kW 的涡轮发电机。1974 年科兹洛杜伊核电厂首个核电机组正式开始试运行，2 号机组于 1975 年投运。

这两个核电机组曾因 IAEA 检查员发现其在运行和管理上均存在严重缺陷而于 1991 年被迫关闭。随后 IAEA 呼吁国际核社会给予科兹洛杜伊核电厂资助，电厂从而开始了全面的改进计划。经过努力，科兹洛杜伊 2 号机组于 1992 年 12 月重新启动。保加利亚核安全监管局于 1993 年 12 月批准 1 号机组重新运行。

二期 3 号、4 号机组随后建成，有力缓解了电力供应情况。3 号与 4 号机组也是 VVER-440 型反应堆，但这两个机组要比前两个机组新得多，并在反应堆设计上做了大量的改进。

科兹洛杜伊核电厂 VVER-1000 型反应堆 5 号、6 号机组分别于 1987 年和 1991 年开始运行，并于 1988 年 9 月和 1993 年 12 月投入商业运行。刚建成时，5 号、6 号机组几乎每月都出现计划外停役。由于其功率过高，保加利亚经济、能源和旅游部（以下简称能源部）一度考虑要建造 500～600 MW 的机组。后期随着运行情况的好转，科兹洛杜伊核电厂发电量最大时占全国总发电量的近 1/2。

这些机组从 2012 年起开始在俄罗斯和法国企业的帮助下进行升级改造，以便将运行寿期从 30 年延长到 60 年。其中，5 号机组于 2016 年 5 月完成改造，6 号机组改造合同于

2016 年 1 月签订，计划耗时 30 个月完成改造。此外，保加利亚政府还计划提升这些机组的功率。

科兹洛杜伊核电厂在 1990 年建成一座湿法贮存设施，并在 2000 年前后完成升级改造。

根据保加利亚原子能和平利用委员会制订的核电站的长期建设计划，保加利亚政府正在制订保加利亚第 2 座核电站和第 3 座核电站的建设计划。核电站建设的地点初步选定在保加利亚的最大港湾城市、黑海沿岸的瓦尔纳市的北部，以及多瑙河沿岸城市鲁塞。

（二）核电发展现状

在 2007 年保加利亚加入欧盟之前，由于对苏联早期小功率机组安全性存有担忧，欧盟方面以准入条件为由要求保加利亚关闭科兹洛杜伊核电厂的全部 4 台 VVER-440 型核电机组。

其中 1 号、2 号机组已于 2002 年停运。

尽管保加利亚做了一系列安全升级，并邀请 IAEA 和世界核电运营商协会（WANO）进行了多次安全评估，但保加利亚最终于 2006 年关闭了科兹洛杜伊核电厂的 3 号、4 号 VVER-440 型机组。而在关闭之前，3 号、4 号机组已经服役了 25 年，核电站总裁伊凡·格诺夫称其至少还可以安全发电 6 年。保加利亚时任能源部部长指出，科兹洛杜伊 3 号、4 号机组关闭导致的直接损失高达 20 亿美元，欧盟就此向保加利亚提供了将近 7 亿美元的补偿，用作未来 4 台机组的退役费用。

这些机组作为放射性废物管理设施，连同要求的动产和不动产都被转移到国家放射性废物公司（SE-RAW），所需资金来自国家放射性废物基金、核设施退役基金及科兹洛杜伊国际退役援助基金（由欧盟建立并由欧洲复兴开发银行（EBRD）负责管理）。保加利亚核安全监管局（BNRA）于 2014 年颁布了科兹洛杜伊核电厂 1 号、2 号机组的退役许可证，而 3 号、4 号机组目前仍处于持有放射性废物管理设施营业执照阶段，有待退役完成。

SE-RAW 于 2014 年建成一座乏燃料中间贮存设施，用于贮存 4 座已关闭的 VVER-440 反应堆的乏燃料，并于 2016 年 1 月获得运行许可证（为期 10 年）。科兹洛杜伊核电厂在一份声明中表示，这座设施将对该电厂 4 台 VVER-440 机组的乏燃料进行"不少于 50 年"的中间贮存。

保加利亚是欧洲东南部重要的电力出口国，2012 年其电力净出口比例为 17%，科兹洛杜伊核电厂 3 号、4 号机组关闭后，一度引起了巴尔干半岛其他国家的电力短缺，因此在与欧盟的协议中也规定，如果出现电力供应危机，保加利亚有权重启科兹洛杜伊 3 号、4 号机组。

目前两台在运的 VVER-1000 型 5 号、6 号机组的总功率为 1 926 MWe，发电量占保加利亚国内总发电量的 1/3，运营业主为保加利亚能源公司（BEH）下属的科兹洛杜伊核电公司（KNPP）。这两台机组原先的设计寿命为 30 年，将分别于 2017 年和 2021 年达到运行寿命年限，但是考虑到其对保加利亚和周边国家电力供应的重要性，保加利亚准备对科兹洛杜伊核电厂的 5 号、6 号机组进行升级改造和延寿，功率提升至 104%，寿命延长至 50～60 年。相关的升级工作在 2012 年开始执行，相关工作实施方为俄罗斯国家原子能公司电力部（Rosenergoatom）和法国电力公司（EDF）。

2005 年，保加利亚部长委员会决定，保加利亚需要建设一座容量为 5 万 m^3 的中低放射性废物处置库，并下令该处置库应在 2015 年之前建成并投入运行。这座处置库将是一座近地表设施，这意味着在必要时可以转移该处置库中的废物包。该处置库将处置的废物主要来自科兹洛杜伊核电厂。

SE-RAW 于 2009 年将国家中低放射性废物处置设施的选址合同授予了一个由 VT 核服务公司（VT Nuclear Services）牵头的集团。该合同的总价值约为 260 万欧元（约 340 万美元）。

科兹洛杜伊核电厂每年根据其发电量向放射性废物管理基金投入一笔资金，资金额度为市场平均电价的 3%。该基金将为国家中低放射性废物处置设施的建设提供资金。

在高放射性废物处置方面，保加利亚设想在科兹洛杜伊核电厂建一座地下贮存设施，可将乏燃料后处理产生的高放废物贮存最长 100 年。

科兹洛杜伊核电厂 2017 年完成一座等离子体废物处理设施的建设。承建商是西班牙伊维尔德罗拉工程建设公司和比利时后处理公司（Belgoprocess）。该设施使用等离子体作为热源来熔化无机废物并气化有机废物，每年可以处理源自科兹洛杜伊核电厂 1～4 号机组的 250 t 中低放射性废物。

在欧盟委员会和欧洲复兴开发银行代表的见证下，科兹洛杜伊核电厂 2017 年 9 月完成 72 h 的非放射性废物模拟试验，在 1 300℃ 高温下使用多种液态渣进行测试，并获得成功。这座设施由欧洲复兴开发银行（70%）和保加利亚政府（30%）共同出资建设。两家承建商于 2009 年合作赢得建设合同。设施的详细设计于 2012 年获得批准，2015 年启动建设，2016 年 10 月启动调试，2017 年年初使用热炉进行综合安全测试。这座设施将由 SE-RAW 负责运营。

三、国家核安全监管体系

（一）管理部门

保加利亚能源部负责拟定国内核电发展规划、计划和政策并组织实施。供电安全理事会是能源部的一个特殊职能部门，其核电职责如下：

- 协助部长实施在放射性废物管理、乏燃料和核设施退役领域的国家政策；

- 根据《原子能安全利用法》[*Act on the Safe Use of Nuclear Energy*（ASUNE 2002）]，组织和协调准备一个全国性的存储和处置放射性废物的建设方案；
- 准备、协调和监督核设施退役的策略和计划；
- 监督和协调基于国际条约以及安全性和可靠性的提升改进、核设施的建设和退役所必须的措施；
- 组织协调乏燃料和放射性废物管理计划的完善和更新，并监督该计划的实施；
- 参与履行保加利亚作为欧盟成员国和欧洲原子能共同体条约国（EURATOM Treaty）所应承担的义务，并遵守欧盟在核能、核安全、乏燃料和放射性废物管理领域的次级法规。

由于职能的特殊性，供电安全理事会核电司受 BNRA 针对发电设施安全性的严格监管。

此外，能源部还负责核设施退役和放射性废物管理。退役是所有核设施的生命周期的最后阶段。退役活动包括所有使核设施从《原子能安全利用法》监管下脱离的行政和技术措施，包括对核废物和乏燃料处置的设施的最终关闭。这些措施还包括用于各种技术措施的设备的去活性和拆卸。

（二）发展规划

保加利亚国内核能的发展主要由能源部进行规划，能源部在进行国内核能发展的相关规划时会考虑经济可持续发展、环境保护、能源安全合理结构等一系列要素。相对应的，保加利亚核监管部门近些年的日常监管和活动均遵循以《原子能安全利用法》为基础的法律法规体系。

根据保加利亚议会批准并由能源部发布的能源战略报告《保加利亚共和国至 2020 年的能源战略》（*Energy Strategy of the Republic of Bulgaria till 2020*），保加利亚政府未来几年的能源发展重点为：

①维护一个安全、稳定、可靠的能源系统；

②作为重要的出口商品；

③专注于清洁和低排放的能源，即核能和可再生能源；

④对可再生资源、核能、煤炭和天然气的发电取得质量、数量和价格上的平衡；

⑤透明、高效和高度专业化地管理能源公司。

除此之外，保加利亚政府认为能源对其经济可持续发展至关重要，政府计划向能源领域投入大量资源，以实现以下目标：

①通过与邻国的能源互联实现能源多元化；

②通过实行新的能源法案降低能源领域的财政赤字；

③通过逐步取消能源价格的政府监管实现能源市场自由化；

④通过新建科兹洛杜伊 7 号、8 号机组大力发展核电。

（三）主要核电公司

保加利亚国内的核电公司为科兹洛杜伊核电公司（KNPP），该公司是由保加利亚能源公司控股的全资子公司，其在运科兹洛杜伊核电厂位于首都索非亚以北 200 km 处的多瑙河畔，是巴尔干半岛最大的核电厂。

该核电厂共有 6 个核反应堆，均为苏联设计，其中 1 号至 4 号反应堆功率各为 44 万 kW，于 20 世纪 70 年代和 80 年代初投产，5 号、6 号反应堆功率各为 100 万 kW，分别于 1987 年和 1991 年投产。1 号、2 号反应堆和 3 号、4 号反应堆分别于 2003 年和 2006 年应欧盟的强烈要求而关停，原因是科兹洛杜伊核电厂的反应堆与 20 世纪发生泄漏事故的切尔诺贝利核电厂的反应堆属同一类型。科兹洛杜伊核电厂目前在运的 5 号、6 号机组截至 2015 年 12 月 13 日已经发电 145 亿 kW·h，发电量占全国的 1/3 以上。

2000—2007 年，电厂投资 5.5 亿欧元进行了现代化改造，目前两台机组平均负荷因子和能力因子分别为 90.5% 和 89.7%。当前核电厂运营方的首要任务是延寿 5 号、6 号机组，以及将其热功率提升至 104%。热功率提升工程耗资 1.2 亿欧元，机组延寿工程耗资 2.4 亿欧元。上述工程资金全部为电厂自有资金，电厂财务状况良好。

目前新建 7 号机组的前期工作已完成可研、环评、选址、取证文件准备，于 2017 年年底获得场址许可，预期 2020 年完成设计并开工建设、2026 年竣工投运。下一步工作重点包括项目融资安排、获得施工许可、告知欧委会、EPC 招标、项目建设、试运行、获得发电许可、正式商运。

（四）研发机构和技术支持机构

保加利亚科学院的核与核能研究所（INRNE）是保加利亚研究和应用核物理学的重要机构，其研究领域包括：

①基本粒子理论、弦理论、原子核理论、孤子相互作用和量子现象研究；

②基本粒子的实验物理学；

③高能γ射线天体物理学；

④核反应、原子核结构；

⑤中子相互作用及其截面研究、核裂变物理学；

⑥反应堆物理学、原子能和核安全研究；

⑦核辐射剂量学及辐射安全研究；

⑧核环境监控研究、放射生态学；

⑨放射化学、核物质高精度分析、放射源的研制研究；

⑩核物质调查方法研究；

⑪核仪器的设计与生产。

除此之外，保加利亚科学院的核与核能研究所还负责管理并运营一个 IRT-2000 池型研究用反应堆，该反应堆由莫斯科库尔恰托夫研究所修建，并于 1959 年达到临界。反应堆的初始功率为 1.0 MW，在 1965 年功率被提升至 1.5 MW，在 1970 年再次提升至 2.0 MW。1989 年，运营方临时关闭了该反应堆，经重新配置后，该反应堆以 200 kW 功率的低浓缩铀（LEU）继续运行。

在此之后，用于反应堆的高浓缩铀（HEU）燃料（纯度为 36%）已退还至俄罗斯，随后于 2008 年退还 HEU 和 LEU 废弃核燃料。2010 年该反应堆再次被关闭，之后准备重建，目前还在资金筹备阶段。

（五）监管机构

保加利亚于 1957 年成立原子能和平利用委员会，并授权其监督和促进核能利用相关活动。在 1975 年科兹洛杜伊核电厂前两个机组试运行之后，原子能和平利用委员会被赋予监管职能。1985 年，《和平利用原子能法》（*Act on the Use of Nuclear Energy for Peaceful Purposes*）生效，该法案详细规定了原子能和平利用委员会的职能与任务。

该法案历经几次修订，直到 2002 年被新的《原子能安全利用法》[*Act on the Safe Use of Nuclear Energy*（ASUNE）]彻底替代，ASUNE 符合核相关法律领域的发展趋势及欧盟国家在这一领域的立法实践。制定该法案的过程中，邀请了国际原子能机构专家参与草案审查。通过该法案，保加利亚原子能和平利用委员会变成了保加利亚核安全监管局，成为一个在政治上和经济上独立的监管机构。

1. 法律基础和地位

在 ASUNE 中对保加利亚核安全监管局的法规和责任进行了规定，保加利亚国内安全使用核能和电离辐射、安全管理放射性废物和乏燃料相关的国家规章必须由核安全监管局主席批准生效。核安全监管局是一个具有行政权且独立的专业机构。主席由内阁议会指定并由总理任命，任期 5 年，可连任多届。主席在行使权力时，由两位副主席进行协助。副主席由核安全监管局主席提出动议后经内阁议会决定指定并由总理任命。

2. 使命和目标

保加利亚核安全监管局在公共利益方面的监管职能决定了其组织使命，即"保护个人、公众、后代和环境免受电离辐射的有害影响"。为完成这一使命，核安全监管局受国际公认的核安全和辐射防护指导原则指导，通过实施国际公认的最佳监管实践不断努力提高其有效性和效率。

按照目标、计划、优先事项和预期面临的长远挑战，核安全监管局制订了相关的活动和战略计划，提交至政府并在核安全监管局网站（www.bnra.bg）上公布。这份活动和战略计划为年度计划，规定了核安全监管局各年度活动的范围和目标。该活动和战略计划在实施期间会根据核安全监管局的一些优先事项和目标进行调整，或在考虑风险分析结果时进行定期更新。

为执行核安全监管局的主要任务，机构管理层采用"政策声明"并进行定期更新，向公众公布近期和当前所需进行的优先事项和目标。

3. 权限和责任

根据核安全监管局规定，机构主席拥有下列权限和责任：

①管理和代表机构；

②根据 ASUNE 规定发布、修改、补充、更新、暂停和撤销安全活动的执照和许可；

③监督是否遵守安全利用核能和电离辐射、放射性废物和乏燃料管理的要求与标准，以及执照和许可的条件；

④发放和吊销在核设施或电离辐射源工作的个人执照；

⑤执行强制措施和依据 ASUNE 给出的行政处罚；

⑥就核能和电离辐射的使用、放射性废物和乏燃料管理指定核安全与辐射防护相关的外部专业知识、学习和研究；

⑦与其他已获得核能和电离辐射使用的有资质部门互动，并向内阁议会提出协调此类活动的措施；

⑧代表保加利亚开展关于核能和电离辐射安全使用以及放射性废物和乏燃料安全管理的国际合作；

⑨向公众、法律实体和州政府提供关于核安全和辐射防护的客观信息；

⑩每年向内阁议会提交关于核能和电离辐射利用、放射性废物和乏燃料管理中的核安全和辐射防护状态，以及核安全监管局活动的年度报告；

⑪根据《核安全公约》（*Convention on Nuclear Safety*）和《乏燃料管理安全和放射性废物管理安全联合公约》（*Joint Convention on the Safety of Spent Fuel Management and on the Safety of Radioactive Waste Management*）规定组织和协调编制报告并提交至内阁议会；

⑫组织和协调保加利亚和国际原子能机构之间关于执行《不扩散核武器条约》（*NPT of Nuclear Weapons*）的协议以及附加议定书的义务履行；

⑬根据《及早通报核事故公约》（*Convention on Early Notification of a Nuclear Accident*）和《核事故或辐射紧急情况援助公约》（*Convention on Assistance in the Case of a Nuclear Accident or Radiological Emergency*）履行合格机构的职能并作为应急通知与协助的联系点；

⑭根据《核材料实物保护公约》（*Convention on the Physical Protection of Nuclear Material*）规定成为合格的机构联系方与协调方；

⑮编制 ASUNE 实施规章并提交至内阁议会以供采用。

其中 ASUNE 规定核安全监管局的基本职能是授权活动、实现监管控制、安全审查和分析、制定监管要求、保持应急准备和在能力范围内开展国际合作。此外，该法案指出机构主席应行使国家立法授予的其他权限。

4. 组织结构

根据 ASUNE 规定，保加利亚核安全监管局是由国家预算资助、总部位于首都索非亚的法律实体，其结构、运营和工作组织及员工由主席提议并由内阁议会决定。

保加利亚核安全监管局的结构与《管理法案》（*Administration Act*）的要求保持一致，后者对本国的政府结构进行了统一规定。机构的结构制定考虑了监管机构的所有活动，根据国家立法由主席授权。核安全监管局行政部由执行秘书长领导。机构员工管理分为综合管理和专业管理。综合管理部门为专业管理开展的活动提供技术支持，并为公民和法人实体提供行政服务。专业管理分为 4 个分部，协助主席开展核设施、电离辐射源、核材料、放射性废物、应急准备与国际合作等相关的监管和控制活动，包括在科兹洛杜伊核电厂的一个地方办事处。保加利亚核安全监管局的组织结构见图 3-1。

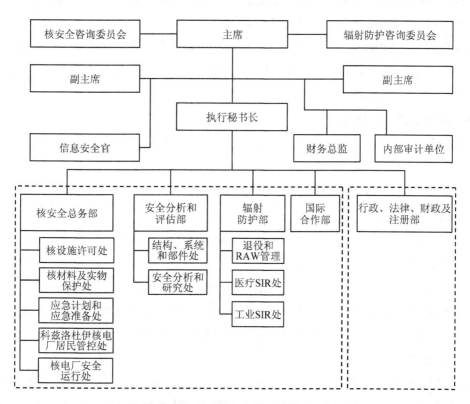

图 3-1 保加利亚核安全监管局的组织结构

保加利亚核安全监管局的现任主席为 Latchesar Kostov，1953 年 10 月 11 日出生于索非亚，1978 年毕业于索非亚大学 St. Kliment Ohridsky 的核物理专业，1984 年成为实验核物理学博士。自 1978 年以来，一直在核与核能研究所工作，担任过物理学家、研究员和高级研究员。1979 年 1 月—1982 年 8 月，服务于德意志民主共和国科学院 Rossendorf 中央核研究所。1996 年 8 月—1997 年 3 月，担任保加利亚原子能和平利用委员会主席。2006 年 1 月起担任保加利亚核安全监管局副主席。2013 年 7 月 4 日政府任命其为保加利亚核安全监管局主席。

5. 人力资源和维护

保加利亚核安全监管局工作人员对公众的责任决定了对其资历和经验的要求更高，各具体职位有准确、清晰的规定。机构内几乎所有员工都接受过大学教育，并拥有监管、设计、建设和运营核设施与电离辐射源（sources of ionizing radiation，SIR）的专业经验。

根据议事规则，保加利亚核安全监管局有 114 个员工职位，截至 2016 年年底机构实际雇用员工数为 101 名。

因此，核安全监管局继续遵循雇用年轻人的政策，更多的人直接从大学开始就加入进来，核安全监管局为每个新招募的员工提供基于其职位描述及必要的能力和技能分析的个人培训课程，包括理论培训、实践培训和辅导。

《保加利亚共和国国家预算法》确定 2016 年 BNRA 收入为 7 500 000 列弗，2016 年 1 月 1 日—12 月 31 日，BNRA 收到国家下发的 10 722 947 列弗的收入以及相当于 32 821 列弗的利息、罚款和制裁收入。

6. 能力的培养和保持措施

保加利亚核安全监管局采用一贯的方法提高员工的绩效，并实现组织的战略目标，所做努力主要集中在以下方面：

①改进活动和必要的人力资源规划体系；

②岗位晋升体系进一步发展；

③改进员工专业技能和资格培养体系，开展有效的培训、实施有效的资质政策；

④高效运用高级员工的领导能力；

⑤鼓励培养团队协作，确保任务规划和执行的责任与问责制等。

2015 年，保加利亚核安全监管局制定并实施了一个新的资格和培训程序。该程序规定了员工资格和培训方面的政策和目标，并将培训与资质强化流程正式化。

7. 外部技术支持

保加利亚核安全监管局有一个专门部门，负责审查、评估核安全和辐射防护。该单位与其他专业单位密切合作，从而确保参与评审和评估过程的专家具备所需的能力。为了提高在不同技术领域的专业知识水平，根据《公共采购法》（*Public Procurement Act*）的规定聘请外部机构进行分析。核安全监管局全权负责监管决策，并提供人力和财政资源，通过以下方式实现安全高效的技术支持：

①监管当局内部全职专家，有能力和实力执行监管审查和评估；

②受过培训的全职专家，有能力评估授予外部机构的评估报告；

③核安全监管局内部和工程机构拥有必要的评估工具和计算机代码以进行评估；

④足够的财政资源支持合同签署；

⑤核安全监管局员工可以查阅前沿科技的最新进展。

通过培训和教育计划，以及参与国际研究和交流项目等，持续提高员工能力。

8．咨询委员会

根据 ASUNE 第 9 条第 1 款的规定，成立两个咨询委员会以支持核安全监管局主席的工作，分别为：

①核安全咨询委员会；

②辐射防护咨询委员会。

咨询委员会规定其会议须由核安全监管局主席或授权代表主持。咨询委员会负责就核安全与辐射防护等科学方面给予建议，支持核安全监管局主席的工作。他们在本质上仅提供咨询服务，监管决策的全部责任在于核安全监管局。咨询委员会的主要职能和任务是：

①在确立核安全监管局优先实施事项中给出提案；

②评价现有法规和新的草案并给出意见；

③对核设施项目进行评价，以提高核设施与 SIR 的安全水平；

④实施与安全利用核能和 SIR 相关的调查、研究和其他活动；

⑤协助核安全监管局主席根据国际公约和条约编制国家报告；

⑥协助进行信息和专业知识的沟通与交流，包括国际经验分享；

⑦审查缔约国专家审核或研究实验的报告质量并给出建议；

⑧开展核安全监管局主席所要求的其他活动。

依照 ASUNE 的规定，咨询委员会成员由核安全监管局主席任命。咨询委员会成员包括保加利亚核能和电离辐射、放射性废物和乏燃料管理领域的著名科学家与专家，其拥有核安全和辐射防护各个方面的丰富学术研究或实践经验。

综上所述，保加利亚已经拥有和实施安全使用核能的国家政策和执行国家监管与控制所需的体制。除核安全监管局外，保加利亚还对其他一些监管部门的核相关责任和义务进行了明确规定与划分，具体如下：

①能源部（ME）：执行国家能源发展政策和能源政策。能源部提出与实施国家能源发展战略与国家乏燃料和放射性废物管理战略。

②卫生部（MH）：执行保护公众健康的国家政策，制定强制性的卫生条例以及所有关

于卫生事宜、辐射防护和流行病的要求和规则。卫生部各具体职能单位执行医疗方面的职能，同时使用核能和电离辐射。这些具体职能单位有：国家放射生物学和辐射防护中心（NCRRP），以及各区域医疗监察局的辐射监测部门。

③环境与水利部（MEW）：指导、协调和监督国家环境保护、水和地球内部保护与利用政策的制定和实施；负责国家环境监测体系，进行环境影响评估决策。

④内政部（MI）：确保核设施与相关场址的安全，在实体保护方面的作用尤为重要。内阁通过火灾安全和民防管理总局，在发生自然灾害或事件时协调保护群众与国家经济活动，包括进行风险评估、执行预防措施、开展营救与紧急恢复工作，并提供国际协助。

⑤交通、信息技术和通信部与国防部：履行核能与电离辐射利用方面的专项职能。《和平利用原子能法》规定，各部门之间的协调属于核安全监管局主席的职责范围。

保加利亚作为一个非核武器国家，是《不扩散核武器条约》（NPT）的成员，其安全保卫协议于 1972 年生效。它还是核供应国集团的成员。2000 年，保加利亚与 IAEA 签署有关安全保卫的附加协议。

（六）立法及监管框架

保加利亚核设施相关的新建、运行、退役和延寿等活动必须满足以下三方面法规的要求：

①ASUNE 及其他当地法律法规。

②IAEA 的安全标准中提出的安全要求。ASUNE 及其他保加利亚的法律、法规属于强制性要求，而 IAEA 的安全标准可作为参考标准。

③欧洲用户要求文件（EUR 要求文件）中的安全要求。

1. 保加利亚法案

（1）现行法规及条例

在保加利亚核安全监管局网站上可以查到保加利亚在核安全与辐射防护方面的法规及条例如下：

- *Regulation on the Procedure for Issuing Licenses and Permits for Safe Use of Nuclear Energy*（安全利用核能的执照和许可的发布流程规定）；
- *Regulation on Ensuring the Safety of Nuclear Power Plants*（核电厂安全法规）；
- *Regulation on Ensuring the Safety of Research Nuclear Installations*（核研究设施安全法规）；
- *Regulation on Basic Norms of Radiation Protection*（辐射防护基本法规）；
- *Regulation on Radiation Protection during Activities with Sources of Ionizing Radiation*（SIR）（含电离辐射源活动的辐射防护法规）；

- *Regulation on Radiation Protection in Activities with Materials with Increased Content of Natural Radionuclides*（天然放射性核素浓度增加相关物质活动辐射防护法规）;

- *Regulation on the Conditions and the Order of Gaining Professional Qualification and the Order of Issuance of a License for a Specialized Training and Individual Licenses for the Usage of Nuclear Power*（核电使用相关的职业资格获取条件及程序、专业培训许可证以及个人许可证发放程序）;

- *Regulation on Providing Physical Protection of Nuclear Facilities，Nuclear Material，and Radioactive Substances*（核设施、核材料和放射性物质的实物保护法规）;

- *Regulation on the Terms and Procedure for Notification of the Nuclear Regulatory Agency about Events in Nuclear Facilities and Sites with Sources of Ionizing Radiation*（核监管机构公布电离辐射源在核设施和站点活动相关通知的条件及程序）;

- *Regulation on Emergency Planning and Emergency Preparedness in Case of Nuclear and Radiological Emergencies*（核或放射性事故应急计划和应急准备法规）;

- *Regulation for the Conditions and Procedure for Establishing of Special-statutory Areas around Nuclear Facilities and Facilities with Sources of Ionizing Radiation*（核设施及电离辐射源周边特殊法定区建立的相关条件及程序）;

- *Regulation on the Conditions and Manner of Implementing Transport of Radioactive Substances*（放射性物质运输条件及程序）;

- *Regulation for Safety of Spent Fuel Management*（乏燃料安全管理法规）;

- *Regulation on Safety during Decommissioning of Nuclear Facilities*（核设施安全退役法规）;

- *Regulation for Safe Management of Radioactive Waste*（放射性废物安全管理法规）;

- *Regulation on the Terms and Procedure for Transfer of Radioactive Waste to the Radioactive Waste State Enterprise*（放射性废物交付至国有放射性废物管理公司的相关条件及程序）;

- *Regulation on the Terms and the Procedure for Collection and Provision of Information and for Maintaining Registers on the Activities Pertaining to the Application of Safeguards in Connection with the Treaty on the Non-proliferation of Nuclear Weapons*（核武器不扩散条约相关保障运用的信息收集和提供以及相关活动登记的条款及程序）;

- *Regulation on the Terms and Procedures for Exemption of Small Quantities of Nuclear Material by Application of the Vienna Convention on Civil Liability for Nuclear Damage*（核损害民事责任维也纳公约下的少量核材料豁免管理条款及程序）。

（2）复审与修订的法规及条例

Act on the Safe Use of Nuclear Energy（ASUNE）修正案自 2010 年开始生效之后，保加利亚核安全监管局对该法案实施的所有规章进行了复审，对其中部分规章进行了修正和补充，其他则以新规章的形式进行颁布。

2014—2016 年，保加利亚核安全监管局对 3 部法规进行了修正和补充，除此之外还颁布了两部新法规，具体如下：

- *Regulation on the Conditions and the Order of Gaining Professional Qualification and the Order of Issuance of a License for a Specialized Training and Individual Licenses for the Usage of Nuclear Power*（核电使用相关的职业资格获取条件及程序、专业培训许可证以及个人许可证发放程序）；

- *Regulation on the Procedure for Issuing Licenses and Permits for Safe Use of Nuclear Energy*（安全利用核能的执照和许可的发布流程规定）；

- *Regulation on the Conditions and Manner of Implementing Transport of Radioactive Substances*（放射性物质运输条件及程序）；

- *Regulation on the Terms and Procedure for Transfer of Radioactive Waste to the Radioactive Waste State Enterprise*（放射性废物交付至国有放射性废物管理公司的相关条件及程序）（新颁布）；

- *Regulation on Providing Physical Protection of Nuclear Facilities，Nuclear Material，and Radioactive Substances*（核设施、核材料和放射性物质的实物保护法规）（新颁布）。

以下法规已经完成草案：

- *Regulation on Ensuring the Safety of Nuclear Power Plants*（核电厂安全法规）（更新）；

- *Regulation on the Rules，Norms and Technical Requirements for the Arrangement and Safe Operation，and the Conditions for Exercising Control on High-risk Facilities Important to Nuclear Safety*（关于控制重要的核安全高风险设施的布置、安全操作与条件的条例、准则和技术要求的规定）（新颁布）；

- *Regulation for the Terms and Conditions of Defining Special-status Zones around Nuclear Facilities*（关于确定核设施周围特殊状况区域的条款和条件法规）。

其中 *Regulation on Ensuring the Safety of Nuclear Power Plants*（核电厂安全法规）草案引入了现代核电厂安全的新概念性要求。草案充分考虑西欧核能监管机构协会（WENRA）关于新核电厂设计的安全目标、福岛核电厂事故发生后运行核电厂安全相关调整以及国际原子能机构在这方面的最新的安全标准，包括核设施的选址、设计、建设、调试和运营。

2. 国际原子能机构安全标准

国际原子能机构受权制定安全标准[必要时可与联合国（UN）相关组织进行协商或合作]，确保在保护人类和环境免于电离辐射的有害影响的同时，不对产生辐射危险的设施的运行或活动的展开施加不当限制。国际原子能机构的安全标准被广泛采用，包括国际原子能机构的安全审查，如运行安全评估组（OSART）的任务审查。

鉴于安全标准体现了国际间在高级别安全内容上的共识，保加利亚等所有于 1957 年加入的 IAEA 始创会员国在出台国内安全标准时都以 IAEA 的核安全标准为基准。

国际原子能机构核安全标准分为以下三类：

- 安全基本法则（SF-1）：为国际原子能机构的安全标准及其安全相关计划奠定基本安全目标、安全原则以及安全概念。
- 安全要求：规定为确保达到基本安全目标和原则必须满足的要求，使得人类和环境在现在和将来都能受到保护。安全要求以"必须"为陈述语气，并以规范化语言书写使其能够纳入国家法律和法规。这些要求必须满足，若无法满足，达到或恢复安全基准水平的措施必须实施。
- 安全导则：就如何遵守安全要求提出建议和指导，并说明国际公认的履行要求的最佳做法。

3. 国际核安全咨询组织报告

独立于 IAEA 安全标准的国际核安全咨询组织（INSAG）是国际原子能机构下属的安全审查机构。该机构由有权对重要或出现的安全问题提供权威咨询和指导的专家团（主要来自监管或学术机构以及业内）组成。该机构专家组在核安全方面制定的方针将被用于监管和指导性文件的比较。

4. 欧洲用户要求文件（EUR 要求文件）

保加利亚国内的新建核电厂（轻水反应堆）必须符合《轻水堆核电厂欧洲用户要求》（*European Utility Requirements for LWR Nuclear Power Plant*）的安全要求。EUR 要求文件规定了第三代轻水反应堆的一系列技术要求，这些技术要求由计划在欧洲建造新一代核电厂的众多欧洲电力生产商提出。

EUR 要求文件最早出台于 1992 年，其宗旨是降低新建核电厂在欧洲范围内的取证风险，具体包括以下方面：

- 进一步提高已处于高级别安全标准的地区的核工业安全目标的实现（包括提供更优的设计，延长宽限期以及更多的冗余、多样性、非能动并以此降低堆芯熔化的风险）；
- 为电力公司和工程设计方提供一系列期望参数要求，用于评估工程设计符合度；
- 提供一个协调欧洲相关法律法规的工具；

- 提高发电厂竞争力；
- 为普遍适用于欧洲国家，无须重大更改的全新第三代标准轻水堆设计提供在共同基础上更高水平的规范；
- 制定不同堆型设计间的公平竞争规则，该文件具有模块化多功能结构，并尽量保持中立（不偏袒任何具体设计）；
- 推广性价比高的设计要求，如更高的可用性及将运行寿命上升至 60 年，提高热效率，加快取证速度，以及降低资金成本和建造时间等；
- 支持更加协调、开放、统一的欧洲电力市场。

EUR 要求文件共分为四卷：

- 第 1 卷：（主要政策和目标）规定主要设计目标，并阐述 EUR 要求文件实施的主要政策。
- 第 2 卷：（核岛常规要求）涵盖了欧洲核电用户组织旗下电力公司对三代核电厂核岛的所有常规要求和一般设定。
- 第 3 卷：（经 EUR 评估完成的具体电厂设计）分为若干册：
  其中 5 册文件介绍了在 1997—2002 年进行评估认证的反应堆设计，包括沸水堆（BWR90）、压水堆（EPR）、非能动电厂反应堆（EPP）、先进沸水堆（ABWR）以及简化沸水堆（SWR1000），以上 5 个反应堆的设计根据 EUR 要求文件（B 版）完成了符合性认证；
  后来又增加了 3 册，介绍了在 2005—2009 年进行评估认证的反应堆设计，包括非能动压水堆（AP1000）、VVER 反应堆（AES92）以及标准压水堆（EPR）的设计更改，以上 3 个反应堆的设计根据 EUR 要求文件（C 版）完成了符合性认证。
- 第 4 卷：（发电厂适用要求）涵盖了发电厂（常规岛部分）相关的常规要求。

2013 年，欧洲用户要求文件发布了修订版 D，该文件由以下单位共同制定：CEZ GROUP、EDF GROUP、EDF ENERGY、Subsidiary of EDF、ENDESA、FORTUM、GDF-Suez、GEN ENERGIJA、IBERDROLA、MVM、NNEGC ENERGOATOM、NRG、ROSENERGOATOM、TEOLLISUUDEN VOIMA、VATTENFALL 和 VGB POWERTECH。

相比 EUR 要求文件的 B 版，C 版主要在以下方面进行了修改：

- 几个先进轻水反应堆（ALWR）设计和 EUR 要求文件 C 版第 3 卷中非能动压水堆（AP1000）、VVER 反应堆（AES92）以及标准压水堆（EPR）间的对比评估；
- 西欧核能监管机构协会（WENRA）在欧洲核安全协调工作的审议及跟进（新型核电反应堆进行了 WENRA 关于电厂运营的参考评级，根据 WENRA 的安全目标进行分析，并识别该文件与 EUR 要求文件间的不一致点）；

- EUR 要求文件 C 版与国际原子能机构安全标准——*Safety of Nuclear Power Plants*：*Design SSR-2/1*（《第 SSR-2/1 号：核电厂安全设计》）的对比；
- 欧洲用户要求文件专题小组在 2003—2004 年提出的 EUR 有关输电网要求（第 2.3 章）的更新议案；
- 在 2003—2004 年提出的 EUR 有关退役要求（第 2.16 章）的更新议案；
- 欧洲用户要求文件专题小组在 2008 年提出的关于新型工厂设计的老化处理及使用寿命延长的思考；
- EUR 要求文件 C 版与美国电力研究所（EPRI）《用户要求文件（URD）》修订版 10 的比较；
- 对 EUR 设计目标中环境影响的思考（新版第 2.20 章）；
- 近期欧洲第三代核电厂的反馈；
- 由欧洲用户要求文件发起人提出以完善和明确最复杂要求为目的的改革议案；
- 近十年中积累的运营经验的反馈。

相比 EUR 要求文件 C 版，D 版又在以下方面进行了修改：

- 纵深防御的 5 个级别；
- 设计基准工况与设计扩展工况的对比思考；
- 关于人因坠机事故的反思；
- 福岛核事故经验教训的首次反思（即关于危险、主控制室、应急准备中心及长期事故管理等主题的澄清）；
- 应急控制室和应急准备中心的改良要求；
- 对紧急运行规程（EOP）、全范围仿真培训系统与工程/测试模拟器和 I&C 安全技术指南中校核与验证程序的进一步思考；
- 解决导向规则在功能性要求方面（即布局）的改写问题。

目前最新有效版本为 D 版。

（七）监管法律和法规体系的完善

保加利亚参加了 2015 年 2 月 9 日由国际原子能机构在维也纳举行的外交会议，并支持采用《维也纳核安全宣言》（*Vienna Declaration on Nuclear Safety*）作为国际社会在福岛核事故之后努力提高核安全工作的一部分。

保加利亚加入了《核安全公约》（*Convention on Nuclear Safety*）、《及早通报核事故公约》（*Convention on Early Notification of a Nuclear Accident*）、《核事故或辐射紧急情况援助公约》（*Convention on Assistance in the Case of a Nuclear Accident or Radiological Emergency*）、《乏燃料管理安全和放射性废物管理安全联合公约》（*Joint Convention on the*

Safety of Spent Fuel Management and on the Safety of Radioactive Waste Management）、《核材料实物保护公约》（*Convention on the Physical Protection of Nuclear Material*）、《核保障附加议定书》（*Additional Protocol to the Nuclear Safeguards Agreement*）。原子能共同体与欧盟非成员国之间于 2003 年签署的就发生放射性紧急情况时早期信息交换协议（ECURIE）于 2005 年生效。2007 年，保加利亚成为欧盟正式成员。保加利亚国家立法与欧洲保持一致。关于建立核设施安全共同框架，由原先的参照 2009/71/EURATOM 会议要求执行改为参照 2014 年 7 月 8 日通过的 2014/87/EURATOM 会议要求执行。

在这种背景下，在该领域制定和实施完善的法制成为政府的最重要职责。

ASUNE 及其相关法规于 2002 年生效并在 2010 年完成了修订和补充。同时，保加利亚在立法中考虑了其作为实施成员的有关国际公约和条约、欧盟法规及 IAEA 的相关标准和安全准则。除此之外，保加利亚核安全监管局还一直致力于次级立法审查和更新的计划。同时，福岛核事故发生以后，保加利亚正在根据国际原子能机构核安全行动计划实施《最新国家行动计划》[*Updated National Action Plan*（UNAcP）]。

监管机构同时要求运行核电厂进行定期安全审查（PSR），该审查是发放核设施运营执照的基础。在对科兹洛杜伊核电厂 5 号、6 号机组进行定期安全审查和额外执行压力测试期间，对机组的当前设计提出了许多重大修改，并配置了新系统以防止严重事故的发生或减轻事故后果。

已制定完成的《严重事故管理指南》[*Severe Accident Management Guidelines*（SAMG）]使核电厂确保主回路和安全壳压力边界完整性的能力大大增强，从而达到减轻严重事故后果的目的。

在安全使用核能的监管实践和政策领域，保加利亚将继续坚持《核安全公约》目标和《维也纳核安全宣言》的原则。

四、核安全与核能国际合作

（一）与中国的合作

保加利亚是最早承认中华人民共和国的国家之一，双方于 1949 年 10 月 4 日建交。

20 世纪 50 年代，两国关系发展顺利。1952 年中保两国政府签订了两国间第一个贸易协定。

20 世纪 60 年代起，双边交流一度减少，六七十年代双边贸易额大幅下降。

自 20 世纪 80 年代起两国各领域的交流与合作逐步增多，两国关系平稳发展，两国经贸关系发展较快。两国签署了《鼓励和保护投资协定》和《避免双重征税协定》。1985 年成立了两国政府间经济、贸易及科技合作委员会。

2004 年 5 月我国全国人大常委会主任吴邦国访问保加利亚。

2009 年，双方签署了《中华人民共和国商务部和保加利亚经济能源和旅游部关于经济合作的谅解备忘录》。

2010 年 10 月，中保经济联委会第 14 次例会在索非亚召开。

两国贸易额逐年增长。2001 年为 1.18 亿美元，同比增长 89.1%。2002 年、2003 年、2004 年、2005 年、2006 年、2007 年、2008 年、2009 年、2010 年、2011 和 2012 年分别为 1.19 亿美元、2.25 亿美元、4.05 亿美元、5.31 亿美元、18.65 亿美元、9.69 亿美元、13.3 亿美元、7.4 亿美元、9.8 亿美元、14.66 亿美元和 19.0 亿美元。

据欧盟统计局统计，2017 年保加利亚货物进出口额为 642.3 亿美元，比上年（下同）增长 15.7%。其中，出口 300.8 亿美元，增长 13.2%；进口 341.5 亿美元，增长 18.0%。贸易逆差 40.7 亿美元，增长 72.1%。2017 年保加利亚与中国双边货物进出口额为 19.7 亿美元，增长 18.6%。其中，保加利亚对中国出口 7.2 亿美元，增长 40.3%；自中国进口 12.5 亿美元，增长 8.9%。保加利亚与中国的贸易逆差 5.3 亿美元，下降 16.4%。

应中华人民共和国主席习近平邀请，保加利亚共和国总统罗森·普列夫内利耶夫于 2014 年 1 月 12—15 日对中华人民共和国进行国事访问。期间双方发布了《中华人民共和国和保加利亚共和国建立全面友好合作伙伴关系的联合公报》。

2015 年 11 月，李克强总理在人民大会堂会见来华出席第四次中国-中东欧国家领导人会晤的保加利亚总理博伊科·鲍里索夫，探讨开展核电领域三方合作。

2015 年 11 月 26 日，中国国家主席习近平在北京人民大会堂会见来华出席第四次中国-中东欧国家领导人会晤的中东欧 16 国领导人。会见后，习近平总书记和波兰总统杜达、塞尔维亚总理武契奇、捷克总理索博特卡、保加利亚总理博伊科·鲍里索夫、斯洛伐克副总理瓦日尼见证了中国同五国分别签署政府间共同推进"一带一路"建设的谅解备忘录。

2018 年 7 月 5—8 日，应保加利亚共和国总理博伊科·鲍里索夫邀请，中华人民共和国国务院总理李克强对保加利亚进行正式访问，并出席在索非亚举行的主题为"深化开放务实合作，共促共享繁荣发展"的第七次中国—中东欧国家领导人会晤。访问期间，李克强总理同博伊科·鲍里索夫总理举行双边会谈，并会见保加利亚共和国总统鲁门·拉德夫。中方欢迎博伊科·鲍里索夫总理在双方方便时再次访华。7 月 6 日发表了《中华人民共和国政府和保加利亚共和国政府联合公报》。两国领导人在访问期间见证签署了《中国国家能源局与保加利亚能源部关于和平利用核能合作的谅解备忘录》和《中华人民共和国政府和保加利亚共和国政府科学技术合作协定》等多个文件。

此次访问对推动"16+1"合作走实走深、行稳致远具有重要意义。中国与中东欧国家"16+1"合作机制由中国提出，这一机制已经证明了其极高的效率，同时也带来了中国与中东欧国家之间进行全面合作发展的良机。

除政府间交往外，保加利亚-中国工商联合会和保加利亚青田同乡会等多家华侨华人团体也相继成立并在两国交往中扮演着越来越重要的角色。

（二）与其他国家的国际合作

1．国际原子能机构

IAEA 是世界核领域的合作中心，成立于 1957 年，与其 158 个成员国在 3 个主要领域，即核核查、和平和安全使用核能、核科学和技术的传播共同开展工作。保加利亚是 IAEA 的创始成员国，2011—2013 年第九次当选其董事会成员国。

保加利亚与 IAEA 的合作，主要是通过国家和地区性的技术合作项目，以及核安全部门和核能部门的相关活动。安全保卫部门的检查人员在保加利亚核设施的申报和现有核材料的基础上进行定期检查。

目前，保加利亚参与了 IAEA 技术合作部的 4 个国家级项目：

①对国家中心的次级标准剂量学实验室（SSDL）进行现代化改造，使其放射生物学和放射防护符合国际认证要求；

②协助科兹洛杜伊核电厂 5 号、6 号机组延寿；

③创建一个医疗中心——军事医学研究院，用于被辐射病人的骨髓移植治疗；

④进一步提升保加利亚核安全监管局在核与辐射安全方面的能力。

保加利亚参与的区域性项目超过 30 个。

保加利亚核安全监管局是落实与 IAEA 合作的官方机构。IAEA 各种项目中的学术合作、科学考察和培训建议由核安全监管局提交给国际原子能机构秘书处。

2．欧盟

2007 年，保加利亚成为欧盟成员国，此外，保加利亚也是欧洲原子能共同体成员国，通过其代表在欧盟内部机构的工作组和委员会中参与工作。

保加利亚的代表和核安全监管局的专家，在安全利用核能和电离辐射的方面一起合作。保加利亚核安全监管局的主席和副主席也参加核安全和放射性废物管理方面的更高级别的会议。

3．西欧核监管联盟（WENRA）

西欧核监管联盟创立于 1999 年，是由欧洲各国核监管局的首脑和高级人员组成的非政府组织。根据联盟 2010 年颁布的职责，其主要目标是提升核安全水平。保加利亚核安全监管局 2003 年加入 WENRA，开始参与各种协调活动，包括反应堆安全、退役和核废物处理。

五、核能重点关注事项及改进

（一）福岛核事故后安全改进情况

福岛核事故后，保加利亚核安全监管部门逐一落实从福岛核事故中吸取的经验教训，政府和监管部门要求进行核安全相关改进和评估，以强化核设施抵御极端外部灾害的能力，预防严重事故发生和减轻严重事故的后果。涉及的安全事项改进主要包括两方面：①采取额外的核安全改进措施；②完善核监管法律法规体系。

为确保灾害影响整个场址和周围基础设施的情况下核设施的安全，保加利亚监管部门已经完成多项措施，包括：评估极端外部灾害（如安全停堆地震或洪水等）的情况下对区域道路基础设施的潜在损害；评估运输路线的可靠性，确保机械、物资和人员可以进入核电厂以及确定厂内应急设备的移动路线和物资运输与应急响应小组的备选路线。与此同时，科兹洛杜伊镇正在建设一个远程紧急中心。

为增强电厂抵御场外洪水的能力，所采取的措施包括：

- 制定 Zhelezni Vrata 1 或 Zhelezni Vrata 2 水电厂坝墙倒塌的紧急响应程序；
- 提升科兹洛杜伊低海拔地区的堤坝的保护功能；
- 采取措施以在发生最高水位外部洪水时对 BPS-2 和 BPS-3 的设备形成保护；
- 防止低地发生洪水时水渗透到电厂污水管网。

2015 年年底，保加利亚政府要求相关部门按照国际原子能机构的要求，采用概率安全分析方法完成了对科兹洛杜伊核电厂厂址极端气候条件的分析。在此范围内，对电厂现场民用建筑的承载力进行了评估。评估结果表明，没有必要采取额外的工程措施来支持构筑物系统的部件的安全重要性。

在压力测试中，重新评估了丧失安全功能的事件导致严重事故的安全极限，评估结果显示相关设施具备良好的抵御能力和充足的时间裕量供采取防护措施。为了确保额外的安全限度，已采取以下措施：

- 除电厂已有的 6 kV 移动柴油发电机外，另提供两台新的 0.4 kV 移动柴油发电机；
- 由 6 kV 移动柴油发电机为安全系统的每台机组任一电池反复充电的方案；
- 由 0.4 kV 电源总线使用 0.4 kV 移动柴油发电机为 5 号机组的任一电池反复充电的方案，对于 6 号机组，此措施在 2016 年期间完成；
- 计划 5 号机组由 6 kV 移动柴油发电机为任一可靠的 6 kV 电源总线充电，对于 6 号机组，此措施在 2016 年期间完成；
- 由 0.4 kV 移动柴油发电机为乏燃料池给水系统供电的方案；

- 停堆（冷态）状态和应急柴油发电机故障时反应堆低压情况下主回路给水系统由 6 kV 移动柴油发电机或 0.4 kV 移动柴油发电机供电的方案；
- 应急柴油发电机发生故障时，蒸汽发生器补给系统由 6 kV 移动柴油发电机或 0.4 kV 移动柴油发电机供电的方案；
- 移动设备的额外给水管道连接乏燃料池；
- 由移动设备给蒸汽发生器（SG）进行备用给水的设计正在实施过程中。

关于严重事故下停堆与启堆和乏燃料贮存池的过程分析在 2014 年完成。在此基础上，严重事故管理导则（SAMG）增加了 5 部新的指南，并在 2015 年完成为 5 号、6 号机组开发和引入 SAMG。

关于严重事故下的放射性排放，根据对现有设计工具和能力的充分估计，证明设计可确保在严重事故发生的初始阶段将放射性滞留在安全壳内。关于事故发生的中期和晚期，现场可用于贮存和再处理放射性液体的贮罐数量必须足够。

关于 3 号、4 号机组蒸汽发生器补充应急给水系统（CEFS）用作 5 号、6 号机组余热排出的辅助备用系统的可能性调查，结果显示 CEFS 性能特征不足，5 号、6 号机组发生事故时该系统无法给予较大的支持。

根据已完成的压力测试、后续应急演习结果以及实施的国家行动计划[National Action Plan（NAcP）]，相关监管部门重新评估并确定当现场同时发生多个核设施燃料熔化事故时，科兹洛杜伊核电厂厂内应急计划、应急程序和电厂应急行动能够确保安全。目前，《科兹洛杜伊核电厂应急计划的组织及响应程序》（*Procedure on Organization and On-call Performance to Ensure the Emergency Planning of Kozloduy NPP*）已进行更新，在更新后的应急计划和应急程序中，增加了紧急小组人数，以便所有设施都发生严重事故时应急小组人员能进行更替。同时，评估还涉及多机组同时发生燃料熔化事故时可用的技术处理手段及其充分性。此外，《关于现场不同设施发生同步事件时应急小组行动的程序》（*Procedure on Action of the Emergency Response Teams in Case of Simultaneous Events at Different Facilities On-site*）正在制定中。

除此之外，2014 年 11 月，保加利亚核安全监管局在国内开展了题为"安全 2014——科兹洛杜伊核电厂严重事故——事故管理和减轻后果"（*Defense 2014—A severe accident at Kozloduy NPP—Accident management and mitigation of consequences*）的主题活动。最终结论显示，《科兹洛杜伊核电厂厂内应急计划》（*Kozloduy NPP On-site Emergency Plan*）中当前响应组织措施和技术手段足够管理厂区多个核设施同时发生燃料熔化的事故。管理机构活动相关改进行动和统一救援体系（URS）应急小组的具体行动，将被纳入当前最新的《科兹洛杜伊核电厂厂外应急计划》（*Off-site Emergency Plan for Kozloduy NPP*）。

在欧盟方面，2011 年 3 月，欧盟委员会要求所有的欧盟核电厂进行安全审查，全面透明评估风险和安全；要求欧洲核安全监管集团（ENSREG）充分利用现有专家，特别是西欧核监管联盟，开发出评估和全面审查安全及裕量的技术。对此，WENRA 在之后的会议上提出一个独立的监管技术定义——压力测试，以及实施该测试的措施。

2011 年 5 月，欧盟委员会正式发布欧洲压力测试规范，压力测试是一个针对核电厂的安全裕量的评估，尤其是像福岛核事故这种极端自然灾害对电厂安全功能的挑战并导致严重事故的情况。评估的重点在于：

①初始事件：地震、洪水、其他极端自然灾害；

②初始事件对电厂安全功能产生的不利后果：断电、热量传输受损、两者并存；

③严重事故管理问题：保护管理堆芯冷却功能失效的措施、保护管理燃料存储水池冷却功能失效的措施、保护管理安全壳破损的措施。

此外，IAEA 和美国核管会（NRC）、核能研究院（NEI）也各有相应的改进要求。

总的来说，目前世界上的新建反应堆设计已经广泛考虑了严重事故和设计扩展工况等条件，所有这些要求需对原先的电厂设计增加一系列的设计变更和完善，具体实施前需经过技术和经济性上的评估。

（二）"走出去"的关注点

1. 最新核能发展形势

自 1974 年科兹洛杜伊核电厂 1 号机组运营，核电一直是保加利亚成本最低的发电形式，对保加利亚能源供应和经济发展做出了重要贡献，正因如此，保加利亚政府对核电一直持积极的支持态度。早在 20 世纪 80 年代，科兹洛杜伊核电厂的扩建项目（7 号、8 号机组）就被提上了日程，但是受切尔诺贝利事故的影响以及苏联解体造成的政治原因，科兹洛杜伊 7 号、8 号新建机组计划被长期搁置。

保加利亚政府对第二座核电厂贝勒尼（Belene）核电站投资已经超过 10 亿美元，但由于环保主义者抵制，这项工程于 1990 年停止。

2005 年年初，作为对科兹洛杜伊核电厂 3 号、4 号机组关闭后的补充，保加利亚官方宣布重新启动第二座核电厂计划，即 Belene。2006 年 11 月，保加利亚与俄罗斯核电建设出口公司 Atomstroyexport 签订初步协议，计划在 Belene 建造两台俄产 VVER 百万千瓦机组。

贝勒尼核电站初步的厂址清理工作已于 2008 年启动，并与供应商签署了包括大型锻件以及仪控系统在内的设备采购合同。该项目在 2009 年之后就一直面临着融资问题，因为在 2009 年，在项目中持股 49% 的战略投资者德国莱茵集团（RWE）撤出了该项目，而且保加利亚新当选政府决定不再像最初预计的那样承担该项目 51% 的建设费用。

根据保加利亚国家电力公司与俄罗斯国家原子能公司 2010 年签署的一份谅解备忘录，

保加利亚组建了一家项目公司，即贝勒尼电力公司（Belene Power）。保加利亚国家电力公司持有这家新公司 51% 的股权。但保加利亚政府一直未能找到愿意持有该公司另外 49% 股权的战略投资者。

保加利亚能源部部长向政府表示，使用为贝勒尼采购的设备在科兹洛杜伊核电厂建设一台机组是一个"更加现实"的选择，这不仅是因为科兹洛杜伊已拥有必要的辅助基础设施，还因为这对于战略投资者更有吸引力。保加利亚政府已开始研究在贝勒尼建设一座燃天然气电站以满足当地电力需求的可行性。

2012 年 6 月，保加利亚新建核电项目的参股方案征询得到阿海珐、三菱以及西屋等核电企业的响应，之后经过了一系列谈判和评估。

2012 年 3 月，保加利亚能源部部长杜布列夫在莫斯科宣布，在与俄罗斯国家原子能公司长达五年的谈判后，保加利亚最终决定放弃贝勒尼核电站项目，原因是保方无法承受 63 亿欧元的造价，已经订购的反应堆将会出售或者用于已有的核电站。俄罗斯国家原子能公司总裁基里·延科表示，项目终止不会给公司带来大的问题，但是保方需要为谈判破裂买单，因为"没有及时支付已经在生产的设备，俄方将被迫使用法律程序"。

保加利亚内阁 2012 年 4 月会议批准在科兹洛杜伊核电厂建设一个新的最新一代核电机组。为发动投资意向，成立了一家项目管理公司——科兹洛杜伊核电厂新建项目公司。2013 年 8 月，核安全监管局颁发新核电机组的选址许可证。该项目已完成以下活动：科兹洛杜伊核电厂建设一个新核电机组合理性的可行性研究；勘测确定新核电机组建设的厂址位置；编制初步安全分析报告（PSAR）和环境影响评估报告（EIAR）。

随后保加利亚政府于 2013 年 11 月批准在科兹洛杜伊建设一个新核电机组，并宣布将就在该电厂建设一台 AP1000 机组与西屋（Westinghouse）展开独家会谈。

2013 年 11 月，保加利亚能源部部长宣布科兹洛杜伊 7 号机组新建项目将选定西屋 AP1000 技术，其本国核安全监管机构 BNRA 也表示认可美国核管会对 AP1000 技术的设计认证。

2014 年 7 月底，西屋与保加利亚能源控股公司（BEH）签订 K7 新建 AP1000 项目股东协议，西屋将进行设计、采购、建造（EPC）总承包，全面负责新建机组设计、设备、工程以及燃料供应，在项目资金和股权方面，项目总成本估计为 77 亿美元，西屋同意持股 30%。

西屋公司于 2014 年 8 月 1 日宣布，在与保加利亚所有政治党派就科兹洛杜伊核电厂扩建项目进行讨论之后该公司已与保加利亚政府签署一份股权协议。但这份协议需要经在 10 月 5 日提前大选中产生的新政府批准后才能正式生效。根据新签署的股权协议，西屋将拥有新建机组 30% 的股权，保加利亚将拥有另外的 70% 股权。协议还规定将在科兹洛杜伊新建一台核电机组。西屋将负责提供建设和运行新机组所需的全部设备、设计、工程和燃料。

　　不幸的是，几个月之后保加利亚政党轮替，新组建的政府不同意上届政府与西屋达成的 K7 新建项目股东协议，新政府内阁要求西屋参股 49%，并提供大部分项目资金，对此双方未达成一致，2015 年 3 月底，股东协议签署 10 个月后因新政府不予批准而过期失效。可以看出，双方的主要分歧在项目资金方案上，K7 新建项目预算高达 77 亿美元，保加利亚相关企业自身难以承担，加之近年来新建核电项目普遍拖期超预，尤其在欧洲，因此寻求合作股东可以分担资金投入以及与之对应的风险，但对西屋而言，作为引领全球的核电技术供应方，直接参股投资核电站无疑是一项全新的业务，其表现出的审慎态度也就很好理解了。

　　好在双方都没有放弃，股东协议过期后不久双方进行了再次会谈，西屋宣布就 K7 项目与保加利亚新政府进行重新谈判，包括新的时间计划表和项目结构，西屋总裁 Danny Roderick 在声明中提到，"尽管双方一致认为 K7 项目从长远来看具有吸引力，但也认识到必须重新考虑新的项目模式。"保加利亚新任总理博伊科·鲍里索夫则重申政府新的诉求，即西屋必须参股 49%，且提供大部分项目资金。

　　可以看出双方的分歧较为突出。福岛核事故后西屋在全球范围内的业绩并不理想，除中美 8 台在建 AP1000 机组外，并未获取其他订单，保加利亚 K7 项目对其重要性不言而喻，但是直接参股投资并提供巨额资金则存在很大困难，加之西屋母公司东芝集团因 2015 年 7 月暴出会计丑闻而遭遇巨额损失，集团层面也难以向西屋提供资金支持。

　　2015 年 10 月，在保加利亚美国商会 20 周年圆桌讨论会议上，保加利亚总理博伊科·鲍里索夫呼吁西屋在政府新条件下建设 K7 核电项目。随后双方再次会谈，西屋提议引入第三合作方，也就是其在中国的战略合作伙伴国电投集团。目前，保加利亚、西屋公司和国电投正就 K7 项目合作细节进行磋商。

　　2015 年，应保加利亚能源与矿业论坛主席伊凡·辛诺夫斯基（Ivan Hinovski）邀请，中国国家核电技术公司（以下简称"国家核电"）总工程师王中堂于当地时间 3 月 26 日在保加利亚首都索非亚参加"开放能源市场中的核能发展：技术、金融和规划"国际会议。保加利亚副总理托米斯拉夫·多切夫（Tomislav Donchev）和能源部部长特米努斯卡·皮特科瓦（Temenushka Petkova）参加了会议开幕式。

　　王中堂总工程师在大会上发表了题为《技术创新：国家核电的实践与展望》的演讲，介绍了中国的核能发展、国家核电的技术创新、CAP1400 技术特点和安全设计，以及未来展望。

　　2016 年国际仲裁作出了有利于 ASE 要求赔偿的裁定。然而，保加利亚能源部强调，法院只下令支付俄罗斯国家原子能公司子公司索赔总额的一半。

　　保加利亚能源部部特米努斯卡·皮特科瓦在一份声明中表示，法院仅裁定了保加利亚国家电力公司（NEK）赔偿 ASE 为贝勒尼核电站已经生产的设备造成的损失，并不包括合同外发生相关费用等其他索赔。ASE 的索赔总额 12 亿欧元（合 13.4 亿美元），但法院下令支付的费用仅为该金额的一半，NEK 已经收到了法院裁决的邮件。

特米努斯卡·皮特科瓦于 2017 年 8 月宣布，即将启动贝勒尼核电建设项目私有化程序。该项目及其相关资产将从 NEK 剥离出来，注入一个新公司，并在 2018 年年初启动出售这家新公司的招标流程。

特米努斯卡·皮特科瓦表示，保加利亚希望保留贝勒尼项目价值约 100 亿欧元（117 亿美元）的少量股权。但她同时强调不会为投资者提供国家担保或长期购电协议。特米努斯卡·皮特科瓦说："我们没有权利在这个项目中犯错。我们需要为这些设备找到最好、经济上可行的解决方案。"

2018 年 5 月俄罗斯媒体称，保加利亚政府将向议会提交一份提案，解除暂停建造贝勒尼核电厂的项目。保加利亚总理博伊科·鲍里索夫称，相关决定必须在 2018 年的中国-中东欧国家领导人会晤前作出。

俄罗斯国家原子能公司总经理利哈乔夫表示，该公司将参加保加利亚贝勒尼核电站建设项目投标。利哈乔夫说："无论如何，俄罗斯国家原子能公司都计划参与投标，决定由保加利亚方面作出。"利哈乔夫表示，目前有关问题还在等待保加利亚议会的决定，该议会 2012 年暂停了该项目。

特米努斯卡·皮特科瓦告诉议会能源委员会，Belene 核电站将耗资约 100 亿欧元（合 116 亿美元）。据报道，中国核工业集团公司（CNNC）、俄罗斯 Rosatom、法国法玛通（Framatome）公司和美国通用电气公司都表示对该项目感兴趣，但法国和美国公司只是提供服务而不是投资者。这使得中国和俄罗斯有望在该项目上投资数十亿美元。但是，两家公司都需要国家担保，例如，优惠合同和其他非市场计划，这些都会违反欧盟的竞争规则。

2. 各项政策

（1）投资政策

保加利亚政府 1997 年成立外国投资署（Foreign Investment Agency）。2004 年 8 月将外国投资署更名为保加利亚投资署（Bulgaria Investment Agency）。投资署是保加利亚主管投资的政府机构，隶属保加利亚能源部，主要负责投资政策制定、实施以及促进工作。其职能清晰，对投资者的服务主要有：详细的信息咨询、深度的市场调研、有针对性的牵线搭桥和组织投资洽谈等。

投资署制定了《投资环境和主要产业指导》《法律指导》《主要投资者信息》等文件和材料。保加利亚提出在制造业、可再生能源、信息产业、研发、教育以及医疗 6 个行业投资的外国公司将得到优惠政策的支持，同时取消了对钢铁、船舶、化纤制造行业的外商投资优惠政策。

2008 年，保加利亚投资署推出 8 个重点吸引外资的行业：电气电子、机械加工、化工、食品及饮料加工、非金属采矿、医药行业、再生能源、ICT 及服务外包。

从 2007 年 1 月 1 日起，保加利亚开始实施与欧盟有关立法一致的新《公司税法》（CITA）。保加利亚主要税赋包括企业所得税、个人所得税和增值税，具体税种如下：

企业所得税：保加利亚政府在最近几年中 3 次大幅降低企业所得税税率。2004 年从 23.5%降到 19.5%，2005 年 1 月 1 日从 19.5%降到东欧地区最低水平 15%，从 2007 年 1 月 1 日开始，保加利亚政府将企业所得税调低到 10%（单一税率）。目前世界企业所得税的平均水平约 28.6%。

个人所得税：2008 年 1 月 1 日起实行统一的个人所得税，税率为 10%。据统计 2014 年保加利亚平均月工资为 445 欧元。

增值税：保加利亚目前实行的增值税（VAT）税率为 20%，免除增值税的产品及服务有：出口欧盟外的有关产品、服务；与国际运输有关的产品、服务；与免税贸易相关的产品、服务；代理、中间商及经纪人提供的产品、服务。

年营业额达到或超过 2.5 万欧元的外资公司必须在销售额超过 2.5 万欧元的税务周期之后的 14 天内向保加利亚税务署递交增值税登记申请，开设增值税专项账户，获得唯一的 ID 号码，用于缴纳和返还增值税。营业额低于 2.5 万欧元的外资公司可自行决定是否进行增值税登记。

公司在购买所产生的增值税超过出售所产生的增值税数额时，超出部分将用来冲抵在今后 3 个月中发生的增值税，此后如仍有剩余，那么余额将在此后的 45 天内（相当于增值税超出发生后的约 5 个月）返还。政府部门在税务审计的过程中可以推迟返还剩余增值税，但不得超过 3 个月。公司如不愿拿到返还的增值税，还可以通过书面申请要求将剩余的增值税抵销此后 9 个月内发生的增值税支出。

（2）融资政策

外国企业可以同保加利亚公司一样从保加利亚银行获得融资，但受世界金融危机的影响，从 2008 年第四季度起，保加利亚商业银行普遍提高了对申请贷款企业的要求。外国企业需满足相应条件方能获得贷款，如在保加利亚成立时间 1 年以上、在保加利亚经营期间财务状况良好、有固定资产作为贷款抵押等。保加利亚商业银行的融资条件随着其国家的财政、货币政策和银行的流动性在不断调整。目前，保加利亚国际贸易以欧元和美元为主，暂不接受人民币跨境贸易和投资。

世界银行数据显示，2014 年，保加利亚银行存款利率为 1.7%，贷款利率为 8.3%。

（3）劳工政策

2004 年 6 月 18 日，保加利亚通过了新《劳动法》，该法规定：

①工作时间：每天工作 8 小时，每周工作 5 天。

②带薪假期：每年不少于 20 天。

③退休年龄：男性最低退休年龄为 63 岁，女性为 59 岁。

④最低月工资：173 欧元（2014 年）。

外国人在当地工作的规定如下：

所有获得保加利亚永久居留权、避难和难民身份的外国人和保加利亚人一样拥有被雇用的权利。短期工作许可由劳动和社会政策部下属的就业署签发，劳动许可包含工作时间、工作内容和雇主等相关信息。

短期工作许可由雇主申请，其有效期与劳动合同中的工作期限一致，不应超过 1 年。短期工作许可允许多次延期，但工作总时间不能超过 3 年。外国人在获得工作许可和签订工作合同后就获得了在保加利亚的居留许可，居留时间长度以劳动许可为准，每次不超过 1 年。短期工作许可延期后，居留许可的时间长度也可相应延长，但总时间不得超过 3 年。

保加利亚公司（含外国人在保加利亚注册的公司）中的外国雇员与本国雇员比例不能超过 10%（含 10%），欧盟成员国以及挪威、冰岛和列支敦士登居民除外，因为这些国家的居民及其亲属在保加利亚工作不需要工作许可。

（4）环保政策

保加利亚环境与水利部是其环保管理部门，成立于 1976 年 9 月。主要职责是制定和协调环境保护法律体系，制定和协调环境保护规划，协调管理自然资源的合理开发使用，贯彻环境保护规划，保护自然环境，治理污染，为居民提供良好的生态环境。

《环境保护法》的基本要点是保护自然环境，根据保加利亚自然特点，保护境内多样性的物种，降低污染，管理和控制污染自然环境的因素，建立并实行环境监控体系。

可能对环境造成影响的项目，如化工厂、炼油厂、热电厂等，以及影响现有保护区域（protected area）（保护区、国家公园等）或现存和可能的保护地带（Natural 2000，欧盟生态保护网计划）的项目需要进行环境影响评价。投资或承包工程应根据涉及行业和工程的不同，根据《环境保护法》和相关特别法进行评价。环评证书由环境与水利部或地方环保部门颁发。

3．关注点

保加利亚自民主变革以来，各派政治势力轮流坐庄，政府频繁更迭。

1990 年开始议会大选，按照规定政府每届五年，但至今已举行了 9 届议会大选，4 个看守政府，换掉 13 届总理，执政缺乏连续性和稳定性。目前人们的政治热情降低，参加选举投票的还不到 50%，因此政党代表性不强，支持率逐年走低；主要政党之间的争斗使其难以联手应对转型中的难题；街头政治的出现也造成了社会动荡。而民众的生活却无大的改善，失业率持续攀升，迄今仍为全欧盟范围最贫穷的国家之一。

第四章　埃及
Egypt

一、概述

阿拉伯埃及共和国，简称埃及。埃及作为世界文明古国之一，有着十分悠久的历史。其领土地跨亚非两大洲，大部分位于北非的东部，只有苏伊士运河以东的西奈半岛位于亚洲的西南部，地理位置十分独特，自古便是兵家必争之地。历史上埃及曾建立起统一强大的帝国，也曾沦为其他国家的殖民地。1922 年埃及脱离了英国的保护国身份而正式独立，1953 年建立共和国完成真正独立。其后，埃及经历过国际冲突与战争，也经历过国内的革命与政变。2014 年塞西正式当选总统，目前埃及国内外的局势正逐步恢复稳定。总的来说，埃及被认为是一个中等强国，在地中海、中东和信仰伊斯兰教的地区有广泛的影响力。

埃及作为连接欧亚非三大洲的交通要冲，西连利比亚，南接苏丹，东临红海并与巴勒斯坦、以色列接壤，北濒地中海，其海岸线长约 2 900 km。总体来看，埃及的领土分布在东经 24°～37°，北纬 22°～32°。埃及全境干燥少雨，尼罗河三角洲和北部沿海地区属地中海型气候，平均气温 1 月 12℃、7 月 26℃。其余大部分地区属热带沙漠气候，炎热干燥，沙漠地区气温可达 40℃。

埃及国土总面积为 100.1 万 km²，人口 1.045 亿（2018 年 2 月）。南北相距 1 024 km，东西相距 1 240 km。埃及全境地势相对平坦，其中 94.5% 为沙漠地带。西部利比亚沙漠，占全国面积的 2/3，大部分为流沙，间有哈里杰、锡瓦等绿洲；东部阿拉伯沙漠，多砾漠和裸露岩丘。其余部分多为耕地，仅占全国总面积的 5.5% 左右，主要分布在尼罗河沿岸。世界第一长河尼罗河从南到北流贯埃及全境，全长 6 700 km，在埃及境内长 1 530 km。尼罗河两岸形成宽 3～16 km 的狭长河谷，并在首都开罗以北形成面积为 2.4 万 km² 的三角洲。在尼罗河的影响下，两岸谷地形成了面积为 1.6 万 km² 的绿洲带。

按自然地理条件的不同，一般将埃及分为 4 个区域：尼罗河谷和三角洲、西部利比亚沙漠、东部阿拉伯沙漠和西奈半岛。尼罗河谷和三角洲地区地表平坦。西部利比亚沙漠是撒哈拉沙漠的东北部分，为自南向北倾斜的高原。西奈半岛面积约 6 万 km²，大部分为沙漠，南部山地有埃及最高峰圣卡特琳山，海拔 2 629 m，地中海沿岸多沙丘。开罗以南通称上埃及，以北称下埃及。

埃及属开放型市场经济，拥有相对完整的工业、农业和服务业体系。服务业约占国内生产总值的 50%。工业以纺织、食品加工等轻工业为主。农村人口占总人口的 55%，农业占国内生产总值的 14%。石油天然气、旅游、侨汇和苏伊士运河是四大外汇收入来源。2011 年年初以来埃及的动荡局势对国民经济造成严重冲击。埃及政府采取措施恢复生产，增收节支，吸引外资，改善民生，多方寻求国际支持与援助，以渡过经济难关，但收效有限。2013 年 7 月临时政府上台后，经济面临较大困难，在海湾阿拉伯国家的大量财政支持下，经济情况较前有所好转。2014 年 6 月新政府成立后，大力发展经济，改善民生。

2016 年 2 月 25 日，塞西总统宣布"埃及 2030 愿景"战略，该战略强调将发展与环保、就业与提升劳动力素质相结合，以公平公正、平衡多样的方式全面推进埃及经济和社会同步发展，建成善于创新、注重民生、可持续发展的新埃及。目标为在 2030 年将埃及 GDP 增速提升至 12%，财政赤字降低到 2.28%。2017 年 6 月，埃及颁布新《投资法》，确定了平等、公开、透明、可持续发展等招商引资原则。新《投资法》有利于吸引外国投资，拟在土地出让模式、所得税减免、投资保障、本地雇员数量等方面提供优惠政策。

埃及首都为开罗，面积约 3 085 km^2，位于尼罗河三角洲顶点以南 14 km 处，北距地中海 200 km，是整个中东地区的政治、经济和商业中心。开罗人口约为 2 280 万（2017 年），是阿拉伯和非洲国家人口最多的城市，是世界十大城市之一。夏季平均气温最高 34.2℃、最低 20.8℃；冬季最高 19.9℃、最低 9.7℃。埃及的其他主要城市有亚历山大、塞得港、沙姆沙伊赫、伊斯梅利亚。

埃及约 90% 的人口信仰伊斯兰教逊尼派，约 10% 的人口信仰基督教科普特正教、科普特天主教和希腊东正教等教派。

埃及国庆日为 7 月 23 日。货币为埃及镑，官方汇率 1 美元约为 17.85 埃及镑（2018 年 7 月）。

二、核能发展历史与现状

埃及在核能研究领域有着一定的历史积淀，1958 年苏联向埃及提供了第一座研究堆 ETRR-1，这是继以色列 IRR-1 反应堆后，中东地区的第二座研究堆。同期，埃及也有发展核电项目的打算，后因经济原因及三哩岛事件和切尔诺贝利事件，核电计划几度中断。1992 年阿根廷为埃及建造了第二座研究堆 ETRR-2，使得其在核能领域的研究得以进一步深入。2007 年 10 月，埃及总统决定重新启动核电建设计划，2010 年宣布将于 2025 年前建立 4 个核电站。2015 年 11 月，俄罗斯与埃及签署了合作建设达巴（El-Dabaa）地区 4

座核电站的政府间协议，并商定由俄方提供贷款。

目前埃及核电领域尚无建设成果，也缺少核电站运营所需的相关经验。然而根据近年来的能源结构变化趋势，及其在电力需求上存在的较大缺口，埃及已将发展核电上升到国家能源战略部署的高度，向国际社会开放了广阔的市场空间。

（一）发展历史

早在 20 世纪 60 年代埃及就部署并推进核能项目的计划，其中发展核电的决策主要源于以下各项因素：

（1）由于人口的增长、城市化与工业化的进程、改善人民生活水平的意愿等，能源和电力的需求保持稳定增长。

（2）中长期内能源与电力需求呈增长趋势，一次能源储量与供应量不足，加之埃及饮用水资源匮乏，需要利用能源以驱动海水淡化技术，特别是在偏远地区。

（3）核能作为一种方便的、经济上更有竞争力的能量来源，如果对其进行引进，不仅是对传统能源的补充，同时也促进了本国的技术发展，起到了刺激社会和经济发展的作用。

（4）核能对于当前温室气体的排放状况有着至关重要的改善作用。

基于这些理由，核能发展在埃及不仅有着理论上的可能性，更是对现实情况产生了深远的影响，而某些已逐渐成为现实的一部分。

然而，其后由于经济原因及三哩岛事件和切尔诺贝利事件的影响，埃及的核电发展计划几度中断。

2012 年，埃及穆尔西政府成立后，决定重启核电发展计划。2014 年，埃及政府发布新建百万千瓦级核电站标书，计划于 2025 年前在达巴地区建设 4 台百万千瓦级核电机组。俄罗斯 Rosatom、中核集团、韩国 Kepco 和美国 Westing House 等公司参与竞争。

（二）核电发展现状

（1）核电站

埃及目前并未拥有核电站，其国内能源结构主要以火电为主。

（2）研究堆

目前埃及所拥有的研究堆及其主要信息如表 4-1 所示。

表 4-1 埃及研究堆主要信息统计

设施名称	类型	功率/kW	中子通量	技术来源	地理位置
ETRR-1	Tank WWR	2 000	3.6×10^{13}	苏联	Inshas
ETRR-2	池式反应堆	22 000	2.7×10^{14}	阿根廷	Inshas

1）ETRR-1

ETRR-1（或称 ET-RR-1）是埃及的第一座核反应堆。由苏联于 1958 年提供，该反应堆为实验堆，为埃及原子能署（Egyptian Atomic Energy Authority，EAEA）所拥有并运营，地点在 Inshas，位于开罗东北部 40～60 km。

ETRR-1 是继以色列 IRR-1 反应堆后，位于中东的第二座研究堆。

2）ETRR-2

ETRR-2（或称 ET-RR-2）是埃及的第二座核反应堆，由阿根廷 Investigacion Aplicada（INVAP）公司为埃及建造。作为一个多用途的研究堆，其被用于先进研究和二次开发，包括基础研究、医学、工业及其他领域的放射性同位素生产、中子辐照、中子射线成像技术、中子放射化分析等。

此研究堆所用燃料由相邻的燃料制造厂生产。这是一种板型燃料元件（U_3O_8 的富集度为 19.75%），包壳材料为铝 6061 合金。

研究堆、核燃料制造厂与放射性同位素生产设施表示埃及在核能领域的发展是以和平利用核能为目的的。

（3）同位素分析实验室

中央实验室为同位素和元素分析提供等离子-质谱仪模型（JMS PLSMAX2），高分离功率有助于避免在分离过程中由于不同元素或化合物具有相近的质量数而产生干扰的问题。另外，该仪器中还包含一个激光扫描设施来分析固体样品而无须经过任何化学预处理。

（4）回旋加速器

这是一个带电粒子加速器，20 MeV，离子束流 50 μA。它能够加速质子、氘核、Helim-3、Helim-4。它是通过国际原子能机构的技术合作计划从俄罗斯方面获得的。

加速器配备有短寿命放射性同位素生产通道（Ga-67、In-111、I-123），用于快中子生产与材料科学在工业中的应用。

回旋加速器亦在环境学、地质学、化学、生物学、考古学和材料领域提供微观分析。

（5）Co-60 γ 辐照装置

巨型 γ 辐照设施是埃及唯一能够用于医疗与农产品消毒以及工业辐射研究应用的设备。

为了满足市场对于辐照食品和医疗产品的需求，大型 Co-60 γ 辐照设施将增加其放射性活度。然而类似这样的升级似乎并不能解决医疗公司的广泛需求，特别是那些急需增加其出口能力的医用辐射产品。

此设施被认为是埃及原子能署经济性的体现，代表了其较高的成本效益与可持续发展性。由于亚历山大港和周边地区对于辐射服务不断增长的需求，EAEA 将在亚历山大港建立另一个 γ 辐照设施。目前此项目正处于授权审批阶段。

（三）拟建核电项目

2015 年，俄罗斯、中国分别与埃及电力与能源部签署了核能合作协议，韩国向埃方提交了项目建议书。

2015 年 7 月，埃及总统办公厅确认埃及与俄罗斯商定了国内首座核电站建设项目商业合同的所有条款。签约时间将在获得埃及最高行政法院批准后立刻确定。

2015 年 11 月，俄罗斯与埃及签署了合作建设达巴地区 4 座核电站的政府间协议，并商定了由俄方提供贷款。

2017 年 12 月，埃及总统塞西与到访的俄罗斯总统普京在开罗共同出席了埃及首座核电站——达巴核电站项目的签字仪式。

埃及电力与能源部部长穆罕默德·沙克尔与俄罗斯国家原子能公司总经理阿列克谢·利哈乔夫签署了合作协议，正式启动达巴核电站建设。根据双方在 2015 年先期达成的协议，该核电站装机容量为 4 800 MW，采用俄罗斯技术，由 4 台发电量为 1 200 MW 的核电机组组成。达巴核电站工程总工期为 12 年，部分机组建成后将于 2024 年率先实现发电。该项目总投资约为 300 亿美元，俄方将为项目提供 250 亿美元的贷款，贷款利率为 3%，还款期限为 13 年。埃及新上任总统塞西及其政府致力于改善国家财政窘境，对于核电站项目将通过核电站发电来偿还贷款，不会给国家的资产负债表增添负担。

达巴核电站位于埃及首都开罗西北 130 km 处。埃方官员曾表示，该地区远离地震活跃区和大城市，是建设核电站的理想之地。预计将创造 5 万多个就业机会。

2018 年 1 月 23 日，俄罗斯为埃及建设的达巴核电站启动基建项目国际招标，并于 7 月签订正式合同。建设内容包括核反应堆外围建筑、临时道路、行政中心、工人公寓等。俄方倾向于选择埃及本地企业参与建设。埃及军工生产部将配合审核竞标企业的实力。俄方认为，选择企业的最重要标准是行业经验和施工效率。项目工期为 54 个月。

除达巴地区的项目以外，2016 年 11 月 24 日，埃及核电站管理局和国际咨询公司沃利帕森斯（Worley Parsons）宣布将在地中海 El-Nagila 地区开展建设埃及第二座核电站的详细调查工作。对该地区更为详细的调查将花费两年时间。埃及核电站管理局同时将与地方当局商谈划拨约 30 km² 的项目用地。第二座核电站的建设将不会在俄罗斯国家原子能公司参与达巴核电站项目完成前开始。全部调研和建设实施技术要求的准备工作完成后，将组织国际招标。埃及核电站管理局消息人士称：已收到来自韩国、中国和法国的建议，全部调研结束后才会启动对其的审议。

（四）公众态度与参与度

（1）公众态度

一方面，由于近年来人口增长、能源需求不断加大，埃及电力供应出现短缺现象，并呈日益严重的趋势。在夏季，埃及大部分地区持续高温，很多地方的最高气温都超过 40℃，从而造成电力消耗过大，包括开罗在内的许多城市都出现多次停电现象，并引起埃及民众的愤怒和抗议。在目前埃及电力消费远超过电力生产导致全国缺电的整体大环境下，埃及民众对核电的接受程度有所提高。

另一方面，埃及第一座核电站的指定修建地点在亚历山大省的达巴地区，当地人（主要是贝都因人）强烈反对。他们不仅担心放射物质污染周围环境，而且还对核电站建设用地的赔偿制度表示不满。他们认为，国家给出的土地价格明显被压低。贝都因人多次在达巴地区举行抗议活动，当时埃及前总统穆尔西向该地区居民保证，核电站建设期间不会发生任何地区性的放射性物质污染。他还承认核电站建设用地的物质赔偿很少并且不符合当前的经济实际，穆尔西表示，将重新审议贝都因人被征用土地的赔偿数额。

（2）公众参与度

由于埃及第一座核电站即达巴地区项目尚未开始建设，目前并无权威统计数据表明埃及本国在核能领域的公众参与度。根据埃及原子能署的数据，目前其在核及其他工程领域共拥有 1 400 多名高素质的科学家和工程师、3 600 多名技术人员及 1 300 多名行政人员的支持。

而根据埃及在 2010 年 12 月起草的达巴核电站的招标文件，其对本地化率提出了达到 20%的要求。

三、国家核安全监管体系

（一）管理部门

（1）能源电力主管部门

埃及电力主管部门为埃及电力与能源部，总部设在开罗，旗下设有新能源与可再生能源署、水电项目执行署、核燃料署、原子能署、核电署以及埃及电力控股公司。埃及电力与能源部现任部长是默罕默德·谢克尔（Mohamed Shaker）博士。

（2）核电署

核电署（Nuclear Power Plant Authority，NPPA），归属于埃及电力与能源部，依据第 13 号法律（NPP 法）于 1976 年成立。NPPA 是负责在发电领域和水脱盐领域核能应用的机构。相应地，NPPA 负责核电站与相关项目的实施，并通过最新的科技手段监管上述项目。另外，还出台了《关于核与放射性活动的 2010 年第 7 号法律》（RNRA 法）。RNRA 法规定，NPPA 是负责用于发电的埃及核设施的建造、运行和管理的专门机构。

（3）原子能署

埃及原子能署是埃及主要的核研究机构，成立于 1955 年，被授权进行和平高效的核能利用。埃及原子能署拥有超过 1 400 名科学家和工程师、超过 3 600 名技术人员和 1 300 多名行政人员。埃及 1958 年加入国际原子能机构，同时埃及也是核不扩散组织成员，埃及原子能署下设 4 个研究中心。4 个研究中心分别是：

① 核研究中心（NRC），地点在 Inshas；

② 热能实验室和核废物处理中心（HLWMC），地点在 Inshas；

③ 国家辐射研究和技术中心（NCRRT），地点在 Nasr；

④ 国家核能安全和辐射控制中心（NCNSRC），地点在 Nasr。

（4）核燃料署

埃及核燃料署（NMA）为埃及主要的核燃料开采管理部门，负责对国内矿石能源进行勘探与开采，并对核燃料的挖掘进行规划管控。

（二）发展规划

埃及对本国第一座核电站的规划主要分为 4 个阶段，包括前期准备阶段、项目决策阶段、项目建设阶段、运营/退役阶段。具体计划及进度如图 4-1 所示。

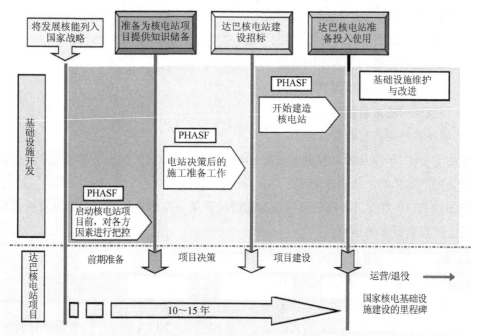

图 4-1 埃及核能发展阶段计划

● 第一阶段（前期准备阶段）

2006 年，埃及国家人民议会对是否将核能作为综合性能源战略的一部分进行了讨论，同时对在本国发展核能的可行性进行了评估。

2007 年 10 月，根据国家人民议会的决议，埃及总统宣布建造核电站项目的战略决策，包括：

①要建设一批核电站以用于发电；

②采取必要的措施，建造埃及第一座核电站；

③发展与全球合作伙伴及国际原子能机构的合作项目；

④相关能源部门开展立法工作，包括一般性程序与特殊性程序：

— 重建和平利用核能最高委员会；

— 起草法案来调节核相关部门间关系；

— 重组现有的有关机构和部门；

— 加强核监管机构，保证其独立性。

● 第二阶段（项目决策阶段）

在本阶段，已经开展如下几项工作：

①与国际顾问进行交流，以支持第一座核电站的建设；

②发布核相关法律及其执行条例；

③建立一个独立的监管机构；

④更新并提交达巴项目的许可批件；

⑤自 2011 年 2 月以来开始撰写招标规范文件，所更新的部分有：

— 国际原子能机构代表团的建议；

— 福岛核事故的经验教训；

— 埃及电网的最新数据；

— 埃及核法规的行政管理体系。

⑥由于 2011 年埃及爆发政府示威及 2012—2013 年持续的抗议活动或政变，埃及的核能发展受到严重影响，几乎停滞；

⑦2013 年 10 月 5 日，临时总统宣布建造埃及第一座核电站作为国家项目正式落地，以达巴为起点建设多座核电站；

⑧2013 年 10 月 10 日，埃及政府内阁做出了两个决定：

— 恢复实施达巴项目的各项工作；

— 重新执行与国际顾问的咨询活动。

⑨为了恢复建造核电站项目所需的基础设施和服务，NPPA 制订了一个全面的紧急计划；

⑩紧急计划专注于恢复建立用于监测环境和基础放射性参数所需的监测点及其他所

需的物理设施基础;

⑪政府准备必要的资金来执行上述紧急计划;

⑫2014 年,埃及政府发布新建百万千瓦级核电站标书,计划于 2025 年前在达巴地区建设 4 台百万千瓦级核电机组;

⑬2015 年,俄罗斯、中国分别与埃及电力与能源部签署了核能合作协议,韩国向埃方提交了项目建议书;

⑭2015 年 11 月,俄罗斯与埃及签署了合作建设达巴地区 4 座核电站的政府间协议,并商定由俄方提供贷款;

⑮2017 年 12 月,埃及总统塞西与到访的俄罗斯总统普京在开罗共同出席了埃及首座核电站——达巴核电站项目的签字仪式。埃及电力部长穆罕默德·沙克尔与俄罗斯国家原子能公司总经理阿列克谢·利哈乔夫签署了合作协议,正式启动达巴核电站建设。

● 第三阶段(项目建设阶段)

2018 年 1 月 23 日,俄罗斯为埃及建设的达巴核电站启动基建项目国际招标,并于 7 月签订正式合同。建设内容包括核反应堆外围建筑、临时道路、行政中心、工人公寓等。

2018 年 8 月,俄罗斯工业和贸易部副部长格奥尔基·卡拉马诺夫表示,目前修建达巴核电站的场地已完成工程勘测,将继续在地中海附近海域进行勘测,核电站的设计工作也仍在进行中,预计,俄方于 2020 年将获得参与修建埃及达巴核电站的许可证。

● 第四阶段(运营/退役阶段)

(尚未开始)

(三)主要核电公司

埃及目前尚未建立完整的核工业体系,没有本国的核电公司与设计/工程公司。对于中国而言,存在着与埃及在核能领域进行全产业链合作的机会,然而鉴于埃及核工业目前的发展水平,其本地参与程度并不乐观。

(四)主要研发机构

主要研发机构为 EAEA 的 3 个主要研究中心,即核研究中心、国家辐射研究和技术中心和热能实验室和核废物处理中心。这些中心又细分为不同的主要研究部门。

(1)核研究中心

核研究中心是 EAEA 最早、也是最大的研究机构,坐落在 Inshas。其研究主要是针对基本的核科学,电抗器,核反应堆材料,电子仪器和放射性同位素在医学、工业、农业等领域的应用。

（2）国家辐射研究和技术中心

国家辐射研究和技术中心成立于 1972 年，旨在促进电离辐射在医学、工业、农业、环境和其他不同领域的研究和开发应用。该中心拥有 3 个主要的γ辐照设施，即埃及的大型 Gamma-1 照射器，亚历山大γ辐照设施以及电子束加速器。这些设施可用于保健品、农产品、工业应用和科学研究的保鲜杀菌。该中心还拥有 4 个γ辐照的研究装置。

（3）热能实验室和核废物处理中心

热能实验室和核废物处理中心成立于 1980 年，主要管理被广泛应用于医疗诊断中的放射性材料及其所产生的废物，以及生产各种医疗和工业领域中所用到的放射性同位素，以及生产被广泛用于医疗诊断中的标记化合物。

（五）监管机构

虽然埃及在核能领域的发展起步较早，但一直缺少相对独立的核安全监管部门。在近 60 年的时间里，许多部门机构皆同时负责核能发展与核安全监管两项工作。例如，埃及原子能署作为埃及的核能发展部门，旗下也设有国家核能安全和辐射控制中心。2011 年，埃及政府成立独立的核安全监管部门——国家核与放射监管局（NRRA），并选举出主席与副主席。

- 国家核能安全和辐射控制中心

国家核能安全和辐射控制中心成立于 1982 年，是埃及核电许可证颁发机构和核安全监管机构，共有 3 个部门：核安全法规与核应急部门、辐射控制部门、核设施安全部门。该中心负责环境和人员的辐射防护，以及与本国核设施有关的其他监管和安全问题。

- 国家核与放射监管局

国家核与放射监管局主要职责为处理与核和放射性活动相关的所有监控事项，以及颁发核设施的厂址批准、建造、调试、运行和拆除所需的许可。并且，核电项目必须由经 NRRA 许可的合格人员运行。

在提交授予许可所需申请文件后，被许可人在等待授权的过程中，NRRA 的官员将审查和评估所提交的申请及其相关安全报告的完整性和充分性，并将根据此对照许可条件建议 NRRA 理事会是否对此项目发放许可证。

NRRA 采用的基本安全准则主要基于国际原子能机构的安全标准（NUSS），其中规定了核法规、安全标准、核电厂的标准和条例。

许可程序分为 6 个阶段：

- 项目许可证；
- 建筑许可证；
- 调试或试运行许可证；

- 燃料装载与达临界许可证；
- 营业执照；
- 退役执照。

（六）主要法律法规

- 国际公约

①《不扩散核武器条约》；

②《全面禁止核试验条约》；

③《关于核损害民事责任的维也纳公约》。

- 法律

①核能与辐射活动管制法及其实施细则（RNRA法）；

②电离辐射使用和保护法；

③环境保护法及其实施细则。

- 行政法规

①关于建立埃及原子能局（EAEA）的总统令；

②关于建立国家核与放射监管局（NRRA）的执行条例。

- 部门规章

①关于颁发安全利用核能许可程序的规定；

②关于运输国家核废料条件和程序的规定；

③关于为核电厂提供安全监管的规定；

④关于从事与辐射源相关工作进行辐射防护的规定；

⑤关于为乏燃料及放射性废物提供安全监管的规定；

⑥关于为核设施退役提供安全监管的规定。

- 安全导则

（暂无）

四、核安全与核能国际合作

埃及与中国及世界上其他核电大国均有着一定程度的合作关系，由早期苏联与阿根廷为埃及建造研究堆，到如今韩国、美国、俄罗斯、中国为埃及达巴核电项目竞相角逐，埃及核能发展的历史就是埃及核能市场逐步开放的过程。在核安全与核能领域的国际合作一方面为埃及建立了完善的监管体制，另一方面也建立起相对稳定的核电市场秩序。

（一）与中国的合作

2010 年以来，中核集团积极推进我国自主研发的百万千瓦核电技术"华龙一号"出口埃及，力求促使我国自主研发的"华龙一号"核电技术落地埃及，实现我国核电向非洲出口零的突破，相关情况如下：

中埃核能合作最早开始于 21 世纪初。2000 年 11 月，中国与埃及建立合作伙伴关系。

2006 年 11 月，为了进一步加深核能领域合作，中国与埃及正式签订《中华人民共和国政府与阿拉伯埃及共和国政府和平利用核能合作协定》，按照该协定规定的范围，双方合作的领域几乎涵盖了核工业与核科学技术的所有方面，包括核电站和研究性反应堆研究、设计、建造和运行，铀矿勘探和开采，核电站和研究型反应堆核燃料元件的制造和供给，放射性废物的管理以及放射性同位素的生产和应用等。

2014 年 12 月埃及总统塞西访华期间，两国元首决定将双边关系提升为全面战略伙伴关系，期间发表了《中华人民共和国和阿拉伯埃及共和国关于建立全面战略伙伴关系的联合声明》，明确了两国加强和平利用核能领域的合作。

2015 年 5 月，中核集团与埃及核电管理委员会正式签署了《CNNC 与 NPPA 核能合作谅解备忘录》。谅解备忘录的签署标志着中核集团关于埃及核电项目的推进工作进入了全新阶段，中核集团成为埃方核电项目的正式合作伙伴之一。

2016 年 1 月，习近平主席访问埃及，全方位推进中埃全面战略伙伴关系深入发展，期间习近平主席在埃及总理谢里夫·伊斯梅尔的陪同下参加了我国在埃及首都开罗举办的中国高科技展，亲切询问了中核集团的业务情况，并向伊斯梅尔总理介绍"华龙一号"。

（二）与其他国家的国际合作

● 韩国

2013 年 5 月 9 日，韩国产业通商资源部与埃及电力和能源部在首尔市举办了"韩国-埃及核电合作谅解备忘录"签字仪式，双方表示未来将在核电人才培养、技术交流、提高公众对核电的接受度等方面加强合作。

2013 年 12 月 9 日，应韩国原子能国际合作协会的邀请，埃及伊斯兰政党——努尔党两名专家型高级代表对韩国的原子能设施和研究机构进行了考察。

2014 年 11 月 24 日，韩国国务总理郑烘原就韩企参与埃及政府大型建设工程项目与埃及总统塞西交换了意见，并表示韩国拥有先进的核电计划和自主研发的核电技术，愿意向埃及转让核电技术，帮助埃及培养相关人才。塞西表示，埃及政府将积极研究韩方提案。

● 俄罗斯

2008 年 3 月 19 日，埃及贸工部部长拉希德与俄罗斯工业和能源部部长赫里斯坚科共同主持召开了埃俄合作委员会会议。会上，双方就和平利用核能制定了合作框架协议，该框架协议包括双方在人力资源培训、工程设施以及和平利用核能技术研究等方面的合作。

2015 年 2 月 10 日，俄罗斯总统普京对埃及进行访问，在与埃及总统塞西会谈后普京表示，俄罗斯不仅会在埃及合作建核电站，还要建立完整的核工业。据悉，访问期间，俄罗斯和埃及签署了有关俄罗斯原子能署参与埃及首座核电站建设项目可能性的协议。

2015 年 11 月 19 日，埃及与俄罗斯在开罗签署了有关在地中海沿岸达巴地区运用俄技术建设埃及首座核电站及其运行的政府间合作协议和有关俄贷款条件的政府间协议。这一核电站将包括 4 座 1 200 MW 反应堆，这将是埃及和俄罗斯在阿斯旺水电站后合作建设的最大工程。

2016 年 7 月 31 日，埃及与俄罗斯商定了国内首座核电站建设项目商业合同的所有条款，签约时间将在获得埃及最高行政法院批准后立刻确定。

2017 年 12 月，埃及总统塞西与到访的俄罗斯总统普京在开罗共同出席了埃及首座核电站——塔巴核电站项目的签字仪式。埃及电力部部长穆罕默德·沙克尔与俄罗斯国家原子能公司总经理阿列克谢·利哈乔夫签署了合作协议，正式启动塔巴核电站建设。

2018 年 1 月 23 日，俄罗斯为埃及建设的塔巴核电站即将启动基建项目国际招标，并计划于 7 月签订正式合同。建设内容包括核反应堆外围建筑、临时道路、行政中心、工人公寓等。

● 澳大利亚

2009 年 5 月 14 日，澳大利亚 Worley Parsons 公司在与美国伯克特勒的竞争中胜出，获得埃及总额为 9 亿埃及镑（合 1.6 亿美元）的首个核电站咨询合同，并与埃及电力部签署正式合同。

五、核能重点关注事项及改进

（一）福岛核事故后安全改进情况

由于福岛核事故发生在 2011 年，当时埃及国内并无在建在运核电机组，因此埃及主要对达巴核电站的招标文件做了修改。

根据 IAEA 专家组对福岛核事故的调查报告，埃及于 2014 年 3 月的 IAEA 关于福岛第一核电站事故的专家会议上对本国主要的安全改进内容进行了展示，其具体内容如下：

①对埃及核设施运行的独立性进行审查；

②重新调整 NRRA 组织的管理架构；

③发展人力资源，包括招聘技术人员与对已有技术人员进行资格的重新认证；

④修订和更新埃及关于核电站的评估条例，在达巴地区核电站的设计和运营中参考 IAEA 对核电厂安全要求的建议；

⑤审查和评估 NRRA 监管检查委员会对研究堆、核燃料生产厂及其他放射性活动的执法流程。根据福岛事故发生后的经验教训，更新和改进本国的安全要求、指南和应急预案。

（二）问题与挑战

埃及作为新兴的核电市场国，存在着若干问题与挑战，主要存在的问题在政治局势、公共采购及法律制度等方面。市场开发过程中应对这些问题带来的挑战重点关注。

1. 政治局势方面存在的问题

埃及曾在 20 世纪 80 年代时开始建立民用核电项目，当时达巴被选为建立核电站的现场，但该项目在切尔诺贝利事故后被中止了。2007 年，当埃及政府宣布了建立一些用于发电的核电站的战略决策时，该项目又被激活。

然而自 2011 年埃及"1·25 革命"以来，国内政局始终处于动荡之中，达巴核电项目也随着前总统侯赛因·穆巴拉克（Hosni Mubarak）被推翻而再次搁浅。之后的政治动乱在 2013 年埃及第一位民主选举的总统 Mohamed Mursi 被推翻时达到顶点。这些政治事件导致达巴核电项目进展非常缓慢。

2014 年 5 月，塞西当选新一任总统，将埃及重新带回军人统治的政治传统，此时的埃及被称为穆巴拉克政权以来"最分裂"的时期。混乱和未知的政治局势会降低外方投资者对埃及投资的信心和期待，并在客观上增加投资者的安全成本。

尽管新总统塞西承诺将发展核电作为政府的当务之急，但核电项目的成功仍将取决于埃及政治环境的稳定和政府对项目的大力支持。

由此可见，政治动乱对埃及核电项目而言是一个高风险的因素。尤其是存在埃及政府可能因任何政治原因，例如，政府变动，而推迟、中止或终止民用核电项目的潜在风险。

● 公共采购方面存在的问题

近几年，埃及政府已多次公开宣布计划就核电项目开展国际招标，许多技术供应商已表达了竞标的意向。根据 NPPA 官员的公开介绍，似乎也已为达巴项目准备了国际招标用的投标邀请说明书（BIS）最终文件。

然而早在 2018 年 2 月，在俄罗斯总统普京和埃及总统塞西的正式会议中，Rosatom Overseas 和 NPPA 签署了在达巴现场建设两座机组的项目发展协议。

尽管相关政府间协议尚未最后确定并由两国签署，但似乎与公开介绍相反的是，埃及政府已经选择和俄罗斯供应商通过政府间协议（IGA）进行洽谈，而不是通过公开招标。

在埃及，NPPA 的采购活动主要由 1973 年建立 NPPA 的 13 号法律和其实施条例（NPPA 法律）管理。在 NPPA 法律没有规定的某些方面，将适用 1998 年招投标法。根据 NPPA 法律，在以下情况下，NPPA 可以通过直接订单和承包商直接签订合同，而无须招标：①承包商垄断了被要求承包的工程；②承包商对承包工程有特殊的国际经验；③获得电力部批准后的紧急情况。

2. 法律制度方面存在的问题

尽管埃及刑法典中规定了滥用权力、蓄意腐败、行贿和受贿等犯罪行为，但并未明确外国人的行贿行为是否违法，也没有规定企业应承担的相关责任问题。因此，在国际投标中因法律漏洞而出现不公平竞争现象的可能性大大增加。公平竞争体系遭到破坏的投资环境会降低其吸引外资的能力，并增加外国投资者的投资风险。

埃及劳动法支持雇佣当地劳动力，对所有雇主都有埃及员工和外国员工的 9∶1 比例要求，即每雇佣 1 个外国人，雇主必须雇佣 9 个埃及人。同样还有工资比例的要求（埃及员工的工资占总工资的 80%）和白领工作要求（75%的技术和行政员工是埃及人）。埃及法律还适用不排挤埃及人原则（principle of non-crowding of Egyptian），即为了雇佣外国人，雇主必须证明其专业的独特性和没有埃及人可以代替从事该工作。法律还要求一个稳定的埃及化程序，即外国人应当逐渐退出他们的工作。

在埃及，行政自由裁量事宜通常是被许可的。当局被赋予宽泛的自由裁量权力，但这些权力的使用有时是不一致的，通常取决于政策考虑。核电项目的许可涉及复杂的过程，包括核的和非核的相关许可和批准。埃及核与放射监管局负责颁布厂址批准、建设、调试、运营和核电站退役所需的核许可。由于 NRRA 是在 2010 年才由核与放射性活动法律（2010 NRRA 法律）设立，缺乏经验和预见性，所以在埃及可能将面临比较高的监管和许可风险。

（三）影响核能发展的有关政策

1. 投资政策

根据 8 号《投资法》建立的项目可以享受的减免税政策有：

（1）从企业投产或经营后的第一财政年度起的 5 年期间，根据情况，免征商业、工业收入所得税或资产公司的利润税；免征公司或企业利润税、投资人收益税；

（2）在新工业区、新城区和总理令确定的边远地区建立的公司和企业，免税期为 10 年，社会发展基金资助的项目免税期为 10 年；

（3）在老河谷区以外经营的公司和企业的利润，无论是建于老河谷区外还是从老河谷区迁移出来的公司，免税期为 20 年；

（4）自注册之日起 3 年内，免除公司和企业抵押合同的印花税、公证费和注册费。组建公司也免除上述税费；

（5）上市股份公司已付资金的一定比例（该比例由该财政年度中央银行贷款和贴现利率决定）免除公司利润税；

（6）公开上市并在证券交易所登记的股份公司发售债券、股票和其他类似证券，免收动产所得税；

（7）公司和企业进口项目建立所需的机械、设备和仪器征收 5%的统一关税，但需投资局批准；

（8）公司合并、分立或变更法律形式，免除由合并、分立或变更法律形式所得利润的应缴税费；

（9）股份公司、合股公司和有限责任公司的实物股份增值或增加投入，根据情况，免除公司利润税；

（10）2000 年 8 月的 1721 号总理命令对《投资法》进行了修订，规定项目扩建可以享受免税待遇，条件是必须增加投资或固定资产，并导致了产品和服务的增加，项目性质与原项目相同或为原项目的配套补充。扩建部分产生的利润从投产之日起 5 年内免收所得税。扩建涉及的贷款和抵押及有关单据自扩建注册之日起 3 年免收印花税和公证费。扩建所需机器设备进口统一征收 5%的关税；

（11）外国专家在埃及工作时间少于 1 年，工资免收所得税；

（12）2015 年 3 月，埃及政府颁布新的投资法修订案。新的投资法旨在保护投资者与埃及政府签订的协议不受第三方妨害。根据新的法条，外国投资者在埃及的企业不会被埃及政府征收或国有化之后转卖给第三方。新的投资法规定设立"一站式"服务，并将从农业领域开始试点。

2. 环保政策

（1）主要环保法律法规名称

1994 年 4 号《环境法》规定所有投资项目在建立前必须向环境署提交环境影响评估报告。法律规定所有在埃及设立的工业项目都要对自身可能对环境造成的危害进行评估。该评估要由埃及权威部门做出，是企业获得经营许可所不可或缺的文件。

法律要求所有工业投资项目必须对自身在生产经营过程中产生的污染进行初步治理，达到生活污水的排放标准后才可向公共排污管道排放。

2005 年 10 月 26 日，埃及政府以 1741 号总理决定对原《环境法》（替换原《环境保护法》）中对环境标准的要求进行了大规模修订，重新制定了环境考核的指标体系和评价内容，规定了更加严格的污染物排放标准和污染物处理方法以及污染源的管理方式。

2009 年 3 月 1 日，埃及政府以 2009 年第 9 号国家令对原《环境法》进行了修订，新增沿海区环境保护定义及综合管理措施、臭氧层保护措施、设立总理级尼罗河水域保护委员会等内容。

（2）环保法律法规基本要点

在上述法规中规定，无论何种情况，排放不允许排入海洋，只许可在距离海岸线至少 500 m 以外的地方。也不准许向捕鱼区、游泳区或自然保护区排放，以保持这些地区的经济价值和观赏价值。

在 Aqaba 海湾的 Taba 和 Ras mohamed 之间的地区禁止使用渔网或炸药捕鸟、捕鱼，包括海贝壳、珊瑚、蚝和其他海洋生物。

无论何种情形的违规，违规者都要在公共事业和水资源部规定的时间内改正或消除自己的违规行为和事物。如果在规定的时间内未能做到这一点，公共事业和水资源部有权采取措施（如使用行政手段或吊销执照）消除或改正其违规行为和做法。

（3）环保评估的相关规定

【基本程序】

A．完成埃及工业发展局（IDA）预批准后，办理 IDA 最终批准。

B．准备好投资项目的环评报告，将报告提供给代理。

C．在埃及环境署确定投产项目的环保评级（分 A、B、C 三类）。

D．咨询埃及环境署，先确定有环保证代理资质的相关院校或者教授，然后选择有环保证代理资质的教授。

E．与代理签订合同后，给代理出具委托函，准备相关资料，提供给代理编制环保报告。

F．A、B 两级耗时 1～2 个月；C 级耗时较长，需在投资所在省政府进行两次听证会，然后将环保报告和听证会报告提交当地环境署审核批准。

【编制环保报告的资料】

A．项目投资申报时的环评报告。（在中国申报项目时已经完成的项目计划书，包含有环评内容部分）

B．在埃及具体投资地点。在工业区的投资地点需有地图解释工厂的地理位置、周围的工程（公司，工厂）、风向、离居住地区的距离等信息。

C．生产工艺全流程说明。

D．用水量，以及污水处理工艺的详细说明。其中用水需要有埃及自来水公司的证明函。

E．提供电力、燃气等相关能源的初步合同。合同必须是埃及政府或者相关能源供应公司提供的有效证明函。

F．如有废气，说明废气的控制工艺。

G．如果有化工原料，还需要作防护与操作说明。

H．员工劳动保护的说明。

【办理环保证的文件】

A．商业注册证。

B．IDA 预批准。

C．土地合同。

D．投资所在地工厂区域图要有当地政府盖章。

E．能源与供水的正式确认函。

F．环保报告。

G．听证会报告（C 级需要）。

3. 劳工政策

1981 年 137 号《劳动法》、2003 年 12 号《统一劳动法》的有关规定如下：

【工作许可证】除工作期限少于 6 个月的短期工外，所有埃及工人必须取得工作许可证，在外国公司和代表处工作的埃及人必须获得内政部的批准。在埃及工作的外国人必须从劳动部获得批准，许可一般为期 10 个月，可以延期。

【劳动合同】雇佣合同必须一式三份，用阿拉伯语书写，雇主、雇员和社会保障办公室各持一份。如果是试用，必须注明试用期，试用期不得超过 3 个月。

【工作时间】工作时间每天不得超过 8 小时，每星期不得超过 48 小时，特殊情况可以增加到每天 9 小时。每星期必须休息 24 小时以上，如因特殊情况需加班，必须得到补偿。

【带薪休假】工作满 1 年可享受带薪假期 21 天，年龄在 50 岁以上或工作超过 10 年以上的有 30 天年假。员工每年至少休 15 天年假，并且 6 天是连续的。对于没有休完的年假需要 3 年结算，以现金补偿给员工。但公司要求员工休假，员工不接受的，若不符合规定，员工必须休假。雇员病假可享受最多半年时间 75% 的正常工资。

【保险和加薪】私营公司必须为雇员投保医疗保险和养老保险，公司利润的 10% 应分给工人，工资年增长 7%。如果雇主需要降低雇员工资或降级，需要取证，不能任意处罚员工。雇主还需要将企业的奖惩制度在公开场所公示。

【解雇工人】除非严重失职（包括罢工、工作表现极差、长期旷工、故意损坏财产等），雇主不得解雇雇员。在解雇前，案件必须提交劳动部协调委员会进行听证协调。协调不具有强制性，双方可上告法院。法院的判决一般要求解雇前 30 天通知雇员，或给予 1 个月工资补偿。

【社保基金】雇员社会保险由雇主和雇员共同负担，雇员的养老、伤残、死亡、失业和医疗保险由雇主和雇员共同负担，雇主从雇员工资中代扣社会保险，和雇员的份额一起按月上缴社会保障局，具体份额如表 4-2 所示。另外，雇员的社保工资以半年为基准进行调整。

表 4-2　社会保险金具体缴纳份额

	基本工资应保最高金额 1 012.5 埃及镑	超过 1 012.5 埃及镑的部分，最高不超过 1 590 埃及镑
雇主支付	26%	24%
雇员支付	14%	11%

　　埃及工资水平不高，工人生产效率较低，缺乏熟练和半熟练工人及管理人员，培训消耗成本过多。同时埃及《劳动法》是世界上最严格的法规之一，《劳动法》保障工人的终生工作岗位，造成缺乏竞争，劳动积极性不高。

第五章　印度尼西亚

Indonesia

一、概述

印度尼西亚全称"印度尼西亚共和国"，简称"印尼"。"印度尼西亚"一词源自希腊文的 Indo（印度）和 Nusus（各岛），意为印度各岛。印度古籍称为"努珊塔拉"（Nusantara）或"德威安塔拉"（Dwipantara），意为"大洋之间的岛屿"。至今仍有人称印尼为"努珊塔拉"。印度人、中国人和阿拉伯人的古代文献中，有时也泛称"印度尼西亚群岛"为"爪哇"；欧洲旅行家和探险家则称群岛为"大爪哇"和"小爪哇"；当地人称爪哇、苏门答腊和婆罗洲的居民为"爪哇人"，称东边的小群岛为"小爪哇"。荷兰人入侵群岛后，印尼被称为"荷属东印度"或"东印度"。19 世纪中叶，西欧学者最先将"印尼"用为地理名称。20 世纪初，随着民族运动的发展，民族主义者开始考虑政治用语。初期使用"东印度"，1922 年印尼留荷学生在荷兰成立"印尼协会"，"印尼"首次成为政治用语。1928 年"青年誓言"宣布"印尼"为民族和国家的名称之后，"印尼"便被广泛使用。1945 年正式定为国名。

印尼位于亚洲东南部，地跨赤道，与巴布亚新几内亚、东帝汶、马来西亚接壤；与泰国、新加坡、菲律宾、澳大利亚等国隔海相望，是世界上最大的群岛国家，由太平洋和印度洋之间 17 508 个大小岛屿组成。海岸线长 54 716 km，领海宽度 12 海里。热带雨林气候，年均气温 25～27℃。

印尼是东盟最大的经济体，农业、工业和服务业均在国民经济中发挥重要作用。20世纪 80 年代中期制造业迅速崛起，90 年代服务业发展迅速，2001 年占 GDP 比重近 40%，吸纳近 1/3 就业人口。经济在建国初期发展缓慢，1950—1965 年 GDP 年均增长仅 2%；60 年代后期调整经济结构，经济开始提速；1970—1996 年 GDP 年均增长 6%，跻身中等收入国家；1997 年受亚洲金融危机重创，经济严重衰退，货币大幅贬值；1999 年年底开始缓慢复苏，GDP 年均增长 3%～4%；2003 年年底按计划结束国际货币组织（IMF）的经济监管。

印度尼西亚重大基建项目集中在公路、铁路、机场、港口等交通领域，亦包括发电、通信、水利、住房、垃圾处理等方面。印尼总统佐科·维多多在独立纪念日前夕发表的国情咨文中称，近两年来，政府已兴建普通公路 2 225 km、高速公路 132 km 和 160 座桥梁。铁路建设在爪哇、苏门答腊、加里曼丹、苏拉威西等各岛铺开，现铁路运营里程 5 200 km。快速轨道交通、轻轨等也在加速兴建。海上交通方面，24 个在建、扩建的港口被明确为"海上高速公路节点"，2019 年将建成 100 个港口。

二、核能发展历史与现状

印尼的核能开发已持续了 50 多年，通过采取引进和自主发展相结合的方式，印尼已成为东盟国家中核能技术最为成熟的国家之一。就目前情况看，印尼已建有专门的核监管机构、反应堆动力研究机构和反应堆实验室，开展了全方位的核能技术培训，强化了旨在提升公众认同感的核能教育。通过开展同 IAEA、美国、日本、俄罗斯等的国际核合作，印尼确保核能技术始终保持先进水平。核能开发是印尼解决未来能源安全和兑现国际承诺的不二选择，印尼当前的核安全能力建设已获得 IAEA 的评估认可。然而，印尼核能的成功开发不仅需要得到高层决策的支持，更需要持续提升民众对核能的接受度。

（一）核能发展历史

20 世纪 60 年代初，在美国和平利用原子能计划的帮助下，东南亚的一些国家如印尼、菲律宾、泰国和越南，相继建立了一批小型核反应堆。到 20 世纪 90 年代中期，印尼再次提出发展核能的计划，但是由于受到 1997 年亚洲金融危机的影响，印尼政府被迫放弃了这一计划。2006 年，印尼通过了关于建立核反应堆的法律文件，发展核能的计划又一次出炉。印尼计划生产 4 000 MW 核能，输入爪哇-巴厘电网，使该电网的全部生产能力从 2006 年的 15 000 MW 提高到 2026 年的 59 000 MW。根据印尼关于核反应堆的法律文件，这个计划可能会由核电站运营商独立建造并负责运行。建造地址选定在爪哇中北部、雅加达以东大约 450 km 的某个地方。

上述规划公布以后，项目厂址所在地爆发了大规模的反核运动，反对理由主要是火山地震带来的泄漏风险。2008 年，印尼宣布命名上述项目为穆利亚项目，并计划启动首两台机组的招标，然而迟迟未见印尼采取实质性动作。2011 年福岛核事故发生以后，该项目被搁置至今。

国际社会十分关注印尼的核能计划，并且十分关心印尼对伊朗发展核计划的立场。印尼与伊朗同属伊斯兰会议组织的重要成员国，双方高层一直保持着密切往来。2008 年 3 月中旬，印尼总统苏西洛访问伊朗，伊朗总统内贾德表示伊朗准备帮助印尼提高在核工程技术以及其他领域的科研水平、向印尼石油工业进行投资等。苏西洛总统敦促国际社会不要对伊朗核计划"政治化"，要允许伊朗继续与国际原子能机构合作发展和平性质的核计划。2008 年 3 月 3 日，印尼对联合国安理会对伊朗实施制裁的 1803 号决议投了弃权票，成为唯一一个持保留意见的国家。

（二）核电发展现状

印尼现拥有 3 座小型反应堆（均位于爪哇岛）：

①日惹特区的 Kartini 反应堆，额定功率 100 kW；

②万丹省色尔蓬的 MPR RSG-GA Siwabessy 反应堆，额定功率 30 MW；

③西爪哇省万隆的 Triga Mark Ⅲ反应堆，额定功率 2 MW。

其中，MPR RSG-GA Siwabessy 反应堆于 1981 年由联邦德国钢铁企业 Kraftwerke Union 的下属企业 Interatom Internationale Atomreaktorbau GmbH 建造。该研究堆的燃料棒从美国、法国、英国购入，核燃料在美国和俄罗斯浓缩。目前，该反应堆的安全保卫接受 IAEA 的监管。

印尼暂无明确的核电项目计划，但是并没有停止寻找适合建造核电站的厂址。目前印尼在苏门答腊岛以东近海的邦加岛和勿里洞岛发现了大量的独居石沉积物，地质构造较为稳定，有可能作为印尼下一考虑开发核电站的厂址。

据报道，为了增加电力供应量、应对空气污染及气候变化问题，印尼未来将进行能源转型，重点发展核能。

印尼估计，未来 10 年的电力供应量必须比现在再多 1 倍，才能跟上日益增长的人口数量和经济发展水平。同时，印尼也须面对发展造成的空气污染问题，还要履行巴黎气候变化会议达成的承诺，在 2030 年来临时，将温室气体排放量减少 29%。

报道称，为了达成这些看似不可能的任务，印尼将能源远景摆在核能上，除了扩展现有的核能发电外，要致力开发实验反应堆（I-EPR），希望能找出新的核能技术，同时提供电力、海水淡化、区域供热、工业制热所需。

世界核能协会总干事阿妮塔·瑞星对此表示，核电可以帮助印尼实现发展经济、能源安全和环境保护这三个目标。瑞星对印尼政府支持发展创新型核能技术的决策表示十分肯定。

据报道，印尼是个群岛国，离岛众多，所以很难建立全国型供电网络，必须应大岛、小岛的供需不同设计迥异的发电厂。目前印尼国家原子能局（BATAN）正在推动离岛电力核能化，希望从 2027 年开始，在巴厘岛、爪哇、马都拉岛和苏门答腊岛这种人口众多的岛屿上兴建传统的大型轻水式核电厂，并在加里曼丹、苏拉威西岛和其他人口较少的岛屿上建造小型高温气冷式核电厂，为民生与工业供电和供热。

印尼众议院能源和采矿问题的特别议会委员会（第7委员会）的库图比·乌玛说："委员会敦促政府立即将核电列入国家电力系统，并希望核能作为国家能源政策列入能源专法里加以保障。并鼓励核能研究能扩大实行，包括在西加里曼丹、东加里曼丹和西努沙登加拉等其他地区进行实地厂址考察和可行性研究。"

三、国家核安全监管体系

（一）管理部门

1．能源与矿产资源部（ESDM）

能源与矿产资源部是印尼政府的组成部分，其主要职责是协助总统履行能源与矿产资源方面的政府责任。

能源与矿产资源部的主要职能包括：

①能源与矿产资源领域的国家政策、技术标准的制定、实施。

②履行能源与矿产资源领域的政府职能。

③管理本部门下属的产业和资产。

④监督本部门各项工作的执行情况。

⑤就本部门职责范围内的工作履行情况向总统进行汇报和建议。

能源与矿产资源部的组织机构如图5-1所示。

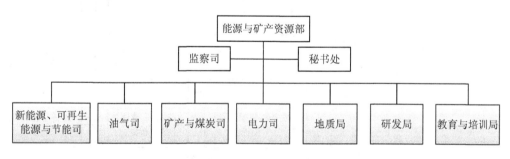

图5-1　能源与矿产资源部的组织机构

2．国家原子能局（BATAN）

国家原子能局（BATAN）为非部门政府机构，负责按照国家法律法规实施核能方面的研究、开发及应用等基本政府职能。该局向总统负责，业务联系研究与技术国务部长。

国家原子能局的主要职能包括：

①核能研发、应用方面的国家政策的评估和制定。

②本局自身履职活动的协调和管理。

③促进和推动政府机构在核能研发和应用方面的活动。

④本局自身计划、组织、人事、财务等行政事务的管理。

国家原子能局的组织机构如图 5-2 所示：

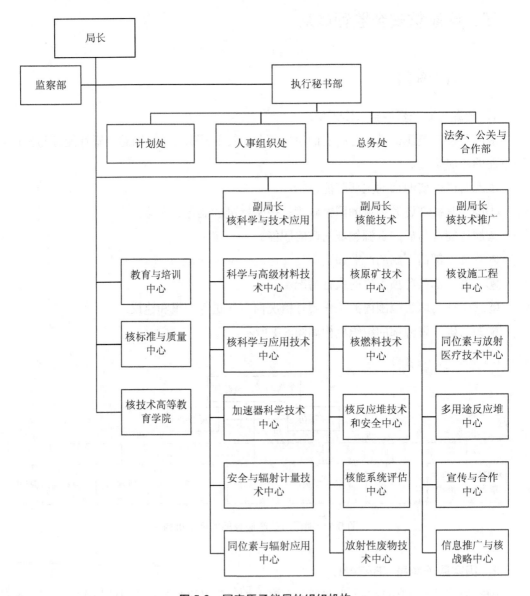

图 5-2   国家原子能局的组织机构

印尼通过国家电力公司（PLN）对全国电力行业实施管理，PLN 是印尼政府指定的拥有电力控制权的国有企业并且将长期保持其市场垄断地位，PLN 独家营全国的输变电业务，并且是唯一向最终消费者（无论个人或企业）售电的企业，所有独立电站（IPP）只能将电力销售给 PLN；PLN 在其特许领域内有保障电力供应的义务。根据 2003 年第 19 号法令，印尼政府补偿 PLN 所有因低于成本向消费者供电造成的损失，并且电力补贴以财政预算的形式提供。

其他企业如合资企业和私人企业有机会进入电力领域，尤其是发电领域。根据印尼《2000 年关于禁止和开放的投资目录的总统令》及其修正案，以下领域对外资开放：装机容量在 50 MW 以上的水电站；装机容量在 55 MW 以上的蒸汽电站；装机容量在 50 MW 以上的地热电站；500 kV 以上的重要电力中转站；500 kV 以上的输电网。

电费价格由国家进行控制，制定全国统一的电力销售价格。目前印尼的电力销售价格低于电力成本价格，由印尼国家财政对 PLN 的亏损进行补贴。

在国家电力投资方面，印尼政府努力实现使用自有资金进行电力开发，满足电力需求和供应。但由于印尼政府资金有限，财政部、能源与矿产资源部和国企部等相关部门积极鼓励私人部门和外资企业在符合印尼法律法规要求的情况下，更多地参与印尼电站项目的投资和开发，尤其是兴建独立电站，并正在着手制定更有效透明的投资政策。

1954 年，印尼宣布成立放射性国家调查委员会，其职责是对太平洋核武试验释放放射性尘降物的可能性进行调查，这是印尼核技术发展与应用的开始。1958 年 12 月，根据当年发布的第 65 号政府法规，印尼宣布成立原子能委员会（Atomic Energy Council）和原子能学会（Atomic Energy Institution，LTA）。1964 年 12 月，根据涉及核能主要条款的第 31 法规，将上述机构整合为印尼国家原子能委员会（the National Atomic Energy Agency，BATAN）。BATAN 是一个被授权执行国家核科学技术研究、发展和许可职能的政府机构，宗旨是在地区层次上确保印尼在核科学技术的研发方面处于领先地位。1997 年颁布的核能法律和第 46 号总统令，将 BATAN 认定为核能事业的执行机构。2013 年，BATAN 被确定为向总统负责的非部级政府机构。

BATAN 是印尼的原子能研究机构，也是核能发展的推动部门。该局正在印尼全国范围内开展潜在核电厂址的比选工作，此前的穆利亚厂址和邦加-勿里洞厂址都是该局研究并提出的。该局还负责印尼三台研究堆的日常运维，并有计划引进第四代核电技术（小型堆、高温气冷堆、钍燃料堆等）的原型堆用于研究工作。

（二）发展规划

尽管印尼国内生产总值增速很高，其电力生产能力却很脆弱，导致其拉闸限电频率很高，未来印尼 9.2%的电力需求增长会加剧拉闸限电频率，印尼的电力生产能力无法满足印尼经济不断增长的需求。为了在 2025 年达到政府设置的 15%新能源和可再生能源目标，印尼电力系统更加需要进行长远的生产能力规划。

面对电力供应日益紧张的局面，印尼政府已陆续采取一些积极和强制性措施，力求保障全国基本稳定的电力供给。主要措施有：

①堵塞生产中的浪费漏洞，纠正电力部门人员私自卖电行为及不法分子偷电行为。

②政府拨款并鼓励私企投资更新设备，提高生产。

③政府要求各级电力部门按照轻重缓急完成电力紧张时的分区供电预案，以保证重要部门的电力供应和社会稳定。

④在供电紧张的情况下，利用价格杠杆平衡市场。

⑤优先建设电力项目。

2015 年，印尼总统佐科宣布了《2015—2019 年国家中期能源发展规划》。针对印尼目前电力供应增长率约为 6.5%、而电力寻求增长率达 8.5%的现实情况，该规划提出将在 2020 年以前在目前已有的 50 000 MW 电力总装机的基础上新增装机 35 000 MW。

过去的很长时期内，印尼的能源发展一直相对滞后，主要难点体现在征地难、法律不完备、准证难办、资金不足、电价谈不拢等方面。因此佐科这一能源发展规划的提出，显得十分雄心勃勃，甚至引起了部分内阁成员和舆论的质疑。佐科政府针对既往能源发展的难点，进行了一系列的政策修订，主要体现在以下几方面：

①土地：颁布 2012 年 2 号征地法令，加快土地供应；

②电力采购：能源与矿产资源部 2015 年 3 号令给出了直接指定和选定两种采购方式，大大简化了甄选流程；

③跨部门协作：加强各利益相关方之间的合作；

④价格谈判：建立谈判机制，为电价设置基准；

⑤准证：通过综合一站式服务，加快和简化办理流程；

⑥项目管理：加强项目管控，通过项目管理办公室控制项目进展。

不过遗憾的是，该能源规划重点强调了发展目标将通过常规能源和新能源、可再生能源的发展实现，并没有将核能作为备选方案。截至目前印尼的能源主管部门能源与矿产资源部（ESDM）尚未正式考虑开发核能，也没有设置负责核能业务的常设机构。

BATAN 的愿景是要谋划印尼的核能发展政策，制订基于国家长期发展计划（RPJPN 2005—2025）、国家中期发展计划（RPJMN 2015—2019）和国家研发战略（2015—2019）的国家研发政策。为此，BATAN 承担的具体任务是：国家核科学技术政策与战略的制定；发展可靠、可持续和造福民众的核科学技术；强化印尼原子能委员会在区域层次的领导地位，并在国际层次扮演积极角色；在强调利益相关者满意度的基础上，对核科学技术利用提供基本服务；在强调福祉、安全和安保原则的基础上，执行核科学技术的传播。

在印尼的核能规划中，首要任务是要推进反应堆动力研究和反应堆实验室建设。1965年，印尼首座实验性核反应堆（TRIGA Mark II）在万隆建成并投入运营。1968年，印尼建成日惹核设施（Yogyakarta Nuclear Complex）。印尼政府还建设了许多支持设施，如核废料处理设施、燃料研究和安全测试设施。1972年，为提升对核能技术的利用，印尼建立了一个核电站建设预备委员会。1978年，印尼提出首个核电可行性研究方案。1987年，印尼多用途研究堆（MPR）开始进行连续的链式反应试验。1996年5月，印尼政府提出在爪哇岛建设核电站的设想。随着1997年东南亚金融危机和纳士纳群岛天然气田的发现，印尼核计划在1997年之后的发展势头明显放缓。

2013年12月，印尼原子能委员会主席表示，BATAN将建设一个30 MW的实验性核反应堆（RDE）或非商业核能反应堆（RDNK），以及一个伽马辐射装置，这将是印尼最大的核研究反应堆。2014年中期，印尼原子能委员会与俄罗斯国家原子能委员会达成一项开发印尼首座核电站（30 MW）的协议。2015年4月，俄罗斯国家原子能海外公司（Rosatom Overseas）宣布俄罗斯和由德国纽克姆公司（NUKEM Technologies）主导的印尼联合公司，赢得了一个在印尼建设多重目标的10 MW高温反应堆的初步设计合同，这是"未来印尼核能计划的旗舰型工程"。2015年9月，俄罗斯原子能海外公司同印尼原子能机构签署关于在印尼建设更大规模核电站的协议，其中提出了浮动核电站（FNPP）问题。2016年1月，印尼原子能委员会表示将在2016年发起组建核电计划实施机构（NEPIO），在2025年将会有四大反应堆运营。

通过开展各种形式的核能教育，不断积累信任资源，不断提升公众认同感，赢得公众的广泛支持，是顺利推进核能开发的重要保证。诸多核事故分析结果表明，人为因素在核事故预防和应急反应中扮演重要角色，切尔诺贝利核事故的深刻教训就是一些当班人员严重违反操作规程所致。因此，强化对核从业人员放射性保护和安全教育方面的培训，对阻止核事故的发生至关重要。此外，核事故对民众带来的心理危害远胜核辐射本身，表现为民众对健康和福祉的担忧过分夸大了核辐射对健康的危害。正因为如此，核安全教育不能仅针对核专家，而应涵盖非核专家和一般的民众，应包含不同水平层次的培训内容。

凡是在推进核能开发方面取得重要进展的核抱负国，都非常注重对核能技术人才的培养和培训。1969年，印度在开始开发核电项目时，就有超过1万名参与该领域研究和工作的毕业生。日本在20世纪70年代启动核电站时，有14个大学提供了与核相关专业的本科、硕士和博士课程。印尼需要攻克6个方面的核能技术，即同位素和放射性技术的利用、同位素标记化合物的生产、放射性核废料管理、核子设备和仪器的开发和生产、核原料及反应堆技术。为此，印尼急需培养大批核专业技术人才。印尼还在推进人力资源的储备，如在卡渣玛达大学、万隆理工学院建立核科学和技术项目。在 20 世纪八九十年代，许多印尼年轻人被派到国外学习核能。数百名政府官员、国会议员、非政府组织和私营公司的员工被派到国外学习核电技术。印尼日惹加扎马达大学（Gadjah Mada University）是印尼能够提供核工程课程的唯一大学。为提升学生的能力，加扎马达大学在 2011 年重新设计了核能工程的课程体系。印尼国家原子能委员会通过印尼大学核技术理工学院（STTN）来执行核技术领域专业知识的教育功能，培养在核科学技术领域具有竞争力的优秀毕业生。开展具有创新、发展和传播核科学技术的研究，支持地区和社区的发展，帮助解决地区问题。

反核团体的长期抗议，是印尼核能发展缓慢的一个重要原因。反核团体主要担忧核废料的安全管理问题。对核能的负面报道和评价主要来自反核团体及核电站附近民众。一个重要原因就是缺乏关于核电站的基本知识和教育。印尼创制出多重教育模式，基于吸收科学技术敏感期和可塑性的考虑，印尼在中小学引入关于核能技术方面的相关教育活动；鼓励和提高核能专家在国家科学会议上出现的机会；通过专业解释安全处理放射性核废料的方式，让民众对核废料的处理有一个科学的认知；鼓励写有核能相关著作的专家在国家书店售卖著作，从而提升核能技术的普及；向民众普及核能在医疗等方面发挥的独特作用等。

（三）主要核电公司

印尼目前没有在运核电厂，也没有明确负责核电运营的公司。印尼国家电力公司（PLN）未来有可能也作为核电厂业主单位。19 世纪末以来，印尼国内的电力生产商开始出现，起初为荷兰殖民者为满足在印尼设立的糖业、茶业公司运转而设立的自有发电厂。到了"二战"期间，随着日本侵入和荷兰退出，这些发电厂转而由日本殖民者继承和运转。"二战"结束以后，同盟军再次接管了这些发电厂，直至苏加诺时代印尼宣布独立而收归国有。1945 年 10 月 27 日，电力与燃气局正式成立，隶属公共事业与能源部，掌控了印尼国内共计 157.5 MW 的装机容量。

1961 年 1 月 1 日，电力与燃气局改组为国家电力公司综合管理局，4 年后该局撤销，分解为国家电力公司和国家燃气公司。

1972 年，国家电力公司的法律地位正式确定为国有企业。

截至 2013 年年底，国家电力公司拥有装机容量超过 47 GW、年发电量约 213 TW·h，公司员工约 50 000 人。

国家电力公司还负责国家骨干电网的建设和运营。

（四）研发机构和技术支持机构

● 国家核技术公司（INUKI），原名国家原子能局技术公司（BATANTEK），为国家原子能局下属企业。该公司目前主要经营范围为低等级放射性同位素生产，也是亚洲唯一一家能够生产用于3D射线成像的低等级放射性同位素的企业。近年来，该公司还协助国家原子能局在全球范围内开展第四代反应堆技术研究堆的采购工作，并希望开拓该公司在相关核燃料进口方面的业务。

（五）监管机构

● 国家核能管理局（BAPETEN）

国家核能管理局为非部门政府机构，依照法律法规负责印尼核能应用活动的监管。该局向总统负责。

国家核能管理局的主要职能包括：

①制定核能应用监管方面的国家政策；

②制定和实施核材料安全、核安全研究、辐射安全方面的法规；

③核反应堆、核设施、核材料设施、辐射源的建造、运营取证与监测，与印尼国内外政府机构和组织合作实施核能应用监管；

④核材料的监督与控制；

⑤工人、社会成员的安全与健康及环保的信息指导；

⑥本局内部人事发展管理；

⑦总统布置的其他任务落实。

国家核能管理局的组织机构如图5-3所示：

（六）立法基础

印尼的核安全法律法规体系在宪法的根本框架下可细分为国会法案（Act）、政府法规（Government Regulation）、总统令（Presidential Regulation）、国家核能管理局条例（BAPETEN Chairman Regulation）4个层次。各层次间基本关系如图5-4所示。

1. 宪法

● 印度尼西亚共和国宪法，1945年8月18日

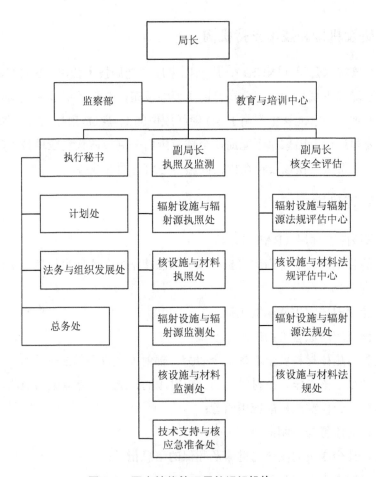

图 5-3　国家核能管理局的组织机构

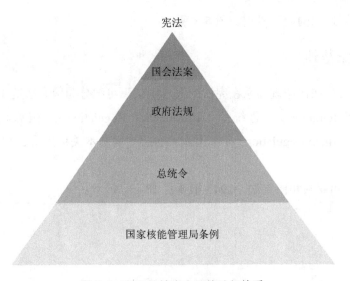

图 5-4　印尼的核安全法律法规体系

2．国会法案

- 2011-12 号法案：立法法案，2011 年 8 月 12 日
- 1997-10 号法案：核能法案，1997 年 4 月 10 日
- 1997-9 号法案：批准东南亚无核武器区域条约法案，1997 年 4 月 2 日
- 1978-8 号法案：批准核武器不扩散条约法案，1978 年 12 月 18 日

3．政府法规

- 2012-54 号法规：核设施安全与安保，2012 年 4 月 23 日
- 2009-46 号法规：核损害责任界限，2009 年 6 月 30 日
- 2009-29 号法规：国家非税应纳收入的厘定、支付和结转，2009 年 3 月 24 日
- 2009-27 号法规：国家核能管理局非税应纳收入的类别和标准规定，2009 年 2 月 19 日
- 2008-29 号法规：电离辐射源与核材料应用许可管理办法，2008 年 5 月 8 日
- 2007-33 号法规：电离辐射与辐射源安保，2007 年 6 月 8 日
- 2006-43 号法规：核反应堆许可管理法，2006 年 12 月 15 日
- 2002-27 号法规：核废料管理办法，2002 年 5 月 13 日
- 2002-26 号法规：辐射源安全运输管理办法，2002 年 5 月 13 日

4．总统令

- 2012-74 号总统令：核损害责任，2012 年 8 月 16 日
- 2010-84 号总统令：批准乏燃料管理安全与辐射废物管理安全联合公约，2010 年 12 月 28 日
- 2009-46 号总统令：批准核材料实体保卫公约，2009 年 10 月 29 日
- 2001-106 号总统令：批准核安全公约，2001 年 10 月 4 日
- 1993-80 号总统令：批准国际原子能机构章程第六章修订案，1993 年 9 月 1 日
- 1993-82 号总统令：批准核事故或辐射应急互助公约，1993 年 9 月 1 日
- 1993-81 号总统令：批准核事故早期报告公约，1993 年 9 月 1 日
- 1986-49 号总统令：批准核材料实体保卫公约，1986 年 9 月 24 日

5．国家核能管理局条例（核能相关）

- 2013-6 号条例：核设施与核材料运行许可，2013 年 6 月 17 日
- 2013-4 号条例：核能应用保卫与安全，2013 年 3 月 13 日
- 2013-3 号条例：放射医疗应用中的辐射安全，2013 年 3 月 13 日
- 2013-1 号条例：2012-3 号条例国家收入管理的修订案，2013 年 1 月 31 日
- 2012-17 号条例：核医学的辐射安全，2012 年 11 月 27 日
- 2012-16 号条例：授权分级，2012 年 11 月 27 日

- 2012-12 号条例：国家核能管理局电子化一站式服务，2012 年 9 月 24 日
- 2012-8 号条例：非动力反应堆安全分析报告机制，2012 年 7 月 5 日
- 2012-7 号条例：非核反应堆设施寿期管理，2012 年 6 月 20 日
- 2012-6 号条例：反应堆电脑安全系统基础设计，2012 年 6 月 20 日
- 2012-5 号条例：非动力反应堆应用与改进安全，2012 年 6 月 20 日
- 2012-3 号条例：国家核能管理局非税收入管理，2012 年 3 月 30 日
- 2012-2 号条例：核电厂设计中除火灾与爆炸以外的内部威胁保护，2012 年 3 月 1 日
- 2012-1 号条例：核电厂设计中内部火灾与爆炸保护，2012 年 1 月 13 日
- 2011-10 号条例：国家核能管理局管理系统，2011 年 10 月 25 日
- 2011-9 号条例：X 光放射诊断符合性测试，2011 年 10 月 10 日
- 2011-8 号条例：X 光放射诊断与干涉应用中的辐射安全，2011 年 10 月 10 日
- 2011-7 号条例：反应堆应急供电系统设计，2011 年 8 月 4 日
- 2011-6 号条例：非反应堆核设施的退役，2011 年 6 月 1 日
- 2011-4 号条例：安保系统，2011 年 4 月 11 日
- 2011-5 号条例：非动力反应堆保养要求，2011 年 2 月 5 日
- 2011-3 号条例：反应堆安全设计，2011 年 1 月 14 日
- 2011-2 号条例：非动力反应堆操纵安全要求，2011 年 1 月 14 日
- 2011-1 号条例：非动力反应堆设计安全要求，2011 年 1 月 14 日
- 2010-6 号条例：放射工作人员健康监控，2010 年 11 月 15 日
- 2010-4 号条例：核能设施与应用的活动管理系统，2010 年 9 月 30 日
- 2010-3 号条例：反应堆核燃料处置和储存系统设计，2010 年 7 月 21 日
- 2010-1 号条例：核应急反应与准备，2010 年 4 月 18 日
- 2009-9 号条例：自然放射性材料技术性增强的干预照射，2009 年 10 月 12 日
- 2009-7 号条例：射线照相工业设备的辐射安全，2009 年 3 月 12 日
- 2009-6 号条例：放射性材料与 X 光度量设备的辐射安全，2009 年 3 月 12 日
- 2009-5 号条例：用于测井的放射性材料的辐射安全，2009 年 3 月 12 日
- 2009-4 号条例：核反应堆的退役，2009 年 2 月 26 日
- 2009-3 号条例：核反应堆操纵程序和操纵界限条件，2009 年 2 月 26 日
- 2009-2 号条例：设计信息清单的编制，2009 年 2 月 26 日
- 2009-1 号条例：核设施和材料实体保卫系统要求，2009 年 2 月 26 日
- 2008-15 号条例：电离辐射源部分人员工作许可条件，2008 年 10 月 27 日
- 2008-14 号条例：废止核能应用中鉴定主体、单位和/或实验室评定条例，2008 年 10 月 20 日

- 2008-12 号条例：教育和培训中心组织与运作，2008 年 5 月 8 日
- 2008-11 号条例：国家核能管理局组织与运作修订案，2008 年 5 月 8 日
- 2008-10 号条例：核设施与核材料人员工作许可，2008 年 4 月 24 日
- 2008-9 号条例：核材料程序责任管理和明确办法，2008 年 4 月 14 日
- 2008-8 号条例：非动力反应堆老化安全管理，2008 年 3 月 17 日
- 2008-6 号条例：核反应堆选址人为因素评价，2008 年 3 月 14 日
- 2008-5 号条例：核反应堆选址气象学因素评价，2008 年 2 月 1 日
- 2008-4 号条例：核反应堆选址地址与基岩因素评价，2008 年 2 月 1 日
- 2008-3 号条例：核反应堆选址辐射物空气和水扩散因素及人口分布因素评价，2008 年 2 月 1 日
- 2008-2 号条例：核反应堆选址的火山学因素评价，2008 年 1 月 28 日
- 2008-1 号条例：核反应堆选址的地震学因素评价，2008 年 1 月 28 日
- 2007-14 号条例：应急反应工作组，2007 年 10 月 22 日
- 2007-11 号条例：非反应堆核设施安全要求，2007 年 9 月 24 日
- 2007-7 号条例：辐射源安保，2007 年 8 月 24 日
- 2007-5 号条例：核反应堆选址安全评估，2007 年 8 月 21 日
- 2006-9 号条例：核材料责任与控制补充条例，2006 年 11 月 1 日
- 2006-10 号条例：非反应堆核设施安全分析准备导则，2006 年 11 月 1 日
- 2006-3 号条例：非反应堆核设施许可，2006 年 5 月 22 日
- 2006-1 号条例：放射医疗计量学、校准方法及放射性核素标准化，2006 年 4 月 5 日
- 国家核能管理局组织与运作，2004 年 5 月 17 日
- 应急响应计划导则，2003 年 1 月 20 日
- 核反应堆操纵员与监督员培训，2003 年 1 月 20 日
- 放射性 A 类与 B 类的实验室试验要求，2003 年 1 月 14 日
- 辅助系统外部计量检测，2003 年 1 月 14 日
- 放射性诊断病人剂量导则，2003 年 1 月 14 日
- 放射性医疗设施质量保证规程，2002 年 12 月 24 日
- 用于医学、工业、研究的非反应堆核设施退役导则，2002 年 1 月 14 日
- 安全分析报告准备导则，2000 年 11 月 22 日
- 放射性物质安全运输导则，2000 年 7 月 21 日
- 放射性灯光工厂安全，1999 年 6 月 15 日
- 放射性材料采矿及处理职业安全要求，1999 年 6 月 15 日
- 放射源建造与操纵许可，1999 年 6 月 15 日

- 核设施与其他设施开发及运营环境影响评估导则，1999 年 6 月 15 日
- 核反应堆开发及运营环境影响评估导则，1999 年 6 月 15 日
- 核反应堆选址确定导则，1999 年 6 月 15 日
- 核设施质量保证，1999 年 5 月 5 日
- 放射性废物管理安全要求，1999 年 5 月 5 日
- 环境辐射水平，1999 年 5 月 5 日
- 辐射安全要求，1999 年 5 月 5 日
- 放射性物质运输安全要求，年份不明

6. **国家核能管理局条例（内部规定）**
- 国家核能管理局采购部门规定，2012 年 10 月 30 日
- 国家核能管理局操守及纪律准则，2012 年 8 月 1 日
- 国家核能管理局公共信息服务管理标准，2012 年 7 月 5 日

四、核安全与核能国际合作

（一）与中国的合作

2012 年，中国广核集团（中广核）正式与印尼国家核技术公司（时称国家原子能局技术公司）开始关于开发印尼核电市场的磋商，达成了一致的共识，签署了企业间的核能领域合作谅解备忘录及保密协议，印尼方承诺向中方提供潜在厂址邦加 - 勿里洞（BANGKA-BELITUNG）的信息。

2013 年 6 月，印度尼西亚能源与矿产资源部（ESDM）向中国国家能源局表达了两国政府间和平利用核能协定的意愿并发出会面磋商的邀请；9 月，国家能源局应 ESDM 的邀请赴印尼，与中广核组成中国代表团同印尼方面商签两国关于开展核电项目合作谅解备忘录（MoU）。在同印尼方的多轮会谈中了解到，虽然目前印尼政府尚未做好开展核电领域建设的准备，但是两国政府间和平利用核能协定是双方合作的基础，双方应启动并推进磋商的进度。

2015 年 3 月，印尼总统佐科·维多多访问中国，与习近平主席共同发表了《关于加强两国全面战略伙伴关系的联合声明》，其中提到"双方同意发挥两国能源论坛作用，尽早召开第五次中印尼能源论坛，加强中印尼海陆油气资源开发、炼化、储存以及煤炭、电力等领域合作，探讨水电、太阳能、风能等清洁能源领域合作，尽早签署《中华人民共和国政府和印度尼西亚共和国政府关于和平利用核能协议》，推动中印尼能源合作向更多层次、更宽领域发展"。

2015 年 8 月，中广核技术团队赴印尼，向 BATAN、BAPETEN、东加里曼丹省政府就

"华龙一号"技术及小型反应堆技术开展了专项技术推介。与会专家对于中广核的大、小堆技术方案表达了浓厚的兴趣，中印尼双方就技术方案进行了深入的交流。

2016 年 8 月 1 日举行的中国-印尼副总理级人文交流机制第二次会议期间，中核建集团董事长、党组书记王寿君与印尼原子能机构主席贾洛特·苏利斯蒂奥·韦斯努布洛托（Djarot Sulistio Wisnubroto）签署了《中国核建集团与印尼原子能机构关于印尼高温气冷堆发展计划的联合项目协议》，初步明确了双方就印尼高温气冷实验堆项目、培训等方面的合作意向。

2016 年 9 月，BATAN 及印尼国营造船厂 PAL 来京参加 IAEA 主办的"用于近期部署的小型模块堆技术评估会议"，期间 PAL 方面与中广核就使用中广核 ACPR50S 小堆电机组+PAL 船体、船坞的整合方案进行了交流和技术评估，初步达成了合作意向。

（二）与其他国家的核安全与核能国际合作

印尼积极参与核安全与核能相关的国际合作，是主要核能相关国际公约的缔约国。同时，印尼政府及企业也积极与其他国家开展核安全与核能领域的交流与合作。印尼政府历史上参加的国际公约以及与他国签署政府间、企业间的主要合作协议如表 5-1 所示：

表 5-1　印尼参加的国际公约以及与他国签署政府间、企业间的主要合作协议

国际公约	
IAEA 章程	1956.10.26 签署，1957.7.22 生效
特权与豁免协定	1969.7.24 生效
IAEA 章程第六条修订	1973.1.12 生效
不扩散核武器条约（NPT）	1978.12.18 生效
东南亚无核武器条约	1997.3.27 生效
核材料实物保护公约（CPPNM）	1987.2.8 生效
核材料实物保护公约修订	1996.9.10 接受，尚未生效
全面禁止核试验条约	1996.9.10 签署，尚未生效
及早通报核事故公约	1986.9.26 接受，1986.10.27 生效
核事故与辐射紧急情况援助公约	1986.9.26 接受，1987.2.26 生效
核安全公约	1994.6.17 接受
乏燃料和放射性废物管理安全联合公约	1997.9.5 接受，2001.6.18 生效
核损害民事责任维也纳公约	1963.5.21 接受，1977.11.12 生效
核损害民事责任维也纳公约修订议定书	1997.9.12 接受，2003.10.4 生效
核损害补充赔偿公约	1997.9.12 接受，尚未生效

双边协定

美国	
和平利用核能合作协议	1980.6.30 签署政府间合作协议
和平利用核能合作协议修订议定书	2004.2.20 签署
BATAN 与西屋关于 AP600 合作谅解备忘录	1989.10.27 签署
BATAN、GE、USA、三井谅解备忘录	1990.11.8 签署
BATAN 参加简化沸水堆 SBWR 项目承诺书	1991.3.27 签署
美国核管会与 BATAN 关于核安全问题方面的合约	1992.10.28 签署
印尼政府与美国和 IAEA 向印尼研究堆转运浓缩铀合约（第四份供应协议）	1993.1.15 签署
印尼政府与美国和 IAEA 关于医学目的的放射性同位素生产用浓缩铀转运合约（项目与供应协议）	1993.1.15 签署
BATAN 与西屋项目参与协议	1994.11.24 签署
澳大利亚	
核科学与技术方面的合作协议	1997.11.11 签署
核技术援助项目谅解备忘录	1988.2.19 签署
IAEA 支持的远程监控技术改进研发	1998.8.4 签署
核科学与技术研发合作协议	2005.7.11 签署
加拿大	
和平利用核能合作协议	1982.7.12 签署政府间合作协议
BATAN 和加拿大原子能管制局协议备忘录	1994.11.14 签署
BATAN 与加拿大原子能公司（AECL）协议备忘录	1995.11.21 签署
BATAN 与 AECL 技术合作协议	1996.1.17 签署
BATAN 与加拿大原子能管制局关于核监管方面技术合作和信息交流合约	1996.1.17 签署
BATAN 与 AECL 关于熟悉加拿大核电设计承诺书	1998.12.7 签署
"AECL 与 BATAN 关于计算机程序准用协议" Cathena 代码转让给 BATAN	1999.6.11 签署
德国	
和平利用核能协议	1976.7.14 签署政府间合作协议
BATAN 和德国 Kernforschungsanlage Julich Gmbh 合作协议	1987.1.22 签署
BATAN 与西门子合作谅解备忘录	1992.8.18 签署
法国	
和平利用核能协议	1980.4.2 签署政府间合作协议
BATAN 与 SGN 谅解备忘录	1996.4.4 签署
意大利	
和平利用核能协议	1980.3.17 签署政府间合作协议

日本	
科学技术合作协议	1980.1.12 签署
与三井就 BATAN 参与简化沸水堆 SBWR 项目签署的协议	1991.3.27 签署
三菱与 BATAN 合作谅解备忘录	2000.3.13 签署
BATAN 和三菱联合研发 1 000 MWe 级压水堆谅解备忘录	1997.11.21 签署
BATAN 和三菱就通过信息交流为在印尼成功建设核电站加强合作谅解备忘录	2006.7.14 签署
韩国	
和平利用核能协议	2006.12.4 签署政府间合作协议
BATAN 与韩国原子能研究院就和平利用核能合作协议	1995.4.7 签署
BATAN 与韩国电力公司合作协议	1997.7.11 签署
BATAN 与韩国水电核电公司（KHNP）就在印尼开发核电的合作谅解备忘录	2004.2.6 签署
俄罗斯	
和平利用核能协议	2006.12.1 签署政府间合作协议
与 IAEA 就核能研发方面的技术合作情况	
核电厂选址	1988
加强核安全基础设施	1989
首座核电站技术支持	1993
核电站厂址确认与机构安全	1997
人力资源开发和核技术支持	1999
比较评价不同能源发电代价	2001
人力资源开发和核技术支持	2003
引进核电站的准备事项	2005—2008
核能海水淡化工厂可行性研究	2005—2006
核电厂相关法规、守则、指南和标准的制定	2005—2006
人力资源开发和核技术支持	2005—2006
东南亚、太平洋和远东地区核安全预算外拨款计划	2000—2004
核电站监管准备支持	2009
在穆里亚半岛研究放射生态和海洋环境项目	2009
引进核电站的准备事项 目标：增强印尼引进核电站的能力 领域：核电规划和预运营支持	2005—2008

五、核能重点关注事项及改进

（一）福岛核事故后安全改进情况

2011 年日本福岛核事故发生以后，印尼针对既有的 3 台研究堆开展了压力测试。针对测试中发现的潜在问题，印尼主管当局就相应的纠正性或防范性措施给予了指导，并由相关运行管理方实施。

基于日本福岛核事故的经验反馈，印尼表示严格按照 2015 年 2 月 9 日发布的《维也纳核安全宣言》相关承诺，针对既有核设施采取更高措施进行事故防范及放射性灾害防御。在 IAEA 于 2014 年 3 月发布的第 80 号安全报告中，印尼在其负责编写的有关内容中分享了上述工作经验。

在福岛核事故以后的数年中，印尼还组织了数次重要的应急演习，其中包括 2015 年针对万丹省色尔蓬的 MPR RSG-GA Siwabessy 反应堆发生严重事故工况下的演习，以及 2016 年 BAPETEN 与印尼海岸警卫队在巴淡岛海域联合举办的打击放射性材料走私的演习。上述演习暴露了一些问题，如紧急情况下利益相关方之间的沟通协调需要加强等。

2014 年印尼国会通过当年第 30 号法案，该法案旨在提升政府在核能应用管理方面的开放度和透明度。根据此项法案，BAPETEN 在其官方网站公布了所有核能相关的法律法规文本，并公开了其公共信息管理的服务标准。未来印尼在核设施的选址、开发、应用方面将探索和采取更加透明、公开的管理方式。

（二）"走出去"的关注点

反核运动一直是影响印尼核能发展的重要因素，其主要担忧的就是印尼是否有足够的技术能力确保核能的开发及其运营。印尼著名的反核运动倡导者、社会学家苏儿菲卡对印尼能否建设和运营一座核电站的能力表示怀疑，认为"基于缺乏处置危险的能力，印尼当前应重新考虑追求核能的问题"。印尼政府深知核能安全是核能开发的关键，所以特别重视核能安全能力的建设。印尼奉行在所有核活动中"安全第一"的原则，通过核监管机构，确保政策和规划符合核安全标准。

为提升自身的核安全能力，印尼政府不断强化与先进核能国的合作。福岛核事故后，东盟和日本一致同意进一步提升在灾难管理方面的合作，并支持日本在改进核电站安全的国际努力中扮演一个领导角色。2017 年 3 月 31 日，俄罗斯技术和原子能监督局同印尼的 BAPETEN 签署了一项关于在核能监管、放射性安全和核安保相关的一系列问题上进行合作的谅解备忘录，开展包括核能安全，放射性与核技术安全监管；许可计划的发展和执行；

核及放射性设施的检查；开发放射性矿物开采和加工中监督与监管等方面的合作。

2015 年 8 月，国际原子能机构综合监管评估服务（IRRS）小组对印尼核与放射性安全的监管框架进行了为期 12 天的调查，认为印尼在建设启动核电项目所需的监管框架方面有着不错的表现，是一个"具有良好习惯的成员"：印尼政府和核能监管机构（BAPETEN）充分利用关于培训和能力建设方面的双边与多边国际合作；印尼核能监管机构的成员展现了伟大的开放性与透明度，这种积极倾向和评估结果将有助于印尼政府优先安排那些有利于实现核与辐射安全相关目标的工作。

印尼的核能研究及其开发已持续 50 多年，一直坚持严格的核电站选址及核电站设计，强化核电监管机构建设，努力培养核技术人才。印尼拥有成为核能国家的经济与装备能力，然而，印尼核能开发面临的最大挑战是要获得总统宣布"拥核"的政治决策。

事实上，与印尼原子能委员会努力推进核电开发的鲜明态度相比，印尼总统在核电站开发问题上的态度却显示出了犹豫、矛盾和摇摆。2006 年，苏西洛总统宣布印尼政府计划于 2010 年建设一座发电能力达到 4 000 万亿瓦特的核电站。但是，福岛核事故发生后，印尼对核能的态度发生了微妙变化，开始对印尼建设核电站的设想"泼冷水"。印尼的核能开发，不但需要最高领导人的政治决策、核能主管部门的安全监管，更需要民众对核能的接受。核事故的爆发，让原本前景看好的核能开发突遭"政治抵制"。1979 年三哩岛核泄漏事故后，美国国内形成一种主张完全停止核能扩展的"有毒政治话语"。核能在印尼的能源计划中一度变成"不受欢迎的选择"。

要让民众接受核能，最重要的不是强调核能如何重要，而是要让民众对核能本身有一个正确的了解和认识。拥有众多核电站国家的多数民众支持核能，是因为他们更熟悉这种能源，对其利弊得失有更好的了解和把握。印尼是一个地震频发的岛屿国家，很多人认为不适合建核电站。事实上，根据世界核能协会提供的数据，全球运营的 440 座商业反应堆中有 20% 都位于"重要的地震带"区域。福岛核事故是地震、海啸及核泄漏相叠加的"三重灾难"，促使人们更关注地震等自然灾难对核电站安全的影响，更强化了对这种风险的评估和监管，从这个意义上来说，反核运动是确保印尼核能安全发展的一次机遇而非障碍。印尼原子能委员会核能技术副主席塔斯万达就曾自信地表示："我们认为，不管喜欢与否，核能一定会包含在 2025 年的电力需求中，我们有研究反应堆，我们有安全实验室，我们有核废料处理中心和核燃料中心，因此每项事情都能完成。"印尼核科学家对核能技术能力充满信心，印尼国家原子能委员会对建设一座装备精良的核电站保持乐观。"印尼可以"的精神将推动核能的开发，核能开发将在印尼变为现实。

第六章　伊朗
Iran

一、概述

伊朗位于亚洲西南部，面积 164.5 万 km²，同土库曼斯坦、阿塞拜疆、亚美尼亚、土耳其、伊拉克、巴基斯坦和阿富汗相邻，南濒波斯湾和阿曼湾，北隔里海与俄罗斯和哈萨克斯坦相望，素有"欧亚陆桥"和"东西方空中走廊"之称。海岸线长 2 700 km。境内多高原，东部为盆地和沙漠。属大陆性气候，冬冷夏热，大部分地区干燥少雨。

伊朗是具有四五千年历史的文明古国，史称波斯。公元前 6 世纪，古波斯帝国盛极一时。公元 7 世纪以后，阿拉伯人、突厥人、蒙古人、阿富汗人先后入侵并统治伊。18 世纪后期，伊朗东北部的土库曼人恺伽部落统一伊，建立恺伽王朝。19 世纪以后，伊朗沦为英、俄的半殖民地。1925 年，巴列维王朝建立。1978—1979 年，霍梅尼领导伊斯兰革命，推翻巴列维王朝。1979 年 2 月 11 日，霍梅尼正式掌权，并于 4 月 1 日建立伊斯兰共和国，霍梅尼成为伊朗革命领袖。

伊朗石油、天然气和煤炭蕴藏丰富。截至 2016 年年底，已探明石油储量 1 584 亿桶，居世界第四位，石油日产量 460 万桶，居世界第四位。天然气储量 33.5 万亿 m³，居世界第一位。天然气年产量 2 024 亿 m³，居世界第三位。

2014 年 6 月，鲁哈尼在当选伊朗总统后表示，愿同国际社会进行"建设性互动"，改善伊朗同国际社会的关系。2015 年 7 月，伊朗核问题六国（中国、美国、俄罗斯、英国、法国、德国）同伊朗就伊核问题达成全面协议。2016 年 1 月 16 日，全面协议正式付诸执行。

伊朗行政划分为 30 个省、324 个地区、865 个郡、982 个县、2 378 个乡。伊朗首都德黑兰（Teheran）位于横亘伊朗北部厄尔布斯山的南麓，有人口 1 100 万。国花为大马士革月季。国旗呈长方形，长与宽之比约为 7∶4。自上而下由绿、白、红 3 个平行的横长条组成。白色横条正中，镶嵌着红色的伊朗国徽图案。白色与绿色、红色交接处，分别用阿拉伯文写着"真主伟大"，上下各 11 句，共 22 句。这是为纪念伊斯兰革命胜利日——公元 1979 年 2 月 11 日，伊斯兰教太阳历为 11 月 22 日。国旗上的绿色代表农业，象征生命和希望；白色象征神圣与纯洁；红色表示伊朗有丰富的矿产资源。

伊斯兰教（什叶派）为伊朗国教，98.8%的居民信奉伊斯兰教，其中 91%为什叶派、7.8%为逊尼派。

二、核能发展历史与现状

（一）核电发展历史

为充分利用核能资源，伊朗早在 20 世纪 50 年代后期就开始实施其核能发展计划。1957 年，伊朗与美国签署民用核能合作协议。与此同时，美国还拉上了法国、德国和英国共同参与伊朗核建设，计划在 2000 年之前为伊朗建成 23 座核电站。1967 年，伊朗官方机构德黑兰核能研究中心成立，美国先期提供了 5.545 kg 浓缩铀、112 g 钚用于启动研发项目。1974 年中期，伊朗宣布高达 23 000 MWe 的核电装机总量计划，以减少对石油和天然气的依赖，随后与德国西门子（Siemens-KWU）和法国法玛通（Framatome）公司签订了建造 4 座反应堆的协议。1975 年，西门子公司在距离布什尔（Bushehr）南部 18 km 的波斯湾开始建造两座 1 294 MWe 的 PWR 型反应堆，计划投资 30 亿美元。根据计划，该核电站将在 20 世纪 80 年代初建成。此后，由于 1979 年伊朗爆发的伊斯兰革命以及随后爆发的两伊战争，布什尔核电站建设项目被迫中断。另外，伊朗政府计划在德黑兰以南 340 km 的伊斯法罕（Isfahan）建造两台机组，20 世纪 80 年代中期在德黑兰附近的萨韦（Saveh）再投入两台机组。伊斯法罕和萨韦机组为 1 300 MWe 级 KWU 型，干式冷却使用两个 260 m 高、170 m 宽的干式冷却塔。它们将是第一批使用干式冷却的大型核电站。

伊朗在接近伊拉克的边境达尔霍温（Darkhovin）也计划建造两座法国 910 MWe 反应堆。该两台机组建造于 1979 年 1 月，1977 年 10 月与法玛通公司签订协议，造价 20 亿美元。但协议在 1979 年 4 月终止，反应堆的原件被拆卸运回了法国，后来建成了 1985 年运行的 Gravelines.C 核电站的 5 号和 6 号机组。

1988 年两伊战争结束后，伊朗开始经济重建，恢复和发展核能成为伊朗政府的一个重要议题。1991 年，伊朗与中国签署了双边协议，中国向伊朗提供两台由中国设计、与秦山核电厂同类型的 300 MWe 机组，但该协议后来没有执行。同年，伊朗开始与俄罗斯商谈恢复修建核电站问题。1992 年，伊朗和俄罗斯签署了和平利用原子能双边协议。1995 年 1 月，伊朗原子能组织（Atomic Energy Organization of Iran，AEOL）和俄罗斯原子能部（MINATOM）签署合作协议，将共同完成布什尔核电厂 1 号机组（BNPP-1）的建设，采用 VVER-1000 型反应堆。1998 年，AEOI 和 MINATOM 同意将 BNPP-1 的供应期限改为交钥匙时间。基于此,俄罗斯原子能技术出口公司（Atomstroyexport,ASE）被指定为 BNPP-1

的建造方。然而 ASE 却面临着极大困难，对西门子的很多零碎设备部件和文件不熟悉，向德国寻求帮助也被拒绝。所有反应堆组件都是由 ASE 基于 V-320 设计制造的，但是却又要按照 V-446 标准以适应西门子公司的组件。这导致建造延期，到 2007 年该项目几乎要终止。最终该项目于 2009 年才完成了技术改造、设备供应和相关活动。

ASE 在 2008 年 1 月末将 163 根核燃料组件加 17 根备用组件共计 82 吨材料运到了布什尔核电站，作为首批燃料。核燃料的浓度为 1.6%～3.62%。但由于伊朗坚持进行铀浓缩活动，俄罗斯已经拒绝供应核燃料。2009 年 9 月，布什尔核电站已经建造完成了 96%，之后将会展开调试工作，10 月有望实现装料，之后就能并网发电。本计划在 2011 年 2 月运行、4 月发电。但是 2 月底运行之前，发现冷却系统的压力泵并没有运转，可能是脱落的金属颗粒进入了主冷却系统，有可能破坏燃料组件，因此燃料又被重新取出。技术人员又对系统进行检查、清洁，清除掉压力容器中所有碎屑。最终反应堆在 2011 年 5 月 8 号正式运行，9 月并网，2013 年 9 月实现商业运行。

（二）核电发展现状

目前伊朗只有一台机组运行，即 BNPP-1，由 AEOI 的子公司伊朗核电生产和开发公司（Nuclear Power Production and Development Company of Iran，NPPD）运营，其参数见表 6-1。

表 6-1　布什尔 1 号机组参数

机组名称	类型	功率/MWe	建造时间	商运时间
BNPP-1	VVER-1000/V446	915（净）	1975 年、1994 年	2013 年 9 月

NPPD 依据国家 5 年发展规划（至 2016 年）制订了行动计划，主要包括：

- BNPP-1 的安全可靠运行；
- 利用伊朗国内公司能力，设计建造达克霍温中型核电厂，采用压水堆；
- 对新建核电厂用地和厂址的准备工作进行详细研究；
- 在布什尔厂址启动包括两台 VVER 机组在内的 5 000 MW 核电厂的建造活动；
- 培养在核能科学与技术领域有资质的人员，满足国家核电发展规划。

（三）拟建核电项目

2014 年 3 月，AEOI 宣称已经与俄罗斯原子能公司（Rosatom）达成共识，在布什尔至少建造两台 1 000 MWe 机组。AEOI 表示该共识是 1992 年两国开展核能合作的一部分。2014 年 4 月，两国签订了关于继续建造两台反应堆的政府级别的协议。2014 年 11 月，依据 1992 年协议，Rosatom 和 AEOI 又签订了新的协议，内容包括在布什尔建造 4 台 VVER 机组，在其他厂址再建造 4 台。Rosatom 将提供全部 8 台机组全寿期的核燃料，收回乏燃料进行处置或贮存。然而在 1992 年协议条款框架下，Rosatom 和 AEOI 也签署了一个备忘录，内容包括"工作上进行必要安排，在伊朗制造用于俄罗斯机组的核燃料或部分原件"。

2014 年 11 月，ASE 和 NPPD 签订了布什尔二期建造前两台机组的合同。原定 2016 年 3 月开工，但 AEOI 宣布由于技术问题，尤其是地震参数问题推迟开工。2016 年 9 月项目正式奠基，AEOI 表示该工程将建造 10 年，花费 100 亿美元。Rosatom 表示反应堆将为 AES-92 三代+，基于 VVER-1000 V-392 堆型的 V-466B。2016 年 11 月，AEOP 表示建造速度会加快。2017 年 3 月，2 号机组现场工作启动，10 月正式开工动土。伊朗第一副总统贾汉基里、国家原子能组织主席萨利希、俄罗斯联邦原子能机构主席基里延科出席了布什尔核电站二期工程的启动仪式，二期工程将兴建布什尔核电站的 2 号和 3 号机组。1 号机组的最终验收和交付也于同期完成。这两套新机组造价 100 亿美元，当天启动建设的 2 号机组工期为 9 年，将增容至 1 057 MW，3 号机组将在 18 个月后开工建设。核电站设计执行方的工作人员贾法里表示："根据计划，3 号机组将在开工 126 个月后实现并网"。新机组将采用更高的安全标准，基于先进技术和安全指标，反应堆堆芯熔化、放射性物质外泄的可能性均大幅降低。设计效率提升 90%，燃料消耗更少，电站寿命由 40 年增加至 60 年。ASE 表示，新机组将采用欧洲新的高级安全标准，施工中将在多方面运用新技术，特别是具备新的解决方案的安全设备，防止重演福岛核电站惨剧。其在声明中称，布什尔核电站新机组将执行 3+安全方案。根据规划，新机组建设将最大限度地利用伊朗国内人力资源。据贾法里介绍，施工期间将提供 8 000 个工作岗位，并网后仍将有 2 000 人从事相关工作。"我们同布什尔省技术和职业总局协调，并同波斯湾大学及省内自由大学达成协议，设置与核电站相关的专业课程，大学生们完成学业后可在新电站工作。"贾汉基里表示，建设新机组体现了伊朗和平利用核能的权利，这在伊核全面协议中有所预期和强调。萨利希称赞"今天是伊朗核工业的转折点，从活动广泛性角度进入新的阶段"，称伊朗和俄罗斯在《不扩散核武器条约》框架下开展合作，旨在和平利用核能，不会引发他国忧虑。

三、国家核安全监管体系

（一）管理部门

AEOI 目前是伊朗核能领域主要管理机构，其子公司 NPPD 负责核电厂及研究堆的设计、建造、试运行、维护及退役。伊朗核监管局（Iran Nuclear Regulatory Authority，INRA）是伊朗核与辐射安全的监管部门，也是 AEOI 的下属机构。

20 世纪 50 年代中期，伊朗德黑兰大学从国外购买了第一座用于核能研究和教育的设备。一年后，德黑兰大学核能中心成立。1967 年，5 MW 研究堆运行，奠定了伊朗核科学与技术的基础。1974 年，AEOI 成立，并将德黑兰大学原子能中心并入，其任务和职能是有关核技术研发，尤其是国内电力供应。

同年，《原子能组织成立法》第一章获得通过，确定了 AEOI 的成立目的，即在工业、农业领域利用核技术及核能，服务于建造核电站和海水淡化装置，制造核工业需要的原材料，建立必要的科学技术基础，协调并监督国内所有核能相关活动。《原子能组织成立法》的第三章有上述活动的详细描述。

伊斯兰革命胜利后，AEOI 将建造 20 000 MW 的核电站提上日程。依据这一目标，AEOI 与相关机构签署了一系列核电站建造合同。

随着后续工作的开展，AEOI 组织机构也得到快速扩大。在这一趋势下，核电大国也开始对伊朗提供科技支持。但是由于国际和国内各种反对因素，直到 1983 年年初都未开展核能规划的切实行动。伊斯兰革命前，AEOI 为总理办公室直管。伊斯兰革命后，成为能源部的隶属部门。1982 年 2 月最后一次部长理事会上，AEOI 的独立性获得政府批准。通过这种方式，该国的高级决策者在克服了革命初期阶段的起步挑战后，决定采取新而坚定的步骤，使该国进一步获得核技术。

1982 年之后，AEOI 经历了不同时期的政策变革，但一切发展都是强调对核技术的和平利用，因此相关研究也成为最大的困难，这也成为 AEOI 的主要职责。多年后的今天，AEOI 已经参与多个核电站的建造，为伊朗核科技的发展提供支持。

AEOI 当前主要活动包括：

- 核电站设计、建造和运行；
- 核燃料循环；
- 裂变和聚变研究堆的建造和运行；
- 工业、农业和医疗领域核技术利用的研究；
- 通过 INRA 实现本国核安全相关活动的监管。

AEOI 现任主席为阿里·阿克巴尔·萨利希，出生于 1949 年伊拉克的卡尔巴拉，9 岁时返回伊朗。1969 年进入美国贝鲁特大学学习，3 年后获得物理学学士学位，后在美国麻省理工学院获得核工程博士学位。回国后，首先在 AEOI 工作，后在沙里夫工业大学担任教职。萨利希博士除担任两届沙里夫工业大学校长外，还建立了伊玛目霍梅尼国际大学并成为第一任校长。他还担任两届科技部副部长，并且是沙里夫工业大学能源工程部学术系成员，1999—2004 年任伊朗在 IAEA 代表，随后 2005—2009 年任伊斯兰会议组织（OIC）

秘书长的副手。2009 年 7 月，萨利希博士被阿马迪·内贾德博士任命为 AEOI 主席。2010年被任命为伊朗外交部部长。2013 年 8 月，萨利希再次被任命为 AEOI 主席。

（二）主要核电公司

NPPD 是 AEOI 的子公司，负责核电厂及研究堆的设计、建造、试运行、维护及退役。其任务主要包括：

- 研究并提出适当的政策和战略，以便让持有人有效和平地使用核技术，提供原材料；
- 技术研发、人力资源及安全文化宣贯；
- 与国际和区域机构建立有效关系，开拓科技合作机会，交换实验；
- 核电厂建造和运行，在核电市场有所作为；
- 向核电厂提供燃料和设备；
- 与国内科研机构和大学建立有效关系，以促进伊朗在核电厂技术方面的潜力。

（三）主要研发单位

目前伊朗共有 6 家涉及核与辐射相关的研究中心，分别为核研究中心（NRC）、γ 辐照中心（GIC）、激光研究中心（LRC）、Yazd 辐射处置中心（YRPC）、核聚变研究中心（NFRC）以及农业医疗研究中心（NRCAM）。

1. NRC

NRC 有一个 5 MW 泳池型反应堆，自 1981 年起制订了生产短寿命核素的计划。最初，该计划的目的是为核医学中心的同位素用户提供服务，生产放射性药物包装和放射免疫检测试剂盒，用于医疗诊断和治疗。该中心同时生产近距离放射治疗和工业用高活度核素。内设有核材料部，主要开展的研究如下：

- 无线电冶金研究；
- 核与生物陶瓷；
- 生产用于剂量测定的材料，如 LiF 和 $CaSO_4$ 作为热发光探测器；
- 压水堆关键结构材料样本辐照前后的评估；
- 压水堆组件和辐射损伤评估及功率堆结构材料的失效分析；
- 研究陶瓷材料的晶体结构。

2. GIC

主要研究领域包括：

- 确定对一次性医疗用品进行消毒和灭菌的特定剂量和微生物质量保证；
- 卫生产品以及草药、香料、坚果和包装食品材料；
- 与食品工业企业开展尽可能多的食品合作；

- 研究辐照对吲哚毒素的影响；
- 研究抗生素灭菌中的辐射效应；
- 研究辐照对聚合物材料的影响；
- 研究聚合物材料消毒的可能性；
- 为 AEOI 实验室提供服务；
- 用 SDS 电泳法分析小麦蛋白质；
- 确定微生物日期的研究；
- 研究辐照对草药及其色素的影响；
- 辐射系统剂量学 IR-136 的不同剂量计的设计和构造；
- 用于 γ 细胞辐照系统校准的铁标准化学剂量计的设计和构造。

3. LRC

设计和建造各种激光器开发相关技术，如光学、涂层、玻璃吹制、建立激光生产线及相关部件和人力开发。

4. YRPC

YRPC 安装的电子加速器具有发射 5 MeV 和 10 MeV 电子束的能力。以下是过去几年开展的活动摘要以及 YRPC 近期的一些计划。

- 照射包装材料；
- 食物照射；
- 照射玻璃；
- 照射一次性医疗产品；
- 聚合物的质量改进；
- 生产热缩管和包装材料；
- 生产头部电阻管。

5. NFRC

1992 年以来，AEOI 一直与俄罗斯 Kurchatov 研究所合作。这项合作的成果之一就是建造以聚变研究为目的的托卡马克装置（Damavanc Tokomak）。目前正在与各大学合作开展联合研究项目，其中包括在 NFRC 攻读硕士学位的硕士、博士研究生。已经完成等离子渗氮系统的设计和建造，该系统具有多项科研用途和工业应用。

6. NRCAM

过去几年，回旋加速器部门生产各种放射性同位素用于医学诊断，如 Ga-67、TI-201、Kr-81 m、In-III 和 FDG。该部门的科学家目前正致力于生产 I-123 和 Ba-103 用于愈后目的。除在放射性同位素生产方面进行的研究外，还进行了一些其他研究项目，如核物理领域的核反应-横截面研究和光学领域的光束分辨率—改进—设计，以及光束—隆起—测量研究。

通过在农业中应用核技术，核农业研究部门已经实现了产品质量和数量的显著成就。例如，植物育种小组通过物理诱变作为育种技术进行应用突变，以增加不同的遗传多样性。食品辐照和害虫防治小组一直致力于通过不同的发育阶段确定食物害虫并将其根除。畜牧业集团一直致力于核技术在诊断、预后、预防、控制动物疾病、更好品种的遗传改良、消化系数的测定以及动物饲料中营养素的测定、动物饲料的卫生状态和活产品的再生产改善等。

除以上各研究中心外，伊朗还有 7 所学校（物理和加速器研究学校、核农业研究学校、反应堆研究学校、激光和光纤研究学校、辐射英语研究学校、核燃料循环研究学校、材料研究学校）及 3 个工作组（仪表研究组、辐射防护与安全研究组、核法律研究组）开展核与辐射相关研发活动。

（四）监管机构

INRA 是伊朗核与辐射安全的监管当局，隶属于 AEOI。作为政府监管机构，其成立目的是改进核与辐射设施及活动的安全因素，监管核能与辐射源的安全利用，保证工作人员、公众、后代和环境免受电离辐射危害。

为了维护其有效独立性，INRA 通过制定核设施相关的法规与导则来行使其法律授权，这包括核设施运行和建造的安全评估、许可证颁发、相关许可等。

INRA 在其法律和监管职责范围内，调研国际认可的法规、导则和安全标准（如 IAEA 文件及其他监管当局的文件），如适用本国的法律，则通过适当修订后可直接应用，否则，INRA 自己制定相关要求文件。

INRA 管理体系是依据 IAEA 安全标准 GS-R-3（2006）、安全导则 GS-G-3.1（2006）和 GSR Part1（2010）制定的。管理体系将安全作为基本原则。安全应该在核与辐射安全相关的规划、控制、监管活动等各管理层级得到充分考虑。安全不能因为可能存在的缺陷或经济考虑而降低要求。

INRA 的监管活动包括如下领域：

- 核与辐射设施及活动；
- 辐射源废物管理运输相关活动；
- 可能导致人类受到天然或人工辐射源照射或污染的所有活动或事件；
- 设施和活动的监管。

INRA 监管涵盖设施的全寿期，包括选址、设计、建造、试运行、运行和退役的各个阶段。

1. INRA 愿景

成立核安全监管当局，为核与辐射设施及活动提供安全保证，使辐射对工作人员、公众、后代以及环境污染降低到可合理达到尽量低的水平。

2．INRA 使命

确保本国核能与辐射源安全与保安，保护工作人员、公众、后代和环境免受辐射危害。

3．INRA 任务和职责

- 对设施或活动颁发许可证，并对许可证进行变更、终止或吊销；
- 对核与辐射设施与活动进行监督检查，保证其满足安全、保安和辐射防护要求；
- 对于不符合监管要求或违反许可证特定条件的行为，在法律范围内行使执法权；
- 与其他国家监管当局、国际组织和特定研究院、IAEA 进行联络和合作，参与国际交流；
- 采取一切必要行动以确保工作人员、公众、后代和环境免受辐射危害；
- 制定/采纳核安全、核保安、辐射防护相关法规和导则，使用国际标准，尤其是 IAEA 标准；
- 开发、维护、升级国家数据库，包括核与辐射设施与活动信息；
- 开发、维护、升级国家数据库，包括工作人员剂量、辐射源和分配关键组相关信息；
- 开发和维护辐射源与核材料台账和控制系统；
- 核与辐射设施和活动的安全评估；
- 技术研发并将成果应用于核安全、核保安及辐射防护领域；
- 与政府其他监管当局合作，并在保护工作人员、公众和环境、应急准备和计划、核设施及材料的实物保护、放射性材料运输等领域提供建议、指导和信息；
- 提供核安全与辐射防护信息以改进安全文化；
- 伊朗境内辐射环境影响评价，包括天然本底辐射评估；
- 通过合同方式引进顾问、学术研究院、独立个体提供服务；
- 作为相关公约的联络点履行责任。

INRA 共设有 4 个司，分别为核与辐射支持司（NRSD）、核保障司（NNSD）、辐射防护司（NRPD）以及核安全司（NNSD）。

4．核与辐射支持司任务和职责

- 制定辐射监测程序；
- 开展剂量测量服务；
- 采用不同剂量学方法，确定辐射工作人员受照剂量率；
- 向申请者提交测量结果，同时将结果提交 NRPD 用于剂量评估；
- 辐射探测器校准；
- 在海关或入境点进行食品采样并进行放射性测量；
- 在海关或入境点对金属垃圾进行监管，确保无放射性材料污染；

- 向申请者提供计数和光谱测试服务，如出口商、研究中心等；
- 为 NNSD 制定技术文件支持核设施的监督，包括核设施无损检测；
- 向 NNSD 提供核设施无损检测实验服务；
- 依据国家标准，检查无损检测公司的资质证书；
- 制订并执行培训计划，以提高 NSRD 人员的专业技能；
- 向 INRA 提供财政和人力资源评价和建议；
- 建立 NRSD 下属科室之间的协调渠道；
- 编制 NSRD 周期成果报告以及管理层要求的其他任务。

5. 核保障司任务和职责

- 履行核保障相关的国际条约和协议；
- 建立核材料和核设施的核算和控制系统，负责监督保障条例的实施；
- 与国际原子能机构进行核保障问题相关的协调、联络和问责；
- 就发放核材料运输许可证提出意见（进口、出口、生产和处理），放射源满足保障和保护实物条例要求；
- 监督并核算核材料及设施，确保满足保障条例要求；
- 制修订核材料核算及管控相关的条例、导则及程序；
- 制修订核设施及材料实物保护相关的条例、导则及程序，核材料运输中的实物保护、放射源安保、核材料及其他放射性材料的非法贩卖、核安保大纲及反核恐方案制定；
- 对是否发放核材料和核设施实物保护系统许可证提出建议，以及向核材料和放射源有关的中心提供建议；
- 与 IAEA 核与放射性材料违法贩卖相关数据库合作；
- 批准、监督、检查核材料、核设施以及放射源中心的实物保护系统；
- 培训、通知、学习、研究和颁布与核保障、附加议定书、实物保护、放射源安全以及与 NNSD 职能有关问题的法规和导则；
- 测量分析特殊裂变材料，实现保障目标；
- 向 INRA 领导层提供 NNSD 人力资源分配的建议；
- 编制 NNSD 周期成果报告，完成领导层要求的其他任务。

6. 辐射防护司任务和职责

- 制定安全法规、导则和标准；
- 进行辐射设施和活动的安全评估；
- 对设施或活动颁发许可证，以及许可证变更、终止或吊销；
- 对辐射源使用进行监督检查，保证符合《辐射防护法》；

- 对于不符合监管要求或违反许可证特定条件的行为，在法律范围内行使执法权；
- 开发并维护计算机系统，用于开展 NRPD 程序的执行、控制和监督；
- 开发、维护、升级国家数据库，包括设施、辐射源、工作人员和剂量信息；
- 判定关键组；
- 辐射环境评估，天然本底辐射受照评价；
- 全国在线辐射水平监测，实时掌握异常情况；
- 高本底辐射区域辐射效应及慢性受照辐射效应全面调查；
- 医疗诊断或治疗过程中病人辐射效应调查；
- 非电离辐射如紫外线辐射效应调查；
- 提供保护工作人员、公众和环境的咨询和建议；
- 应急情况下提供咨询及应急响应合作；
- 提供辐射防护信息以改进安全文化；
- 作为《及早通报核事故公约》和《核事故或辐射紧急情况援助公约》联络点行使履约职责；
- 与其他相关组织如教育、科研院所及国际组织开展合作。

7. 核安全司任务及职责

- 制定、修订核安全、安保和保障法规及导则；
- 对提交的文件进行评估，包括：

- 核安全与保安文件及信息；

- 在核设施建造、试运行和运行阶段的运行事件、事故的分析文件；

- 授权文件（许可证、许可和注册结论）：

- 核设施选址、建造、试运行、运行、退役相关的特定活动；

- 人员和管理者更改的许可；

- 保证安全的监督和检查：

- 核设施与活动是否满足安全监管要求；

- 对许可证和许可有效性条件的履行；

- 核设施相关设备的设计和建造，系统和组件的安装、测试、维修、试运行和运行；

- 对设备和组件的承包商和制造商进行审计，以确保各项活动满足质量管理体系要求。

INRA 组织机构见图 6-1。

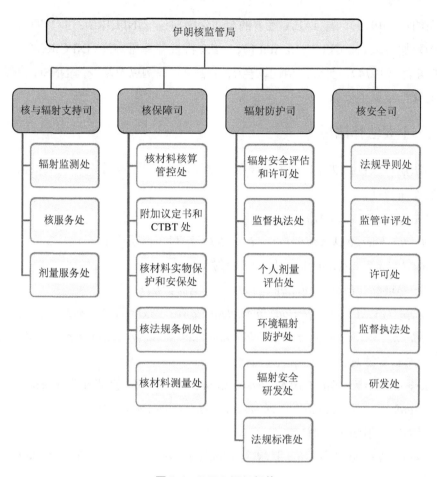

图 6-1 INRA 组织机构

（五）监管框架

核能委员会于 2012 年依据 AEOI 法组建了监督委员会，委托其履行政府核与辐射设施及活动的监管职能，监管活动包括安全、安保和保障（"3S"）。但营运单位作为安全、安保和保障的唯一责任方。

INRA 是伊朗核安全领域唯一监管当局。INRA 的法律依据是 1974 年颁布的《原子能组织成立法》和 1989 年颁布的《辐射防护法》。《原子能组织成立法》内容涵盖了核能及核技术在工业、农业、医疗和科研领域的应用。辐射防护法内容涵盖辐射工作人员、公众及后代免受电离辐射危害的辐射防护各个方面，也包括辐射设施的建造、试运行、运行和退役，放射源进出口及正当使用。这两部法及其配套的下级法规成为 INRA 活动的依据。

国家核保障局（NNSG）是伊朗核保障和安保领域的监管当局。NNSG 法律依据包括不扩散条约法（1970）、与 IAEA 签署的全面保障协议（INFCIRC/214，1974）、对伊朗保障协议的附加条款（NFCIRC/214/Add.1）、IAEA 特权与豁免协议（INFCIRC/9/Rev.2，1974）以及 AEOI 法（1974）。另外，伊朗议会/部委法规、条例以及法令为 NNSG 核保障及实体防护的监管框架提供依据。

（六）主要法律法规

伊朗法规体系包括法律、规章、导则和业务守则。所有规章和导则会根据最新国际安全标准发展而修订。

主要相关法律、法规包括：

- *Atomic Energy Organization of Iran Act*，1974（伊朗原子能组织法）
- *Radiation Protection Act*，1989（辐射防护法）
- *Environment Protection Law*，1976（环境保护法）
- *Main（INRA）Regulations in Nuclear Power*（核电监管条例）
- *Administrative Regulation for National Nuclear Safety Department*，2007（国家核安全司行政法规）
- *Regulations for Sitting of Nuclear Installation*，2012（核装置选址条例）
- *Regulations for Radiation Protection during Operation of BNPP-1*，2008（BNPP-1 运行期间辐射防护条例）
- *Regulations for Licensing of IR-360 Nuclear Power Plant*，2007（IR-360 核电厂许可条例）
- *Regulations for Supervision over Fire Safety Assurance at IR-360*，2011（IR-360 火灾安全保障监管条例）
- *Requirements for Obtaining License by Shift Personnel of IR-360*，2011（IR-360 人员轮岗许可要求）
- *Regulations for Radiation Protection during Operation of Uranium Fuel Cycle Facilities*，2008（铀燃料循环设施运行期间辐射防护条例）
- *Regulations for Licensing of Uranium Mining and Milling Facilities*，2007（铀矿和铣削设备许可条例）
- *Regulations on Radioactive Waste Management*，2010（放射性废物管理条例）
- *Safety Regulations for Nuclear Fuel Transportation by Vehicle*，2005（车辆核燃料运输安全条例）
- *Safety Regulations for Storage，Transportation & Handling of Fresh Nuclear Fuel at a Nuclear Power Plant*，1999（核电厂新燃料贮存、运输和处理安全条例）

- *Licensing Procedure for the BNPP-1 Construction and Operation*，Mod. 2，2006
（BNPP-1 建造和运行许可程序）

- *Procedure of Granting Permits During Construction and Commissioning of BNPP-1*，Mod3，2007（BNPP-1 建造和试运行期间授予许可程序）

- *Instructions for Supervision over Safety Assurance in BNPP-1*，Commissioning，2009（BNPP-1 安全保证监督说明——试运行）

- *Instruction for Supervision over Safety Assurance in BNPP-1*，Construction，2004（BNPP-1 安全保证监督说明——建造）

- *Procedure of Granting Permits for Design*，Manufacturing & Transportation of the BNPP-1 Fresh Nuclear Fuel & Associated Core Components，2004（BNPP-1 新燃料及相关核心组件设计、制造和运输许可授予程序）

- *Quality Assurance Criteria for Nuclear Facilities*，2006（核装置质量保证标准）

- *Requirements on the BNPP-1 Reactor Plant Passport*，2006（BNPP-1 反应堆通行证要求）

- *Requirements for Obtaining License by Shift Personnel of the BNPP-1*，Mod. 2，2009（BNPP-1 人员轮岗许可要求）

- *Supervisory Procedure for Assurance of Safety of Nuclear Power Plants in Iran*，2004（伊朗核电厂安全保证监督程序）

- *Guidelines for Supervision over Observance of Safety Assurance Requirements during Carrying out Electrical Equipment Installation in BNPP-1 Construction*，2004（BNPP-1 建造期间电子设备安装过程中遵守安全保证要求的监督导则）

- *Guidelines for Supervision over Observance of Safety Assurance Requirements during installation of Mechanical Equipment in the BNPP-1 Constriction*，2004（BNPP-1 建造期间机械设备安装过程中遵守安全保证要求的监督导则）

- *Guidelines for Supervision over Observance of Safety Assurance Requirements in Implementation of Civil Construction and Installation Activities in BNPP-1 Construction*，2004（BNPP-1 建造期间实施土建和安装活动过程中遵守安全保证要求的监督导则）

- *Guidelines for Supervision over Observance of Safety Assurance Requirements in Installation of I&C Equipment*，Engineering means and Subsystems in BNPP-1 Construction，2004（BNPP-1 建造期间数字仪控设备、工程装置和子系统时遵守安全保障要求的监督导则）

- *Procedure for Registration of the Bushehr Nuclear Power Plant Vessels and Pipelines Operating Under Pressure*，Mod. 2，2007（布什尔核电厂压力容器和管道加压下运行的注册程序）

- *Procedure for Regulatory Supervision over Nuclear and Radiation Safety During Fresh and Spent Fuel Handling at the BNPP-1*，2007（BNPP-1 处理新燃料和乏燃料核与辐射安全监管程序）

- *Procedure for Supervision and Control of Technical Examination of the BNPP-1, Equipment and Pipelines Operating under Pressure*，2007（BNPP-1 设备和管道在加压条件下运行技术检查监督控制程序）

- *The Procedure of Flow and Review of Documents for BNPP-1 Completion and Reconstruction*，2000（BNPP-1 完成和重建文件审查和操作流程程序）

- *The Procedure of Performance of QA Audits at the Organizations Engaged in the BNPP-1 Completion Project*，2001（BNPP-1 项目参与方质量保证审计的执行程序）

- *The Procedure of Granting Permits for IR-40 Construction and Commissioning*，2010（IR-40 建造和试运行许可授予程序）

- *Quality Audits Procedure for the Organizations Engaged in NPPs Installation And Operation*，2011（核电厂建造和运行参与方质量审计程序）

- *Procedure of Investigation and Registration of Safety-related Events at BNPP-1*，2009（BNPP-1 安全相关事件调查和登记程序）

- *The Procedure of Flow of Review of Licensing Documents for IR-360 Nuclear Power Plant Administrative Document*，2011（IR-360 核电厂行政文件中许可文件审查和操作流程程序）

- *General Plan of Inspection in Stage of the BNPP-1 Construction, Commissioning, Operation and Decommissioning*，2009（BNPP-1 建造、试运行、运行和退役各阶段综合检查计划）

- *Provisions for Procedure of Investigation and Account of Violation in Fresh Fuel Handling During Storage, Transportation and Utilizations*，2003（贮存、运输和使用过程中新燃料处理中的调查程序和违规行为的规定）

- *Regulation for Granting Permits during Operation of BNPP-1*，2013（BNPP-1 运行期间许可证授予条例）

- *Procedure of Investigation and Registration of Safety Related Events at BNPP-1*，2013（BNPP-1 安全相关事件调查和登记程序）

- *Guidelines for Inspection of Civil Construction and Installation Activities at NPP*，2013（核电厂土建和安装活动检查导则）

- *Radioactive Waste and Spent Fuel Management, including Storage and Disposal*，2010（包括贮存和处置的放射性废物和乏燃料管理）

- *Transport of Radioactive Material*，2007（放射性材料运输）

- *Guidelines and Format for establishing a System of Accounting for and Control of Nuclear Material at Nuclear Facilities*，2010（核设施中核材料核算及控制系统的建立导则和格式）

- *Nuclear Material Accounting Instruction for Yellow Cake Produced at Bandar Abbas Uranium Ore Processing Plant*（BUP），2009（阿巴斯铀矿加工厂生产的黄饼核材料核算说明）

- *Working Instruction for Termination of Safeguards on Measures Discard of Nuclear Material；Temporary Redemption of Nuclear Material Wastes from Safeguards*，2010（关于终止废弃核材料保障措施的工作指示；从保障措施中暂时收回核材料废物）

- *Working Instruction to Provide Declaration for Nuclear Fuel Cycle-Related Research and Development Activities*，2013（提供核燃料循环相关研究和开发活动声明的工作指示）

- *Working Instruction to Provide Declaration for General Description of Each Building on Each Nuclear Site*，2013（提供每个核设施每栋建筑物概述声明的工作指示）

- *Working Instruction to Provide Declaration for Description of the Scale of Operations for Each Locations Engaged in Specified Activities*，2013（提供关于从事特定活动的每个地点的业务规模描述的声明的工作指示）

- *Working Instruction to Provide Declaration for Information of Uranium Mines and Concentration Plants and Thorium Concentration Plants*，2013（提供铀矿山、浓缩厂和钍浓缩厂信息声明的工作指导）

- *The Regulations on the Physical Protection of Nuclear Material and Nuclear Facilities*，2013（核材料及核设施实物保护条例）

- *The Regulations on the Physical Protection of Nuclear Material during Transport*，2012（核材料运输过程中实物保护条例）

- *Inspection Procedure for Physical Protection System and Security of Nuclear Material*，2013（核材料实物保护系统和安保检查程序）

- *Nuclear Security Inspection Program*，2013（核安保检查大纲）

- *Nuclear Security Inspection Report*，2013（核安保检查报告）

- *Working Instruction for completion of the Illicit Trafficking Incident Notification Form*，2013（完成非法贩运事件通知表的工作指示）

- *Procedure for Completion and Submission of the Illicit Trafficking Incident Notification Form*（INF），2013（完成和提交非法贩运事件通知表的程序）

- *Guidelines and Format for Preparation of Security Plan for Nuclear Facilities*，2012
  （制订核设施保安计划的准则和格式）
- *Guidelines and Format for Preparation of Security Plan during Transport of Nuclear Material*，2012（核材料运输过程中制订安全计划的准则和格式）
- *Advance Notification Form for Transport of Nuclear Material*，2012（核材料运输预先通知表）
- *Application Form for Permit to Transport Nuclear Material*，2012（运输核材料许可证申请表）
- *Incident Notification Form during Transport of Nuclear Material*，2012（核材料运输中事故通知表）
- *Application Form for Receipt and Hand-Over of Nuclear Material*，2012（核材料的收据和移交申请表）
- *Application Form for Notification of Illicit Trafficking Incident*，2012（通知非法贩运事件申请表）

四、核安全与核能国际合作

（一）外交政策

伊朗奉行独立、不结盟的对外政策，反对霸权主义、强权政治和单极世界，愿同除以色列以外的所有国家在相互尊重、平等互利的基础上发展关系。倡导不同文明进行对话及建立公正、合理的国际政治、经济新秩序。认为国家的主权和领土完整应得到尊重，各国有权根据自己的历史、文化和宗教传统选择社会发展道路，反对西方国家以民主、自由、人权、裁军等为借口干涉别国内政或把自己的价值观强加给他国。认为以色列是中东地区局势紧张的主要根源，支持巴勒斯坦人民为解放被占领土而进行的正义斗争，反对阿以和谈，但表示不采取干扰和阻碍中东和平进程的行动。主张波斯湾地区的和平与安全应由沿岸各国通过谅解与合作来实现，反对外来干涉，反对外国驻军，表示愿成为波斯湾地区的一个稳定因素。

（二）与中国的核能合作

2016 年 1 月 23 日，在习近平主席和伊朗总统鲁哈尼的见证下，中国国家原子能机构主任许达哲与伊朗副总统兼原子能组织主席萨利希签署了《中国国家原子能机构和伊朗原子能组织关于和平利用核能合作的谅解备忘录》，为中伊核领域合作揭开了新的一页。

2016 年 10 月 15 日，中核集团董事长孙勤在德黑兰会见了伊朗副总统、原子能组织主席萨利希，双方就阿拉克重水堆改造项目，以及未来核能合作有关问题坦诚地交换了意见。孙勤向萨利希介绍了双方合作取得的重要进展，并表示中核集团将在两国政府指导下，积极为伊方提供支持，促进阿拉克重水堆改造有关工作尽快落实，为双方后续全面核能合作创造良好条件。萨利希表示，当前中伊核能合作面临重要发展机遇，伊方愿意与中核集团一道，共同推进包括阿拉克重水堆改造、小型及大型核电站等领域的全面合作，谱写中伊核能合作新的篇章。

2017 年 4 月 23 日，中国原子能工业有限公司、中国原子能科学研究院与伊朗核电工程和建设公司在维也纳正式签署伊朗阿拉克重水反应堆改造项目首份商业合同。此次中伊企业签署的合同主要涉及阿拉克重水堆改造概念设计和部分初步设计相关的咨询服务，迈出了该项目重要一步，该合同的签署标志着伊朗核问题全面协议规定的阿拉克重水堆改造进入实施阶段。

伊朗与伊核问题六国（美国、英国、法国、俄罗斯、中国和德国）于 2015 年 7 月 14 日达成伊朗核问题全面协议。联合国安理会当月 20 日通过决议，认可这一全面协议。根据协议，伊朗将限制核计划；作为交换，国际社会将解除对伊朗的制裁。伊朗核问题全面协议于 2016 年 1 月 16 日正式执行。

2018 年 4 月 11 日，中国和伊朗在北京举办伊核问题全面协议民用核合作研讨会。中国国家原子能机构副主任王毅韧、伊朗原子能组织副主席卡马万迪、伊驻华大使哈吉等中伊两国外交与核能主管部门、核电企业与科研机构官员和专家出席，美国、俄罗斯、英国、法国、德国、欧盟等全面协议参与方作为观察员参加，国际原子能机构也派代表与会。外交部军控司司长王群出席开幕式并致辞。根据全面协议，六国（中国、美国、俄罗斯、英国、法国、德国）和欧盟与伊朗开展民用核合作。伊朗分别与欧盟、俄罗斯举办过三次全面协议民用核合作研讨会。本次研讨会为期 1 天，主题是"加强中伊民用核合作、促进全面协议执行"。会议围绕"监管与合作""核技术发展""能力建设"举行三场专题讨论。

（三）与其他国家及国际组织的核能合作

（1）与俄罗斯的核能合作

伊朗同俄罗斯于 1992 年 8 月 24 日签署和平利用核能的合作协议，第二天即签署核电站建设合同。1995 年 1 月，双方签署了布什尔核电站一期建设的完善合同，1998 年签署了该合同的 1 号补充文本，施工管理完全交于俄罗斯核电建设出口公司。但俄罗斯多次延期交付，至 2013 年 9 月，伊朗临时接管布什尔核电站。

两国于 2014 年签署了一系列核能合作协议，在核电发展框架内，同意在布什尔建设新机组。

2017 年 1 月 19 日，俄罗斯和伊朗签署了进一步加强核能和平利用合作的协议。Rosatom 负责国际事务的副总经理 Nikolay Spassky 与 AEOI 负责国际、法律、议会事务的副主席 Behrouz Kamalvandi 签署了该协议。同时，Rosatom 负责燃料事务的子公司 TVEL 高级副总裁 Petr Lavrenyuk 也和 AEOI 先进技术部负责人 Seyed Safdari 签署了关于开展福尔多燃料浓缩工厂两个气体离心机级联改造的预先设计合同。

此外，Rosatom 还宣布，其下属两家实体俄罗斯核电运行研究院（VNIIAES）和 Rosatom 服务公司已开始对相关计划进行"专家评估"，这些计划是要组建一个专门公司，向伊朗布什尔核电站提供技术援助，包括对布什尔核电站工作人员在核燃料操作、中子物理学计算、机动设备试运行、电站维护策略编制等方法与技术方面提供帮助。2017 年夏末，俄罗斯核领域专家对布什尔核电站开展了同行评审，并向伊朗同行提供组织和方法上的支持。

俄罗斯建造的伊朗布什尔核电站 1 号机组于 2011 年 9 月 3 日并网发电，是中东地区的首座核电站。2 号和 3 号机组的奠基仪式在 2016 年 9 月举行。

（2）与欧盟的核能合作

2016 年 4 月，伊朗和欧盟共同发布了《核能领域合作联合声明》以及《科学、技术、研究和创新联合声明》两份文件，随后 5 月又通过了《核安全合作框架下的行动文件》。该项合作项目资金 500 万欧元，最先两个主要项目已经启动：一是与 INRA 开展核安全合作；二是对布什尔核电站开展压力测试。2017 年 7 月和 2018 年 4 月分别召开了两个项目的启动会议。2016 年 6 月 13 日—14 日，双方在布鲁塞尔召开了压力测试研讨会。

2016 年 9 月 8 日，伊朗和欧盟在布鲁塞尔召开了第一次核工作组会议，第二次会议于 2017 年 7 月 3 日—5 日在德黑兰召开。伊朗参会代表参观了位于吉尔的联合研究中心（JRC）和位于英国卡勒姆的联合聚变中心。

2016 年 9 月 15 日，伊朗副总统兼 AEOI 主席萨利希访问布鲁塞尔并与欧盟副主席费德丽卡·莫盖里尼进行了会谈。

2017 年 6 月 28 日—29 日，伊朗代表参加了欧洲核安全监管组（ENSREG）会议。

2017 年 11 月，第三届国际核能合作高级研讨会在伊朗伊斯法罕召开。

（3）与 IAEA 的合作

在 IAEA 资助下，伊朗参加核与辐射相关国际会议、技术委员会会议、机构大会、顾问组会议等，制定培训大纲并开展人员培训活动。在技术合作项目（TC）框架下，在核技术和平利用领域得到 IAEA 大力支持。2014—2015 年，TC 活动主要包括：

- 增强和调高安全可靠运行压水堆的能力（IRA2011）；
- 提高 NPPD 在布什尔核电厂新建两台压水堆的设计和建造能力，强调核安全（IRA2012）；

- 开发用于癌症治疗和生产放射免疫分析（RIA）诊断试剂盒的治疗用放射性药物和近距离放射治疗产品（IRA6009）；
- 对海水侵入马赞德兰省内卡沿海含水层的评估（IRA7002）；
- 提高核设施及辐射活动监管能力（IRA9020）；
- 保证 TALMESI 放射性废物处置设施的安全建造（IRA9021）；
- 提高德黑兰研究堆（TRR）的安全性能（IRA9022）。

五、核能重点关注事项及改进

（一）福岛核事故后安全改进情况

福岛核事故发生后，INRA 及时展开行动，启动了国家应急响应，降低了社会和经济的不利影响。

（1）加强公众沟通，缓解公众焦虑和恐慌情绪

雇佣多家媒体建立起与公众有效实时沟通的渠道，采用技术精确但通俗语言为公众提供最新进展信息。

- INRA 官网：翻译发布东京电力公司（TEPCO）关于福岛第一核电站的最新情况和采取行动的日常报告。网站设置专门板块回答公众关注的问题；
- 与新闻媒体互动，根据原始数据评估事故影响范围和对环境、健康的可能影响；
- INRA 设置专门小组，对成员进行培训，回答公众电话提问，24 小时不间断服务；
- 通过伊朗驻日大使馆开通在日伊朗公民直接联络渠道；
- 为保证驻日伊朗公民的安全，派专家组赴东京（事故发生后 3 周）测量伊朗大使馆周边剂量率，并监测食品和水中放射性污染；
- 在德黑兰沙里夫工业大学与日本大使馆代表联合召开研讨会。

（2）进口食品管制

福岛核事故后，INRA 联合其他政府部门对东亚国家所有进口食品进行管制，制定了货包表面污染监测和常规取样程序并有效执行。

（3）对来自日本的旅客开展监测

INRA 组建了一批受训的工作人员，专门在国际机场抵达口对来自日本的旅客进行污染物检查（直飞或转机航班）。

（4）全国环境监测

在部分城市测量空气中放射性物质。启动了早期预警环境监测网测量γ剂量率，共 63 个监测点。

（5）后续监管活动

INRA 跟踪日本官方根本原因分析报告，并与布什尔核电厂进行沟通，提高该核电厂安全性应急准备能力；

有效参与 IAEA 专家会议，传达经验教训，持续与相关部门沟通；

根据 IAEA 和日本报告，逐步修订 INRA 的要求；

组织召开福岛核事故国家研讨会及技术会议；

在 IAEA 帮助下，针对布什尔核电厂和德黑兰研究中心的良好实践和预防性维护制订了培训计划，并开展相关培训活动。如核电厂老化管理、应急准备和响应、核应急情况下医疗响应等；

INRA 要求营运单位完成下列活动：

- 完成压力测试；
- 提交 2 级 PAS，重新评估布什尔核电厂 1 号机组安全性；
- 订购氢气再合器安装到安全壳内；
- 提供移动实验室；
- 考虑对新机组（BNPP-2）设计更为安全的安排，如堆芯捕集器、被动衰变热量去除装置、安全重要系统和设备的可访问性和可测试性。

INRA 要求布什尔核电厂立即开展压力测试，借鉴福岛核事故发现并缓解安全弱项。俄罗斯承包商完成了此调查报告，并提交给 INRA。部分改进结论如下：

- 增加移动水箱；
- 增加移动柴油发电机、不间断电源（UPS）和电池。

（6）环境监测和采样

2011 年 3 月 28 日—30 日，在德黑兰和部分城市开展了空气采样，发现少量 I-131 污染，对水和牛奶进行采样和分析，未发现污染。

（二）"走出去"的关注点

1. 核问题全面协议生效后，伊朗成为全球投资新宠儿

伊朗与伊核问题六国（美国、英国、法国、俄罗斯、中国和德国）于 2015 年 7 月 14 日达成伊朗核问题全面协议，协议实施后，对伊制裁将解除，伊朗将打开通向世界的大门。伊朗拥有 8 000 多万人口，自然资源丰富，制裁一旦解除，伊朗市场将显现旺盛活力。很多国家将伊朗纳入视野，希望在解除经济制裁后尽快与之在经贸领域展开合作。

伊朗成为全球投资的"新宠儿"主要基于以下几点原因：

①伊朗被定义为中高收入国家，国内人口超过 8 000 万，制裁一旦解除，伊朗的市场就将显现旺盛的需求。同时，伊朗是中东最大的汽车生产国，年均生产能力约 100 万台，

因此相关零部件需求将维持在较高水平。伊朗还是中东第二大石油化工制品生产国、世界第四大产油国，考虑到相关产业由伊朗政府集中扶持，可预期的产业规模将不断扩大。

②伊朗丰富的自然资源和逐渐开放的环境，为外来企业投资创造了便利。伊朗的石油和天然气储量分别位居世界第四位和第二位，锌与铁矿石储量也高居世界前十位。

③鲁哈尼上任以来，对外倡导务实的外交政策，对内积极实施改革，并且取得了一些成效。伊朗政府已经通过货币和财政政策，成功压低了通货膨胀率。种种改革举措，强化了外界对伊朗发展经济的信心。

④作为伊核协议一部分，目前被冻结的大量伊朗资产都将被解冻，相关金额估计可达1 000亿～1 500亿美元，被解冻的资金将增强伊朗在国际市场中的交易能力。

伊朗也在通过种种举措，增加对外开放程度，吸引国外投资。伊朗中央银行行长赛义夫表示，伊朗计划取消对设立外资银行的限制，使外国投资者更加顺利地通过伊朗股东发展银行业务。

中国领导人习近平在2015年4月指出，要以"一带一路"为主线，以互联互通和产业合作为支点，推动双方务实互利合作向宽领域发展。中方愿同伊方在能源领域开展长期稳定的合作，扩大在电力、高铁、公路、建材、轻纺、通信、工程机械等领域的合作，实现两国优势产业、优质资源、优良市场对接。伊朗总统鲁哈尼表示，伊中两国友谊源远流长，伊方愿深化同中方在各领域的交流合作。当前，包括伊中在内的亚非广大发展中国家在经济社会发展方面面临共同的发展任务和挑战。伊朗希望扩大两国能源、科技、铁路、港口等基础设施领域的合作。

2. 伊朗电力市场潜力巨大

伊朗的人口近亿，市场潜力巨大；油气资源丰富，价格低廉；此外，多年的经济制裁令其机械制造、基础设施建设需求巨大，据测算该缺口为2 000多亿美元，令各国"虎视眈眈"。

伊朗的经济体制是一种混合体制，由三种成分——国营、集体和私有——构成，其中国营成分为伊朗经济的主体，占伊朗国民经济的65%～70%，私有成分在国民经济中的比重约为30%，集体经济占3%～5%。

伊朗发电能力在全球排名第14位，居中东地区之首，装机容量为72 000 MW，电力进出口在中东地区排名第一，伊朗有可能成为西亚电力枢纽。

目前，伊朗电力运输线路已近10万km。随着消费的不断增长，电力生产、运输设施也在不断发展。伊朗电力公司在计划建造更多的发电站，伊朗发电站将使本国和地区国家的部分需求得到保障。

伊朗20年前，发电工业几乎是完全依靠国外专家和技术，现在伊朗电力工业取得了长足的进步，电力工业不仅实现了全部国产化，还为阿曼、伊拉克和叙利亚等国提供了建设发电厂有关设计、建设、运行的服务。

伊朗电网在不久就可以实现与阿联酋电网互联，随后，伊朗就将向阿联酋出口电力。双方电网互联得益于一条海底电力电缆的修建。

近年来，阿联酋电力消耗量不断上涨，年增速达到 9%以上。为了满足日益增长的电力需求，阿联酋推出了一系列能源多元化发展方案，包括向邻国进口电力。据悉，目前伊朗的电力装机容量超过 7.3 万 MW。而且，随着新的电厂，包括可再生能源发电设施的投入，伊朗的装机容量可以得到进一步提高，有助于伊朗逐步实现中东地区电力出口枢纽这一战略地位的目标。

截至目前，伊朗已经向伊拉克、亚美尼亚、土耳其、土库曼斯坦、阿富汗和巴基斯坦出口电力。

伊朗与亚美尼亚签署电力供应协议，协议价值 1.07 亿美元，其中伊朗出口发展银行负责提供总金额的 80%，其余费用由亚美尼亚提供。融资安排将在近几天内就绪，传输管线将在 18 个月内安装完毕。与此同时，伊朗准备向巴基斯坦出口 3 000 MW 的电力。伊方还希望在首都德黑兰解除经济制裁之后，伊朗的经济合作案能够增多。目前，双方已经在商议 1 000 MW 的电力合作案并已进入最后阶段。未来，双方还将商讨另外的 2 000 MW 电力合作案，争取将出口电力总量提至 3 000 MW。

据了解，伊朗还计划在一些南美国家开展新的电力项目。目前伊朗正在 23 个国家实施总价值约 66.18 亿美元的水利和电力项目。伊朗正在或将要实施项目的国家包括阿塞拜疆、阿尔及利亚、乌兹别克斯坦、玻利维亚、巴基斯坦、塔吉克斯坦、土库曼斯坦、苏丹、叙利亚、伊拉克、阿曼、加纳、肯尼亚、黎巴嫩、尼日尔、尼日利亚、委内瑞拉、埃塞俄比亚、亚美尼亚、南非、阿富汗、阿联酋及斯里兰卡。官方给出的项目数量是 95 个，包括 55 个电力项目和 40 个水利项目。

第七章　沙特阿拉伯
Saudi Arabia

一、概述

沙特阿拉伯王国地处亚洲西部的阿拉伯半岛，简称沙特。东濒波斯湾，西临红海，同约旦、伊拉克、科威特、阿联酋、阿曼、巴林、也门等国接壤，海岸线长 2 448 km，领土面积 225 万 km^2，是我国"一带一路"倡议的交汇地带。沙特是中东地区最大的经济体和消费市场，也是世贸组织、20 国集团、石油输出国组织和阿拉伯石油输出国组织成员国，同时也是阿拉伯国家联盟、海湾阿拉伯国家合作委员会成员，在阿拉伯地区乃至全球都具有重要影响力。

21 世纪以来，沙特经济持续稳定增长，政局较稳定。2001—2015 年，沙特国内生产总值年增长率平均值高达 5.11%，这在中东国家中极为罕见。2016 年经济同比增长率为 1.4%，人均国内生产总值 2.05 万美元。中国对沙特的投资在 2016 年达到 1.2 亿美元，同比增长 46%，相关独资、合资及分支机构共有 160 余家。

中国与沙特关系在沙提出"向东看"战略后进入快车道。2008 年 6 月，双边正式建立战略性友好关系。从 2011 年起，中国首次超过美国成为沙特最大贸易伙伴。而沙特则是中国最重要的石油进口国。2016 年 1 月，习近平主席访沙，双方发表《中国和沙特关于建立全面战略伙伴关系的联合声明》，其间，中国核工业建设集团公司与沙特核能与可再生能源城签订了《沙特高温气冷堆项目合作谅解备忘录》。

（一）国家概况

1. 行政区划

沙特全国分为 13 个地区（省）：利雅得地区、麦加地区、麦地那地区、东部地区、卡西姆地区、哈伊勒地区、阿西尔地区、巴哈地区、塔布克地区、北部边疆地区、季赞地区、纳季兰地区、朱夫地区。地区下设一级县和二级县，县下设一级乡和二级乡。首都利雅得（Riyadh）是沙特第一大城市和政治、文化中心及政府机关所在地，位于沙特中部，人口约 650 万（2015 年），吉达（Jeddah）为沙特第二大城市，位于沙特西部海岸中部，属麦加地区管辖，是沙特的金融、贸易中心，也是红海的重要港口。麦加（Makkah）为伊斯兰圣地。麦地那（Madinah）为伊斯兰第二圣地。达曼（Damman）为东部地区省会城市、石油工业重镇、重要港口。达兰（Dhahran）为沙特阿美石油公司总部所在地。

2．人口结构

沙特的外籍人口比较多，且分布不均。据沙特中央统计部门数据显示：截至 2015 年年底，沙特总人口数量达到 3 150 万人，年增长率 2.4%。其中，沙特本国人口占总人口的 67%、外籍人口占 33%。在东部地区的朱拜勒（Jubail）和吉达，外国人数量均超过沙特本国人。对此，沙特学者担忧，外国人数量的增长将会对国家的社会、经济、文化等诸多方面产生影响，呼吁在 2030 愿景规划下出台政策以维持人口结构平衡，如减少工作、朝觐等场合沙特人与外国人混杂的情况。

3．民族宗教

沙特主要为阿拉伯民族，全民信仰伊斯兰教，其中，逊尼派占大多数，什叶派人数很少，约占全国人数的 10%。官方语言为阿拉伯语。伊斯兰教是沙特国教，由于沙特属于政教合一的君主国，因此宗教在沙特国内有着极高的重要性。在沙特，公共场合禁止从事除伊斯兰教以外的任何群体活动。主要禁忌包括：禁止吸毒、贩毒，禁止偶像崇拜，忌讳男女间接触，忌讳使用左手传递物件，等等。饮食方面，酒以及含酒精的任何饮料都是不被允许的，另外，猪肉以及其他类似的"不洁之物"也是严禁食用的。此外，宗教界特别禁止在报纸和刊物上登载妇女照片，不少沙特人至今还反对照相，尤其禁止妇女照相。

沙特一年有两个重大的宗教节日，即开斋节和古尔邦节。开斋节休假 7 天，古尔邦节休假长达两周。每年伊斯兰教历的 9 月为斋月。在斋月的 30 天内，除病人、孕妇、喂奶的妇女和日出前踏上旅途的人以外，人们从日出到日落禁止饮水、进食。宰牲节在伊斯兰教历 12 月 10 日。宰牲节也是朝觐的日子，12 月 9 日—12 日，数百万来自世界各国的穆斯林涌向沙特，到圣城麦加和麦地那朝觐。

4．重大自然灾害

沙特是个沙漠居多的国家，经常遭受沙尘暴的袭击。2009 年 3 月 10 日沙特首都利雅得（Riyadh）遭受 20 年来最强沙尘暴袭击，造成位于首都北郊的哈立德国王国际机场被迫关闭，所有航班停飞。由于能见度低，道路交通几乎瘫痪。利雅得 400 万市民被困。

（二）国内政治经济形势

沙特是一个政教合一的君主制王国，国内禁止政党活动。《古兰经》和先知穆罕默德的圣训是国家执法的依据。国王既是国家最高统治者，也是沙特家族族长和全国宗教领袖，集政权、族权、教权于一身，对内行使最高行政权和司法权，有权任命、解散或改组内阁，有权立、废王储，有权解散协商会议，有权批准和否决内阁会议决议及与外国签订的条约、协议。

沙特自 1953 年开国君主去世后一直沿袭"兄终弟及"的王位继承制度，很大程度上确保了国家长期稳定。但近年来制度弊端凸显，"老人政治"危机突出，2015 年 1 月 23 日去世的阿卜杜拉国王曾采取一系列举措改革继承制度。但他的接替者仍是其兄弟萨勒曼。萨勒曼继位后则大幅改组内阁，启用自己的儿子接替此前由他担任的国防大臣一职，将前国王的儿子排除在权力安排之外。完成了家族权力由第二代向第三代过渡的布局。这在一定程度上巩固了国王萨勒曼的权力，但同时也埋下权力之争特别是第三代之间权力争夺的隐患。

（1）政府

沙特是当今世界上唯一以家族命名的君主制国家，王室成员多达数万人，控制着国家的政治、经济、军事和外交大权。内阁称部长会议或大臣委员会，由副首相、各部大臣及国王任命的国务大臣和顾问组成。本届政府于 2015 年 4 月组建，并于 2015 年 5 月和 2016年 5 月两次改组，目前共有阁员 31 人。

（2）议会

沙特协商会议于 1993 年 12 月 29 日正式成立，是国家政治咨询机构，下设 12 个专门委员会。协商会议由主席和 150 名委员组成，由国王任命，任期 4 年，可连任。现任主席为阿卜杜拉•本•穆罕默德•阿勒谢赫，2009 年 3 月就任，2013 年 1 月连任至今。

（3）法律体系与执法部门

沙特无正式颁布的成文宪法，一切治国依据都出自《古兰经》和"圣训"，由司法部和最高司法委员会负责司法事务的管理。1992 年颁布了一部《基本法》，它确立了沙特王国的主要准则，规定了政府的权力和职责。2007 年，阿卜杜拉国王颁布《司法制度及执行办法》和《申诉制度及执行办法》，建立了新的司法体系。首先是成立独立司法部，颁布了司法制度，确立了司法独立的法律条款；其次是设立最高法院、上诉法院、普通法院等三级法院，并建立刑事、民事、商业、劳工等法庭。最高法院院长由国王任命。

沙特的申诉制度规定设立直属于国王的三级行政诉讼机构，即最高行政法庭、行政上诉法庭和行政法庭。在司法部之外，另设最高司法委员会，负责法官的任命、提拔、调动等，统管各个法庭，两者共同管理司法事务。有关经济和投资的法律包括《公司法》、《外国投资法》、《竞争法》、《商标法》及《专利法》。

二、核能发展历史与现状

作为世界上最大的石油生产和出口国，沙特发电以石油为主，占比 65%，天然气占 27%。2014 年，沙特总装机容量为 55 GW，预计到 2032 年，电力需求将增加两倍多，达到 123 GW。为满足日益增长的电力需求，节约石油以供出口，沙特将核电发展纳入国家战略中。2010 年，为监管波斯湾沿岸国家的核计划成立了沙特阿卜杜拉核能与可再生能源城（King Abdullah City for Atomic & Renewable Energy，KACARE），并由哈希姆·阿卜杜拉·亚马尼（Hashim Bin Abdullah Yamani）担任主席，行使部长级权利。计划到 2032 年，化石燃料占全国发电量的 50%、太阳能发电占 34%、核能占 14.7%，并开发风能和其他可再生能源，电力生产将更加多元化。

从整体来看，沙特启动核电计划的时间与阿联酋相同，但进展较慢。在阿联酋已经正式启动核机构组建 6 年、第一座反应堆正式动工 5 年之后，沙特仍然还没有真正的动作。2014 年以后沙特经济在油价暴跌的压力下暴露出诸多问题，并在 2016 年启动了"沙特 2030 愿景"改革，核能建设能否在改革中顺利启动，仍然有较大的不确定性。

（一）核能发展历史

沙特作为石油大国，电力供应一直以石油和天然气为主。为满足日益增长的电力需求，节约石油以供出口，沙特将核电发展纳入国家战略。有预测指出，未来 10 年沙特国内的能源需求将增加两倍。目前，沙特的能源消费保持着 6%～8% 的年增长率。虽然作为石油生产和出口大国的地位稳固，但一些经济学家预测，如果沙特仍保持着当前能源消费的高增长率，在不到 20 年的时间内，该国每天生产石油的 2/3 将被国内消耗掉。

为了防止石油资源枯竭，2010 年 4 月，沙特宣布成立 KACARE，负责制定和实施国家核能和可再生能源政策。当时尚未建立核工业，国内没有任何核设施的沙特宣布，打算耗资 800 亿美元到 2032 年建成 1 700 万 kW 核电装机容量。

但到了 2015 年 1 月，项目没有任何实质进展，当时的沙特政府改口称该目标可能要到 2040 年才能实现。2016 年 10 月，沙特政府又表示，该国将很快选定核电厂址，并可能在未来 12 个月内宣布实质性的核电建设计划。沙特拥有铀资源，但长期未开展全面的勘查工作。

2016 年，沙特推出一项庞大的经济改革计划——"沙特 2030 愿景"，旨在通过 15 年的时间，改变沙特过度依赖石油收入的现状，实现经济多元化。根据"沙特 2030 愿景"，沙特将在 2032 年前建成 16 座核电站，总装机容量达 17 GW，届时，核能和可再生能源在沙特整体电力结构中贡献率将提高至 50%。但该国核工业基础较薄弱，国内目前没有任何核设施，迫切需要在全球范围内寻找合作伙伴，帮助其建立先进的核工业体系。

根据该愿景，沙特首座核电站应在 2020 年建成。据路透社此前报道，沙特作为世界上最大的产油国，将在 2018 年年底前完成两座核电站的招标工作。同时由于沙特所处中东地区形势复杂，美国欲参与沙特核计划，但面临欧、俄、中等各方竞争。

2006 年 12 月，海合会六国（沙特阿拉伯、科威特、巴林、阿联酋、卡塔尔和阿曼）在首脑会议上宣布拥有和平利用核能的权利。这当时被认为是海湾国家应对以色列的核武器和伊朗核计划的举措。2007 年海湾六国同意与国际原子能机构在地区核能可行性研究领域和海水淡化项目上进行合作。沙特在地区核能可行性研究中起牵头作用。2009 年 8 月沙特宣布正在考虑在本国发展核电。当年 12 月，邻国阿联酋正式颁布了《和平利用原子能法》并建立了其核能运营实体。2010 年 4 月沙特颁布皇家法令：认为发展核能对沙特来说至关重要，它能够满足日益增长的发电和海水淡化的能源需求，减少依赖油气资源消耗，而 KACARE 则作为核电发展的推进机构。2010 年 6 月，KACARE 与贝利集团（Poyry）签署合同，后者帮助前者制定沙特的核电发展战略。2011 年 11 月，KACARE 与亚沃利·帕森斯公司（Worley Parsons）签署合同，后者将帮助前者开展核电选址工作，并为下一阶段的核电项目招标编制技术文件。2012 年 9 月，奥纬公司（Oliver Wyman）、利亚得银行（Riyad Bank）和法国巴黎银行（BNP Paribas）成为 KACARE 咨询理事会成员。2012 年年底，沙特结束了有关核电发展的项目前期阶段工作，并启动了为期 3 年的决策阶段工作。

图 7-1　阿卜杜拉国王核能与可再生能源城（KACARE）标志

2011 年 6 月，KACARE 方面透露，沙特计划用 10 年时间先完成两座核反应堆的建设，此后将以每年建造两座反应堆的速度推进，争取到 2030 年完成 16 座反应堆的建设。当时，沙特较为看好阿根廷自主设计研发的 25 MW 小型模块压水堆（Central Argentinade Elementos Modulares，CAREM），以用来满足日益增长的海水淡化需求。

2012—2013 年，KACARE 可再生能源副总裁哈立德·艾·苏莱曼（Khalid Al Sulaiman）在多个场合上表示，到 2032 年，沙特的总电力装机容量将达到 123 GW，其中约一半将来自低碳能源。届时，装机容量最大的可再生能源是太阳能，达到 41 GW（16 GW 太阳能光伏和 25 GW 的聚光太阳能热），核电装机容量将达到 17 GW。根据当时的计划，沙特的首批 3 台核电机组将分别于 2021 年、2022 年和 2023 年并网发电，更多的机组将在 2030 年之前逐步投入运行。

（二）核能发展现状

随着经济与人口增长，沙特阿拉伯电力需求日益增加，在福岛核事故之后的 2011 年 6 月，沙特阿拉伯政府仍宣布投入巨资建造核电机组。2012 年，沙特阿拉伯提出核电发展计划：在 2030 年之前，投资 1 000 亿美元建造 17 台核电机组，每台造价约为 70 亿美元。2014 年 11 月 5 日，沙特举行核能峰会，讨论新建机组项目，计划到 2020 年时建成两台机组。2015 年 1 月，沙特宣布将核电装机 17 GW 的核目标日期从 2032 年延迟到 2040 年。根据世界核协会的统计结果（2015 年），沙特的核开发进程为已经制订了完善的核电发展计划，但还未建立和开发法律和监管基础结构。2016 年，沙特的核电开发还没有进展，目前仅进入筛选核电供应厂家的阶段。世界核电各个核电出口大国都很看好沙特核电的巨大市场，虽然目前沙特还没有正式进行核电招标，但已经与法国、韩国、俄罗斯、约旦、匈牙利、阿根廷等国签订核能利用合作协议，并与中国签署了核能合作谅解备忘录。

（三）核电发展前景

日本福岛核事故后，全球核电发展几乎陷入停顿，更有一些国家如德国一度声称要放弃核电。然而，作为石油生产和出口大国的沙特未受影响，反而提出将核电发展纳入国家发展战略。这一态度与海湾邻国阿联酋是一致的。这是因为沙特当前经济发展高度依赖石油贸易，外汇收入大多都来自石油和天然气，占政府出口收入的 90%，占政府税收的 89.8%，占政府 GDP 的 54.9%。随着经济和社会的发展，国际和沙特国内市场的能源需求不断攀升，而油气产量的增长则远低于消费量的增长，甚至未来有可能出现负增长，最终导致储量枯竭。英国查塔姆研究所预测到 2021 年沙特国内石油消费量将会比肩于其石油出口量，而到 2038 年沙特将可能变成一个纯石油进口国。为避免这种情形的出现，沙特必须寻找到其他发电途径从而节约自己的油气资源。

目前，沙特的核电及其他可再生能源发展规划看起来十分宏大，但进展缓慢。KACARE 原先计划于 2013 年启动两轮装机招标，后被推迟至 2014 年，之后再次延迟，至今尚未公布进一步细节。截至 2015 年年初，沙特已将其可再生能源发展计划推迟了 8 年，即首堆可能将于 2022 年上线。

2014 年油价大跌之前，沙特雄厚的财力足以保证其核电计划得以实施。因此，世界先进的反应堆出口国都积极参与沙特建设核反应堆的投标。2014 年 6 月国际油价下跌之后，尽管沙特面临财政赤字的境况，但各核电出口大国依然看好沙特核电市场，对沙特建设核反应堆投标热情丝毫未减。目前沙特已与法国、俄罗斯、韩国、阿根廷等国签订核能利用合作协议，日本也在积极向沙特推销本国核电技术。

三、国家核安全监管体系

（一）核能发展政策与规划

为了满足日益增长的发电和海水淡化能源需求，沙特成立了专门的核电推进机构——KACARE，并制订了雄心勃勃的本土化计划。由于技术缺乏，沙特核电建设的初步阶段采取与世界主要核出口大国合作。作为《核不扩散条约》缔约国，沙特积极履行条约相关规定，接受国际原子能机构的监督和检查，承诺和平利用核能。

1. 核能发展部门的政策和规划

沙特发展核电的目标与阿联酋等邻国的不同在于，它期望不只局限于建设核电站，还要建立自己的核工业。最早到 2025 年，沙特核工业将会创造约 4 万个工作岗位，而且至少在 2090 年（届时，首批核电机组已运行了约 60 年）之前，工作岗位的数量不会低于这一水平。KACARE 可再生能源副总裁哈立德·艾·苏莱曼（Khalid Al Sulaiman）在 2013 年 4 月的一次发言中曾表示，根据 KACARE 自己的计划，未来 60% 的核支出用于国内采购，仅有约 40% 的核支出用于国外采购。这意味着在沙特的未来核电发展过程中，会采取系统的"技术转让"路径：签署许可协议，进行蓝图转让，组建合资企业，实施在沙特建设设备制造厂为目的的工业化计划，发展沙特自己的设计、采购和施工（EPC）能力、关注电站运行与维护的计划，同时开展本土工作人员的实习和培训。

沙特明确了 12 个需要进行"本土化"的核工业领域，并准备了 3 种方法来实现本土化：公共领域的本土化（"推"：政府推动本土化，并通过本土化让私营部门享受到"低成本供给"）、私营领域的本土化（"拉"：即通过让私营企业看到市场机会，吸引股东进入，充分利用产业促动因素来满足本土的商业利益和国家利益）以及公私合营的本土化（"推-拉结合"）。

按照 2013 年 KACARE 自己的预计，沙特将出现三波核能技术本土化浪潮：第一波浪潮将出现在 2016—2023 年，主要涉及小型非核级设备例如换热器和开关柜、建设要素（原材料和劳动力）以及非核级管道与泵的本土化供应；第二波浪潮将持续至 2032 年，主要涉及核级管道、所有类型的阀门、核级泵和控制棒驱动机构的本土化供应；第三波浪潮将持续至 2045 年。KACARE 自称，沙特将能够提供熟练的建筑工人和设备以及具有核专业知识的工程技术人员。沙特的最终目标是，在 2045 年之后，在核汽轮机、反应堆设计、重型核部件以及应急柴油发电机方面实现自主化。

2. 核安全监管部门的政策和规划

作为《核不扩散协定》的缔约国，沙特全面严格地执行自己应该承担的国际义务，做好在核安全领域方面国内的能力建设、法规建设等各方面工作，提升自己的水平，并保证和平利用核能，仅发展用于发电和海水淡化的民用核能，承诺不发展核武器，反对核恐怖。

沙特核电发展处于起步阶段，技术缺乏，经验不足。2011 年福岛核事故后，沙特更加重视核安全和核监管。2014 年年初沙特建立了专门的核安全监管部门——沙特原子监管局（SAARA），并积极寻求与国际组织及国外核安全监管机构合作，共同开发沙特核安全监管机构和功能以及建立核安全相关法规。

鉴于福岛核事故后国内民众对发展核电的恐惧心理，沙特主要核电推进机构 KACARE 注重核电发展信息透明化，积极向公众提供核电发展动态。如在官网上公布简化版的核电发展计划，并与网民互动；在总部大楼开展 Mishkat 展览活动，向广大民众解释其发展核电的理据、未来能源结构战略，并介绍核能和可再生技术等，争取民众的理解和支持。

（二）核能行业国家管理体制

核能作为一种新兴绿色能源越来越被国际社会所青睐。由于核能建设对相关技术要求较高，为此沙特成立了专门的核能发展部门进行核电的研发和推进。2013 年福岛核事故后，沙特更加重视核安全和核监管，积极与国外核出口国家合作，力图建立起强有力的核安全监管体系和立法体系。

1. 核能发展部门

2010 年 4 月沙特颁布 A/35 号皇家法令成立了核能和可再生能源城（KING Abdullah city for Atomic & Renewable Energy，KACARE），旨在发展核电技术，提高未来十年的发电量，以满足日益增长的发电和海水淡化能源需求，减少依赖油气资源，进而维持大量的石油出口，实现经济的长期繁荣。KACARE 是沙特核能和可持续能源政策制定者、各能源产业和研发实验室的总部，它同时在该国的其他地方设立分支机构，其首要任务是开发可替代的、可持续的能源，主要是核能计划。位于利雅得的中心将进行相关研究，推动地区和国际性的项目开展，监督与原子能使用有关的活动等。

自 KACARE 成立以来，哈希姆·阿卜杜拉·亚马尼一直是 KACARE 主席。他是一位在沙特阿拉伯历史上少见的物理学家。本科毕业于加州伯克利，在哈佛大学获得物理学博士，先后在沙特的科研、教育、政府部门三者间任职。近 20 年主要在沙特担任部级领导职务。尤其值得注意的是，在 1995—2003 年任工业与电力部部长期间，他重组了沙特的电力部门并主推海湾电网联网。2003—2008 年在当时的商业工业部任职期间他主持了沙特加入 WTO。2008 年退休，2010 年再启用任 KACARE 主席。他是沙特大规模光伏和核能计划的主要推手。

2．核安全监管部门

2014 年年初，KACARE 筹备设立了专门的核电安全监管部门——沙特原子监管局（Saudi Arabian Atomic Regulatory Authority，SAARA）。由于缺乏相关核安全监管技术经验，沙特计划与他国监管机构合作，共同开发沙特核安全监管机构和功能以及建立核安全相关法规。

目前在结构上，SAARA 隶属于 KACARE，后者承诺前者一旦聘用了足够的员工，将可作为一个独立的实体部门对沙特核电进行安全监管。在这个意义上，沙特的结构比阿联酋更加初级，后者的核电事业执行主体阿联酋核能公司（ENEC）与监管机构阿联酋联邦核监管局（FANR）是分开的。不过，两者也有一定类似之处：对于初创核能事业的国家，核能的执行方比监管方更重要、也掌握更多权力。

3．立法监管框架

沙特核电建设处于起步阶段，目前尚未建立相关立法监管框架。只有 2010 年 4 月为成立 KACARE 发布的阿卜杜拉国王第 A/35 号法令（Royal order A/35 of H.M. King Abdullah bin Abdulaziz Al Saud），其发展核电技术及相应的法律标准体系等主要借鉴国际经验。

2018 年 3 月沙特政府批准了国家核计划，该计划规定，"所有核活动只能以和平目的在国际协议规定的框架下进行"。此外，根据文件，沙特计划"完全奉行核工业运营透明原则"，"根据独立监管机构的要求遵守核安全标准"。沙特还承诺，"在处理放射性废物问题上遵循最高标准"。

（三）主要核能企业

沙特在核能和可再生能源方面有着宏大的构想以及雄心勃勃的本土化计划，引来各大核供应商集团竞相角逐。为了拿下沙特核电大单，供应商集团或单独加紧研制符合沙特本土的核电项目计划，或加强合作共同研制，以求在更先进的反应堆技术上取胜。

1．主要核电公司

沙特原本计划于 2014 年完成本国核电开发商——核控股公司的组建工作，至今未见成果。目前沙特核电发展的主要支持机构仍然是沙特核能科研机构 KACARE。

此外，沙特公共投资基金还设立了一个沙特技术开发和投资公司（Saudi Technology Development and Investment Company，TAQNIA），该公司的领域包括各种科技领域的投资和落地。目前，TAQNIA 将负责核电站选址、核电技术咨询、人员培训等工作。

图 7-2 TAQNIA 的标志

2. 主要研发机构和技术支持机构

沙特的主要研发机构是 KACARE，它是沙特为研究、利用核能而在 2010 年专门成立的科研机构，主要负责研究相关技术，以满足沙特国内日益增长的电力和淡化水需要，并减少国家对化石能源的依赖。

此外，成立于 1977 年的沙特阿卜杜拉兹国王科技城（King Abdulaziz City for Science and Technology，KACST）在 1988 年就曾试图发展核科技。因此 KACST 设立了原子能研究所（Atomic Energy Research Institute，AERI），该机构目前和 KACARE 并行帮助沙特发展核能。该机构有 4 个部门：放射性保护部、工业应用部、核反应堆及其安全部、原料部。在 KACARE 成立时，KACST 的总裁穆罕默德·易卜拉欣·艾斯威尔（Mohammed Ibrahim Al-Suwaiyel）博士曾经专门发表信件祝贺 KACARE 的成立并表示作为兄弟单位会一同推进沙特的核能发展。另外，KACARE 主席哈希姆·阿卜杜拉·亚马尼（Hashim Yamani）博士在 20 世纪 80 年代就是 KACST 的副总裁，而副主席哈立德·艾·苏莱曼（Khalid Al-Suleiman）博士曾经是 KACST 下属 AERI 的对口巡视官员。

图 7-3 KACST 的标志

四、核安全与核能国际合作

沙特核电处于起步阶段，核电技术缺乏。作为核不扩散缔约国，沙特能够与核供应国集团的核出口大国进行合作，购买相关核材料以及建设核反应堆等。沙特先后与法国、俄罗斯、约旦、韩国签署核合作协议，就核能利用方面展开合作。

我国企业如要切入沙特，建议从目前沙特确有较强需求的海水淡化对口的小型堆领域入手，争取实现示范项目的突破，实现沙特核能发展的"破冰"。另外，应当学习韩国、俄罗斯等国"举国支持"的经验，同时以国家力量进行协调，避免同行业不同企业之间的内耗。

（一）与中国的核安全与核能国际合作

2011 年 12 月 20 日，中国驻沙特大使李成文拜会沙特 KACARE 主席哈希姆·阿卜杜们·亚马尼，就中沙关系特别是两国在核能与可再生能源领域的交流与合作交换了意见。李成文大使介绍了中国的能源战略以及在核能、可再生能源领域取得的成就和经验，表示中国愿与沙特方在和平利用核能、发展新能源方面开展互利合作，为中沙战略性友好关系增添新的内涵。

2012 年 1 月 15 日，时任中国国务院总理温家宝访问沙特期间，中国国家发展和改革委员会与沙特 KACARE 签署了以和平为目的的核能开发和利用合作协议。协议为双方在核能领域进行科学、技术和经济的合法合作提供了框架，并加强了双方在核设施维护和发展、核燃料元件的生产和供应方面的合作。

2013 年 12 月 1 日，中国国家能源局与沙特 KACARE 签订了《关于加强和平利用核能合作的谅解备忘录》，双方一致同意建立合作机制，在联合研究、核电项目、装备制造、人员培训等 12 个方面开展合作。2014 年 8 月 6 日，KACARE 代表团访华并参加国家能源局召开的联合委员会，同时与中核集团就核能合作成立设计与技术组、小堆组、人力资源开发组、核燃料循环组及工程组等方面开展相关工作，以推进双方在核能领域的务实合作进行深入交流，并签署了《中核集团与沙特核能与可再生能源城关于在和平利用核能领域项目合作协调机制的谅解备忘录》，并就下一阶段中沙两国核能合作达成一致意见。双方一致同意成立技术设计、小堆、燃料循环、工程建设和人才培训 5 个工作组，指定总协调人和各工作组召集人，深入推进有关合作，双方同意将定期召开中沙核能合作联合委员会作为固定的交流合作机制。

2016 年 1 月 19 日，中国国家主席习近平访问沙特。在中沙领导人的共同见证下，沙特 KACARE 和中核建签订《沙特高温气冷堆项目合作谅解备忘录》。高温气冷堆是中国具有完全自主知识产权的第四代先进核电技术，具有固有安全性、多功能用途、模块化建造的特点和优势。该堆型可采用 20 万 kW、40 万 kW、60 万 kW、80 万 kW、100 万 kW 等系列装机容量的核电机组，灵活适应市场，满足不同电网的需求，适合建设在靠近负荷中心以及拥有中小电网的国家和地区，尤其适合沙特等"一带一路"沿途中小电网。

2017 年 1 月 9 日—12 日，中国环境保护部核与辐射安全中心派员对沙特 KACARE 国家辐射防护中心等相关人员进行了核与辐射安全和防护培训。主要内容包括中国的核能及核技术利用概况和发展趋势；中国的核安全监管现状；核技术利用的安全监管；辐射环境监测；辐射事故应急与辐射事故案例分析等。

2017 年 3 月，沙特国王率代表团访问中国，宣布与中国提升全面战略伙伴关系，中沙签署了 14 项谅解备忘录和意向书。这份协议包含 35 个项目的合作，价值 650 亿美元。其中就涉及核能、矿业等领域，包括和平利用核能事务的谅解备忘录、高温气冷堆项目联合可行性研究合作协议和铀钍矿资源合作谅解备忘录。

2017 年 8 月 24 日，沙特国有技术发展和投资公司（TAQNIA）与中核集团（CNEC）签署了使用气冷核反应堆开展海水淡化项目的谅解备忘录。

总的来说，中沙目前的核能合作还处于较为前期的阶段。综合沙特与美、日诸大型企业、法国、俄罗斯、韩国、阿根廷在核能问题上的合作交往，可以看出沙特走的是"多方调动"、择优选用的路子，在技术上尝试引入"多国部队"。作为当前国际市场上仍然处于摸索阶段的中国核技术企业，可以尝试从小型核反应堆切入沙特。

（二）与其他国家的核安全与核能国际合作

除与美国、日本的大型企业 Exelon、Shaw、东芝、西屋电气、通用电气-日立进行合作外，沙特还和法国、韩国、俄罗斯乃至阿根廷等国家进行了核能合作的探讨。沙特和外国技术合作的特点：一是和传统合作对象——美、日大型工业公司合作；二是和俄罗斯洽谈核废料的处理等问题，和韩国、阿根廷等"第二梯队"核技术国家洽谈小型核电站的合作——主要应用于海水淡化配套；三是和北欧国家芬兰洽谈核安全的监管；四是和中东其他国家洽谈未来的"再输出"。从中可以看出沙特"吸收外国技术为我所用"的思路。

1. 与法国的合作

2013 年 12 月 30 日，在法国总统弗朗索瓦·奥朗德访问利雅得期间，阿海珐和法国电力公司与沙特相关企业和高校签订了两组协议。这两家法国公司分别与五家沙特制造商签订了谅解备忘录：扎米尔钢铁公司（Zamil Steel）、巴赫拉电缆公司（Bahra Cables）、利雅得电缆公司（Riyadh Cables）、沙特泵业公司（Saudi Pumps）和奥拉扬公司（Descon Olayan）。这些谅解备忘录旨在开发沙特本土企业的工业和技术能力以形成国内供应链。同时与阿海珐和法国电力公司签订协议的还有四所沙特高校：位于利雅得的沙特国王大学、位于阿尔科巴尔（Al-Khobar）的穆罕默德·本·法赫德王子大学、位于吉达（Jeddah）的达尔·赫克玛学院和依菲大学（Effat University）。这些协议旨在促进沙特核技术的发展。此外，法国电力公司还单独与沙特全球能源控股公司（GEHC）就成立合资公司一事达成了协议。按照协议，合资公司的首要任务将是在沙特国内开展 EPR 反应堆的可行性研究。

2014 年 1 月，法国电力公司（EDF）和阿海珐集团（AREVA）与沙特阿拉伯签订支持沙特的核能计划一系列协议。

2015 年 6 月 24 日，在巴黎举行的首届法国与沙特阿拉伯联合委员会上，双方同意缔结核安全领域的培训及核废料处理协议,同意就有关在沙特建设两个 EPR 核反应堆一事开展可行性研究。

2018 年 7 月沙特 KACARE 宣布,法国艾西斯腾(ASSYSTEM)中标核能项目研究合同,将对沙特首座核电站进行现场考察和影响研究。合同内容包括在未来 18 个月内进行地质和地震分析、核电厂对环境影响、人口统计和对电网的影响研究等。

2. 与韩国的合作

2011 年年底韩国同沙特签署了《核能合作协定》并加快了竞标步伐。韩国与沙特将在核电站的设计、建设、运营、维护等方面开展合作。

2013 年 6 月,沙特与韩国在首尔首次就沙特核电项目举行圆桌会议,在该会议中沙特 KACARE 介绍了沙特核能开发计划和核工业发展路线图。同年 9 月,沙特、韩国多家机构和企业在利雅得就沙特首个核电站项目展开讨论,同期韩国贸易、工业和能源部举办名为"核能的价值:设备采购"的推荐会。沙特阿卜杜拉国王、KACARE 高级官员、两国核工业领域高管、韩国能源建设巨头 KEPCO 公司执行总裁、韩国驻沙特使馆官员及 13 家韩国大型设备供应商受邀出席会议。

2015 年 3 月,韩国总统朴槿惠到访沙特首都利雅得,与刚刚上任的沙特国王萨勒曼·本·阿卜杜勒-阿齐兹举行首脑会谈,双方签署了有关核电站设备与工程出口的谅解备忘录。此次备忘录由韩国原子能研究所(KAERI)与沙特核能科研机构 KACARE 联合签署。根据该备忘录,两国将先开展一项为期 3 年的前期调查研究,以考察在沙特建设由韩国自主开发的中小型核反应堆"SMART"的可行性。未来将至少在沙特境内建设两座"SMART"反应堆,此外,两国还将合作推动"SMART"核反应堆未来的商业化以及对第三国出口。同年 9 月,韩沙双方进一步签署了合同,韩方预计将投资 20 亿美元,以支持在一体化模块式先进反应堆(SMART)开发方面的合作。

3. 与俄罗斯的合作

2014 年 6 月,沙特和俄罗斯签署了核能合作备忘录。2015 年 6 月 18 日,沙特副王储兼国防大臣穆罕默德率团访问俄罗斯,期间沙特和俄罗斯签署了核电合作协议。俄罗斯国家原子能公司(Rosatom)总裁基里延科和 KACARE 总裁哈希姆·亚马尼签署了和平利用核能合作政府间协议。该协议是两国历史上首次确立核能双边合作的法律基础,包括建设核反应堆、核燃料循环储备和供应、反应堆科研等内容,还涉及核燃料和放射性废物处理,放射性同位素在核电、药用、农业领域申请和生产等问题。根据协议,双方将建立合作委员会和联合工作组,对具体项目进行研究和落实,并定期举行研讨会和经验交流会,专家学者互换,技术信息互通,实现人才和信息交流合作。

2017 年 10 月,沙特国王到访俄罗斯开展国事访问,并签署包括核能合作在内的多项协议。两国同意将共同设立总额为 10 亿美元的能源投资项目。

2018 年 3 月俄罗斯能源部部长亚历山大·诺瓦克在与哈立德·法利赫在沙特利雅得举行的联合新闻发布会上宣布，Rosatom 已经向沙特政府提出正式请求在沙特建立核反应堆。7 月，KACARE 正式通知 Rosatom 已经入围沙特核电项目竞标下一阶段。Rosatom 可为沙特核电项目提供世界上首个运用第三代反应堆技术的 VVER-1200 核电机组。该机组配备了世界上最先进的安全系统，符合最严格的国际安全标准。凭借国外市场实施核项目的经验，Rosatom 可建立沙特首个达到最高质量和安全标准的 NPP 和电子项目，同时确保项目的顺利运营。

4. 与美国的合作

2017 年 12 月，沙特邀请美国公司参与研发民用核电项目，并补充声明，沙特核技术只作民用，不会用作军事用途。KACARE 在其网站上表示，它正在与西屋电器公司等进行谈判。

2018 年 2 月，美国能源部长里克·佩里同沙特能源、工业和矿山大臣法利赫在伦敦会晤，讨论美沙之间潜在的核能合作关系。分析人士称，特朗普政府希望通过参与沙特的核电站建设来重振深陷颓势的美国核工业。美国核工业领域更是对于能得到政府方面的支持感到振奋。

5. 与阿根廷的合作

2011 年 6 月 28 日，沙特与阿根廷在利雅得签订和平利用核能合作协定。协定为双边科技、经济合作提供了法律框架，协定还包括设计、建造、运营具备安全处理核废料和处理紧急情况能力的商用和科研用途反应堆，将核能应用于医学、工业、农业，培训专业人才等。2014 年 2 月 10 日，阿根廷自主设计研发的小型模块化反应堆（SMR）原型堆 CAREM-25 在阿根廷本土进行了第一罐混凝土的浇筑，标志着该反应堆正式开工建设。2015 年 3 月，沙特科技研究机构 TAQNIA 与阿根廷国际技术公司 Invap 组建了一家合资公司即 Invania 公司，Invania 是根据两国 2011 年签署的一份核合作协议组建的，目的是为沙特核电计划研发核技术。此次合作，沙特更多关注的是用于海水淡化的 25 MW 小型模块压水堆 CAREM。

6. 与芬兰的合作

2014 年 5 月 KACARE 与芬兰的核监管机构 STUK 签署合作协议，后者表示会在设计和执行所需活动中建立监管机构和其安全监督功能，以及建立安全法规标准来支持前者。除此之外，芬兰方面还将为沙特方面提供员工培训和招聘过程中的协助。

7. 与约旦的合作

2014 年 1 月 22 日，沙特阿拉伯和约旦原子能机构签订了一项合作协议，将指导两国共同致力于推进双方的能源项目建设。此项合作协议由约旦原子能委员会主席哈立德·图坎和沙特 KACARE 主席哈希姆·阿卜杜拉·亚马尼（Hashim Yamani）签订，协议内容涵盖众多领域的核能合作。协议重点关注核能技术、设计、建设运营、核电站和反应堆相关的基础和应用研究，也包括"原材料"的研究和开发及放射性废物管理方面的合作。协议还包括双方在"创新型新一代核反应堆"、安保技术、核材料控制、核安全及辐射防护立法、环境保护和人力资源开发等方面的合作。

五、核能重点关注事项及改进

（一）福岛核事故后主要安全事项改进

沙特于 1994 年签署了《核安全公约》，自此在使用原子能技术时一直保持最高的安全准则。2011 年福岛核事故后多数国家对发展核电望而却步，但中东地区的沙特和阿联酋仍然坚持继续推进核电站项目或计划。沙特吸取福岛核事故的教训，更加重视核安全和核监管。

福岛核事故后，沙特所做的主要安全改进工作包括：

（1）召开福岛核事故相关研讨会。KACARE 主席哈希姆·阿卜杜拉·亚马尼（Hashim Yamani）表示确保核安全对沙特发展核电来说是至关重要的，建议在发展核电的同时，建立密闭的房间和疏散区，并成立一个针对可能突发事件的国家或国际应急小组。

（2）成立专门的核安全监管机构，并加强与核安全国际组织和国家的国际合作，以制定一套强有力的核安全监管架构和法律。

（3）着重建立安全、经济的小型核反应堆（功率小于 300 MW）。国际原子能机构认为小型（功率小于 300 MW）和中型（功率 300～600 MW）的核反应堆在安全性、经济性、核不扩散能力以及无须现场换料的能力方面，具有较大的优势。我国目前的高温气冷堆就属于一种中小型堆，也是沙特当前倾向于优先发展的堆型。

（二）核能重点关注事项及挑战

围绕油价下跌的负面情绪已经影响到沙特经济各领域。在油价持续低迷的压力驱动下，沙特已经启动了"沙特愿景 2030"计划，发展核能符合"沙特愿景 2030"的方向，能够得到比较充分的政治支持。不过，由于国家相对较大，内部利益多元以及人员素质的原因，沙特核能计划的推进已经反复延后，大大落后于同期起步的阿联酋。

发展核能是沙特摆脱过度依赖石油的举措，但如果油价一直跌跌不休，沙特早已入不敷出的财政状况恐怕难以确保其雄心勃勃的核电计划的实施。除了以上内忧，更需要关注的是地缘政治冲突以及恐怖组织袭击等。

1. 以色列、沙特、伊朗三角关系对沙特发展核电的影响

首先，沙特与以色列的关系。众所周知，阿以矛盾由来已久。作为阿拉伯世界的大国，沙特对核能的研究除出于本国经济、工业和农业等方面的需求外，最重要的目的就是针对

以色列的核活动。1988 年在 KACST 设立原子能研究所和对以色列及当时的伊拉克的提防是有关的。同时作为美国的盟友，沙特和以色列的关系更为复杂。伊核协议达成后，沙特和以色列形成了心照不宣的"权宜同盟"对抗伊朗。但是根深蒂固的阿以矛盾以及宗教和领土争端决定了以色列并不希望看到沙特发展核能，进而拥有核武器。

其次，沙特与伊朗的关系。沙特与伊朗除存在种族和教派的竞争关系外，还存在对中东地区领导权的争夺。伊拉克战争后，沙特视什叶派伊拉克在政治上的崛起为以伊朗为首的什叶派势力在地区的扩张。"阿拉伯之春"爆发后，沙伊关系进一步恶化，两国在叙利亚和巴林等地区事务上争夺日趋白热化。随着伊朗核问题协议的达成，沙特与伊朗关系持续紧张。2016 年 1 月 2 日，沙特处决什叶派教士后，引起了一系列地区外交危机。先是沙特宣布与伊朗断交，而后同属海湾国家的巴林也宣布与伊朗断交，阿联酋宣布降低与伊朗外交级别，仅保留经济上的联系。苏丹也几乎在同一时间宣布与伊朗断交。

2. 伊斯兰激进势力对沙特发展核能的影响

海湾战争中美军进驻沙特后，沙特便成了伊斯兰激进势力一贯声讨的对象。"9·11"事件后，随着沙特加大对恐怖主义的打击力度，沙特国内安全形势有所好转，但是恐怖组织对沙特也加大报复，沙特境内的外国使领馆以及石油设施和炼油厂等均成为袭击目标，恐怖袭击时有发生。美国领导的在全球范围内打击"基地"组织，以及击毙头目本·拉登并未削弱或消灭"基地"组织，反而出现"越反越恐"的形势。2014 年 6 月，恐怖组织宣布成立"伊斯兰国"，中东地区的恐怖形势越发严峻。"伊斯兰国"的迅速发展壮大使得其野心也迅速膨胀。作为逊尼派瓦哈比分支的"伊斯兰国"欲与沙特争夺在宗教上的地位，认为沙特皇室没有资格作为圣城守卫者，只有削弱和颠覆沙特政权才有可能在伊斯兰世界确立自己的地位。除外，由于"伊斯兰国"同美国势不两立，且沙特与美国为结盟关系，因此"伊斯兰国"极有可能报复沙特，沙特国内面临严峻的恐怖袭击风险。而且，未来建设的核电设施极有可能成为恐怖组织的袭击目标，甚至恐怖组织趁机掌握核技术、制造核武器等都有可能对沙特实施致命性的打击。同时伊朗核问题的不确定性也会加剧沙特发展核能的风险。

沙特作为中东地区最有影响力的大国之一，其经济实力和外交实力均不容小觑。作为最具潜力的新兴核电国家，其一举一动均能引发各国竞相追逐。全面加深与沙特在和平利用核能以及核安全监管方面的合作有利于落实我国核电"走出去"和"一带一路"倡议，但也需谨慎对待随之而来的市场政策、地缘政治以及国际工程承包方面的风险。

第八章　南非共和国
The Republic of South Africa

一、概述

南非共和国（The Republic of South Africa，简称"南非"），地处南半球，有"彩虹之国"之美誉，陆地面积为 121.909 万 km²，其东、南、西三面被印度洋和大西洋环抱，陆地上与纳米比亚、博茨瓦纳、莱索托、津巴布韦、莫桑比克和斯威士兰接壤。东面隔印度洋与澳大利亚相望，西面隔大西洋和巴西、阿根廷相望。

南非是非洲第二大经济体，国民拥有较高的生活水平，经济与其他非洲国家相对稳定。

南非财经、法律、通信、能源、交通业发达，拥有完备的硬件基础设施和股票交易市场，黄金、钻石生产量均居世界首位。深井采矿等技术居于世界领先地位。在国际事务中南非已被确定为一个中等强国，并具有显著的地区影响力。

南非拥有 3 个首都：行政首都（中央政府所在地）为茨瓦内，立法首都（议会所在地）为开普敦，司法首都（最高法院所在地）为布隆方丹。

南非位于非洲大陆最南部，自南纬 22°～35°、东经 17°～33°。南非西南端的好望角航线历来是世界上最繁忙的海上通道之一，有"西方海上生命线"之称。

南非地处非洲高原的最南端，南、东、西三面之边缘地区为沿海低地，北面则有重山环抱。北部内陆区属喀拉哈里沙漠、多为灌丛草地或干旱沙漠、此区海拔 650～1 250 m。周围高地海拔则超过 1 200 m。南非最高点为东部大陡崖的塔巴纳山，海拔 3 482 m。东部则是龙山山脉纵贯。

南非全国分为 9 个省（东开普省、西开普省、北开普省、夸祖鲁省/纳塔尔省、自由州省、西北省、林波波省、姆普马兰加省、豪登省），根据 2000 年通过的《地方政府选举法》，全国共划有 278 个地方政府，包括 8 个大都市、44 个地区委员会和 226 个地方委员会。南非是世界上唯一设有 3 个首都的国家。

南非民族团结政府奉行和解、稳定、发展的政策，妥善处理种族矛盾，全面推行社会变革，实施"重建与发展计划"、"提高黑人经济实力"战略和"肯定行动"，努力提高黑人政治、经济和社会地位，实现由白人政权向多种族联合政权的平稳过渡。1996 年，国民党退出民族团结政府，非国大领导的三方联盟基本实现单独执政。非国大继续奉行种族和解政策，努力保持社会稳定，不断提高黑人社会地位和生活水平，连续赢得 1999 年和 2004 年大选。2007 年，非国大提出建设"发展型国家"的理念，强调加快经济发展，妥善解决贫困、犯罪等社会问题。

2008 年，南非政局发生重大变化。同年 9 月 21 日，总统塔博·姆贝基宣布辞职；9 月 25 日，国民议会选举非国大副领袖卡莱马·莫特兰蒂为新总统；11 月，部分前内阁和地方高官脱离非国大，另成立人民大会党。2009 年 4 月 22 日，南非举行第四次民主选举。非国大以 65.9% 的得票率再次赢得国民议会选举胜利，并在除西开普省以外的 8 省议会选举中获胜。反对党民主联盟取得西开普省议会选举胜利。5 月 6 日，国民议会选举非国大领袖祖马为新总统。在 2011 年 5 月 18 日举行的新一届地方选举中，非国大以 61.95% 的得票率再次获胜。2012 年 12 月举行第 53 次全国代表大会，祖马连任主席。2014 年 5 月第五次大选中，非国大得票率达到 62.6%，再次成为赢家。当前，在国际政治经济环境复杂多变的背景下，南非国内政局总体平稳。2017 年年底非国大将进行党主席换届，2019 年南非将举行总统大选。

二、核能发展历史与现状

本节从南非核能发展历史以及核能发展现状两个角度，介绍了南非核能发展的主要历程，通过对南非现有核设施及其状态的分析，明确了南非核电技术水平及核能发展需求。

（一）核能发展历史

考虑到南非不同地区的电力需求和平衡发展等，南非政府于 20 世纪 70 年代决定在开普敦附近的库贝赫（Koeberg）建设该国第一座核电站。该电站由当时的法国核电公司法玛通（阿海珐前身）负责建设，两台机组分别于 1984 年 7 月和 1985 年 11 月投入商业运营。库贝赫核电站由南非国家电力公司（Eskom）拥有并运营，两台核电机组的设计寿期为 40 年，Eskom 计划更换核电机组的蒸汽发生器来延长电站寿期，目前已与阿海珐签署主设备供应合同，蒸汽发生器将由上海电气供货，预计更换工作将于 2018 年启动。

（二）核电发展现状

南非是非洲唯一拥有核电站的国家，目前国内的两座 M310 压水堆核电机组（与大亚湾是姐妹电厂）由法玛通（现阿海珐）建造并由 Eskom 运营。其始建于 1976 年 7 月 1 日，分别于 1984 年 3 月 7 日、14 日达到临界，于 1984 年 7 月 21 日和 1985 年 11 月 9 日分别投入商运。

1. 库贝赫核电站基本情况

库贝赫核电站属于开普敦管辖，厂址西北距开普敦约 30 km。库贝赫核电站建设有两台机组，采用法马通的 M310 机型，每台机组发电功率 970 MW。由 Eskom 投资兴建、运营管理，核电发电量占 Eskom 公司发电量的 4.4%。1 号机组 1984 年建成投运，2 号机组 1985 年建成投运。库贝赫核电站总体参数为：净功率 921 MW；毛功率 965 MW；堆功率 2 775 MW。库贝赫核电站双堆布置，采用海水一次直流循环冷却工艺，港池取水，明渠近岸排水，电厂实景图、总平面图实景照片及总平面布置见图 8-1 至图 8-3。

图 8-1 库贝赫核电站实景

图 8-2 库贝赫核电站总平面实景照片

图 8-3　库贝赫核电站总平面布置图

南非媒体报道，2016 年 8 月 10 日早上，据 Eskom 透漏，一架无人机在其库贝赫核电站区域内坠落，这一事件严重违反核安全管理条例。

Eskom 在声明中表示，在该案件没有完结之前，无人机不会返还给它的主人。随后，作为防范措施，Eskom 暂停库贝赫安全官员的职位，也将与此事无关的库贝赫电站经理和工厂经理预防停职，并进一步调查此事。与此同时，该事故也上报给了南非警察局。

2. 瓦尔普斯（Vaalputs）中低放射性废物处置库

南非核能公司在北开普敦省的瓦尔普斯运营着一座中低放射性废物国家处置库。该处置库占地大约 10 000 hm²，于 1986 年投入运行，主要接受来自库贝赫核电站的放射性废物。这座处置库的运营权现已从南非核能公司转移至国家放射性废物处置机构。

（三）拟建核电项目

目前南非初步拟订的 3 个核电厂址分别为（从东到西）Thyspunt 厂址、Bantamsklip 厂址和 Duynefontein 厂址（库贝赫核电站旁边）。

1. Thyspunt 厂址

（1）地理位置与交通

Thyspunt 厂址位于伊丽莎白港（Port Elizabeth）以西 74 km 海边，属卡卡杜（Cacadu）管辖，距离厂址最近的村庄（或小镇）为 Oyster Bay，村庄人口很少，有一定的生活配套设施。距离厂址较近的高速公路为 N2 高速公路，从伊丽莎白港出发，沿着 N2 高速公路行驶一段路程后转 R330，从 R330 经过一段距离的土路可到达厂址，土路路基已形成。公路为沥青路面，路面平坦，土路路况稍差。

（2）地形地貌

Thyspunt 厂址现状为丘陵区，厂址有植被覆盖。目前已设置围栏保护，有工作人员看守。厂址自然地面标高在 0～45 m。地形开阔，起伏不大，适宜布置核电厂。

（3）地质与地基条件

Thyspunt 厂址位于海角褶皱带（Cape Fold Belt）。Thyspunt 厂址近区域（厂址周围半径 40 km）地层属东南海角海岸区（south-eastern Cape coastal regions）。厂址附近分布新生界的砂土层，下伏寒武系岩层。近区域范围内分布数条北西向断裂。陆域范围内距离厂址较近的断裂为冈吐斯（Gamtoos）和 Kouga 断裂，与厂址最近距离分别为 39 km 和 42 km。厂址近区域的海域范围内分布有两条断裂，其中普利登堡（Plettenberg）断裂距离厂址最近，距厂址约 18 km。

Thyspunt 厂址区域范围内地震活动水平较低。根据南非地球科学委员会提供的 Thyspunt 厂址地震危险性分析成果，Thyspunt 厂址地面峰值加速度为 0.16 g。

从 Thyspunt 厂址岸边裸露岩石露头看，厂址分布的岩石为灰白色石英砂岩。岩石致密坚硬，风化层较薄，可以采用坚硬岩石作为核电厂天然地基，地基条件优良。这种石英砂岩，作为核电厂建筑骨料和海工用料也是非常优良的。

（4）取排水条件

Thyspunt 厂址岸边为礁石裸露，海水清澈，岸线平直，岸边水深条件好。根据有关资料，该厂址海域水深条件好，海图 10 m 等深线离岸约 820 m，海图 15 m 等深线离岸约 1 300 m，从观察到的厂址岸线条件和水深条件来看，该厂址取排水条件较好。

2. Bantamsklip 厂址

（1）地理位置与交通

Bantamsklip 厂址位于开普敦东南 130 km 海边，距离厂址较近的公路为国道 N2，沿着 N2 公路行驶一段距离后转 R43 到达厂址附近，穿过护栏有一条土路可到达厂址。公路为沥青路面，路面平坦，土路坑洼较多，路况较差；厂址处分布有 Soetfontein 自然保护区，有护栏保护，穿过护栏有一条临时便道，沿土路步行近 5 km 到达地形相对较高的岩石露头处。

（2）地形地貌

Bantamsklip 厂址现状为砂质荒地，灌木、杂草生长旺盛，厂址自然地面标高在 0～40 m。厂址地形平坦、开阔，适宜布置核电厂。

（3）地质与地基条件

Bantamsklip 厂址位于海角褶皱带（Cape Fold Belt）。Bantamsklip 厂址近区域（厂址周围半径 40 km）地层主要为开普半岛（the Cape Peninsula）和西南海岸（the Southern West Coast）两套地层。厂址附近北部分布古生界山脉（Mountain）组石英碎屑岩，海岸带附近地段地表为新生界的砂层，下伏新元古界马姆斯伯因（Malmesbury）组岩层。Bantamsklip 近区域分布的断裂主要为北东走向断裂，其次为北西西和北西走向断裂。

Bantamsklip 厂址区域范围内地震活动水平较低。根据南非地球科学委员会提供的 3 个候选厂址地震危险性分析成果，Bantamsklip 厂址地面峰值加速度为 0.23 g。

Bantamsklip 厂址区表层为灰白色砂土，砂土表层松散。从厂址附近出露的岩石露头看，厂址区为灰黄色含砾砂岩和细砂岩，岩石较坚硬，风化层较 Thyspunt 厂址的石英砂岩相对较厚。该岩石适宜作为核岛天然地基。

（4）取排水条件

Bantamsklip 厂址海边近岸为礁石裸露，根据有关资料，厂址海域水深条件好，海图 10 m 等深线离岸约 820 m，海图 15 m 等深线离岸约 1 300 m，可以采用海水直流循环冷却系统，取排水条件好。

3. Duynefontein 厂址

（1）地理位置与地形地貌

Duynefontein 厂址位于库贝赫核电站北侧约 0.7 km、开普敦以北 29 km。厂址附近交通发达，均为公路，沥青路面，路面平坦。

Duynefontein 厂址现状为荒地，被灌木丛覆盖，厂址自然地面标高在 0～45 m。厂址附近分布有一个自然保护区（保护区基本与库贝赫核电站相连）。厂址地形平坦、开阔，适宜布置核电厂。

（2）地质与地基条件

Duynefontein 厂址位于非洲盘带（Pan-African belt）。厂址区分布的地层有：新生界的砂土层，下伏新元古界组杂砂岩、角页岩、泥岩、粉砂岩和页岩等。

Duynefontein 厂址区域范围内地震活动频繁，对 Duynefontein 厂址影响最大的历史地震震级为 6.5 级（1809 年），距厂址约 50 km。根据南非地球科学委员会提供的 3 个候选厂址地震危险性分析成果，Duynefontein 厂址地面峰值加速度为 0.30 g。

Duynefontein 厂址可采用岩石作为核岛天然地基持力层，适合核电厂建设。

（3）取排水条件

Duynefontein 厂址海域水深条件好，海图 5 m 等深线离岸约 340 m，海图 15 m 等深线离岸约 1 700 m，厂址取排水条件优良。库贝赫核电站取排水工程独立建设，未考虑扩建方案，故新厂址取排水工程需新建，取排水形式可参考、借鉴库贝赫核电站。

三、国家核安全监管体系

（一）核能发展政策与规划

本节从南非核能发展部门的政策和规划以及核安全监管部门的政策和规划两个方面，阐述了南非政府在核能发展方面的政策调整和影响，并分析了政府对核能发展的支持情况。

1. 核能发展简介

（1）核能发展政策

- 南非将核能作为重要的电力供应选择，希望通过核电建立起设计、制造、建全的核电能力；
- 建立起核能源持续发展的必要政府管理构架；
- 构建环境影响最小的情况下核安全及安全利用核能的构架；
- 有助于国家的社会进步，经济的变化、增长和发展；
- 在南非核能领域，引导进入发展、提升、支持、加强、维护和监控的行动；
- 在核能领域达成长期的、全球领先的、自主化能力；
- 控制未经加工的铀矿出口对南非经济产生的利益；
- 建立未来核电机组选址可行性的机制；
- 运行公众企业参与到铀供应链；
- 提升在南非的核安全能力；
- 减少温室气体排放；
- 提供核能相关技能。

（2）核能发展规划

2011 年，南非能源部制定了综合电力资源规划，计划在 2030 年以前发展 9 600 MWe 的核电，该工程预计将投入近千亿美元。南非已与多国反应堆供应商开展多次会议和研讨，并已分别与俄罗斯、法国、中国、美国、韩国签署了合作协议。国家核电技术公司代表中国以 CAP1400 大型先进压水堆机组作为主推方案，牵头中广核、中核、上海电气以及其他单位，参与此次投标工作。

2011 年 3 月，南非政府内阁批准由南非能源部修订的《综合资源规划 2010》（IRP 2010）草案。IRP 2010 勾勒出了从现在到 2030 年的未来 20 年南非电力供应与发展蓝图。

2011 年发布《综合资源规划（2010—2030 年）》，南非计划陆续建造 960 万 kW 核电站，首台机组计划 2023 年并网发电。

2008 年，Eskom 曾牵头组织过核电招标，由于垄断电价过低、投标商报价较高等原因招标被搁置。由于用电需求激增和减排压力不断上升，南非政府在福岛核事故后重启新建核电招标计划，并指定 Eskom 为业主和运营商；本次招标南非对技术安全性、先进性有了更高的要求，并拟采用竞争性招标采购的方式一次性打包采购 960 万 kW 的机组，最终的核电机组数量将会根据技术路线的选择来确定。目前南非电力公司已经向南非核监管局递交了两个厂址执照申请，分别为位于伊丽莎白港南部的 Thyspunt 及开普敦库贝赫核电站旁边的 Duynefontein。

南非新建核电项目的招标日期受到政治因素及内部准备不足等原因的影响多次发生变化，根据南非能源部最新消息，南非新建核电项目征求意见书正在与财政部及独立发电商办公室征求意见，随后将会发布，正式启动南非新建核电项目招标，但尚未给出具体日期。

2016 年 11 月 22 日，南非能源部部长蒂娜·乔马特·彼得森公布了《综合能源计划》的草案，该草案给出了南非未来 20 年的能源产业新计划。计划显示，南非将缩减未来发展核电的计划。并将核电发展计划推迟到 2037 年之后。乔马特·彼得森表示，南非政府重新审视了能源发展计划，由于核电技术成本高昂，所以推迟了核电发展计划。她表示，新的能源计划首要考虑因素是降低能源成本、创造本地就业并减少能源生产所造成的环境影响。南非计划于 2050 年实现核电新装机容量 2 000 万 kW。

南非政府建设 9 600 MW 核电站的计划遭到非政府组织——非洲地球生活（Earthlife Africa）和南部非洲信仰社区环境研究所（Southern African Faith Communities Environment Institute）的抗议。2017 年 4 月 26 日，西开普省高等法院做出判决，认定政府核设施采购计划严重缺乏公众参与和监督，因此是违宪的。南非能源部部长马默洛克·库巴依（Mmamoloko Kubayi）没有对这一判决提起进一步上诉，但这并不意味着政府放弃了预计花费 1 万亿兰特（约合人民币 5 205 亿元）的核电站建设计划。这只能说明政府的计划需要重新进行加工和完善。2017 年 5 月 13 日，库巴依部长在比勒陀利亚的媒体发布会上表示，政府接受了法院的裁决，但并不同意，而且对这项裁决表示"重大关切"。她说："我不同意南非能源部做了有负于国家的事，也不同意南非国家能源监管机构监管不力的观点。有些地方我们确实还可以做得更好，但我们也认为，法院的判决在一些地方不够就事论事。判决似乎是基于舆论而非法律本身。"库巴伊表示，南非将与俄罗斯、美国、中国、法国和韩国 5 个国家就跨政府协议进行商讨。政府将会进一步完善核电计划，防止公众的"不信任"或"怀疑"。她说："我不想每天都出现在法庭上，这个过程增加了不必要的司法消费。我希望能使签署和采购协议的过程更加公开透明，这样也能顺利通过一切审查。"

2017 年 9 月，我国倡导在经合组织核能署"多国设计评价计划"（MDEP）框架下建立了"华龙一号"工作组，标志着中国自主核电堆型将与美国 AP1000、法国 EPR、俄罗斯 VVER 等国际主流核电技术在同一平台接受各国核安全监管部门评价。2018 年将重点推进和组织好"华龙一号"工作组的相关工作，并积极开展与英国、巴基斯坦、南非、罗马尼亚、阿根廷等核电出口对象国核安全监管机构的技术交流合作。

（3）组织机构、职能、任务及主要内外接口关系

1）南非能源部和南非公共企业部

南非能源部（Department of Energy，DOE）负责对能源行业的管理，并通过能源监管委员会来落实具体政策。南非公共企业部（Department of Public Enterprises，DPE）代表政府行使出资人的职责，类似中国的国有资产监督管理委员会。

2）南非能源监管委员会

南非能源监管委员会（The National Energy Regulator，NERSA）是依据《国家能源监管法案》（Act No.40 of 2004）所设立的监管机构，负责包括电力、燃气和石油供应在内的能源行业的监管，涉及经济、技术、环保、安全和健康等多方面。NERSA 的监管权力来源于法律法规、政府政策，以及能源部颁发的规程规定，并根据环境变化做适当灵活处理。能源监管委员会成员由南非能源部任命。

南非能源监管委员会在电力监管方面的主要任务是：审批 Eskom 和其他发电公司提出的电力价格变动申请；给发电、输变电企业颁发执照；进行电力行业规划，同时研究如何使电力的供求关系维持在最佳水平，使电力行业始终保持长期有效的可持续发展；跨国电力交易的监管；保护电力消费者权益。南非能源监管委员会根据现行电力监管法和能源政策白皮书管理南非供电企业的机构改革。

3）南非国家电力公司

南非国家电力公司（Eskom）是世界上第七大电力生产企业和第九大电力销售企业，总部设在约翰内斯堡，主要经营南非国内的发电、输电、配电业务，供应南非95%和全非洲45%的用电量，拥有和运营南非全国的输电网以及约50%的配电网。在开普敦附近建有非洲大陆唯一的核电站——184.4 万 kW 的库贝赫核电站。

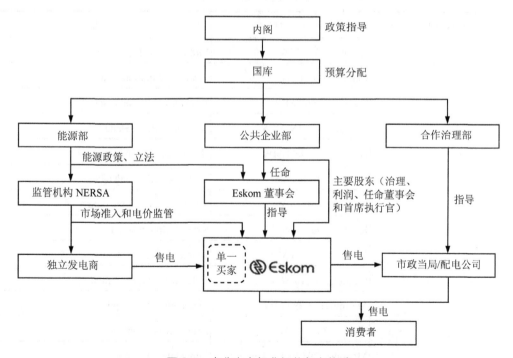

图 8-4　南非电力行业相关各方关系

　　Eskom 是南非政府 100%控股的国有公司，由南非公共企业部代表政府行使所有者的相关权力，并受政府大力支持，通过贷款、发行债券和销售收入集资。2011 年，Eskom 对南非 GDP 的贡献率约为 3%。2012 年，公司总资产 3 823 亿兰特（1 美元约合 8.65 兰特），销售电量 2 248 亿 kW·h，总收入 1 147 亿兰特，净利润 132 亿兰特，员工总数 43 473 人，用户 476 万户。

　　根据最早的 1987 年出台的《电力法》和 2006 年的《电力监管法》，Eskom 由南非能源监管委员会监管并审核颁发执照；同时，因为其拥有的核电业务，依照 1999 年颁布的国家原子能监管办法，Eskom 也受能源监管委员会监管。

2. 主要核能企业

　　南非国家电力公司（Eskom）是世界上第七大电力生产和第九大电力销售企业，拥有世界上最大的干冷发电站，供应南非 95%和全非 60%的用电量。截至 2016 年 2 月，其拥有并经营 24 座电厂，包括 14 座燃煤电厂、4 座燃气电厂、2 座水电站、2 座抽水蓄能电站、1 座风电场和 1 座核电站，名义总装机容量 42 710 MW，加上新能源和独立发电商项目的并网容量，总装机容量达到 45 075 MW。

　　Eskom 拥有电站如表 8-1 所示。

表 8-1　南非国家电力公司（Eskom）下属电站

电站类型	装机容量	厂址
火电	Arnot：2 352 MW	Middelburg，Mpumalanga
	Camden：1 561 MW	Ermelo，Mpumalanga
	Duvha：3 600 MW	Witbank，Mpumalanga
	Grootvlei：1 180 MW	Balfour，Mpumalanga
	Hendrina：1 893 MW	Hendrina，Mpumalanga
	Kendal：4 116 MW	Witbank，Mpumalanga
	Komati：990 MW	Middelburg，Mpumalanga
	Kriel：3 000 MW	Kriel，Mpumalanga
	Lethabo：3 708 MW	Sasolburg，Free State
	Majuba：4 110 MW	Volksrust，Mpumalanga
	Matimba：3 990 MW	Lephalale，Limpopo
	Matla：3 600 MW	Kriel，Mpumalanga
	Medupi：794 MW（Unit 6）	Lephalale，Limpopo
	Tutuka：3 654 MW	Standerton，Mpumalanga

电站类型	装机容量	厂址
核电	Koeberg：1 940 MW	Melkbosstrand，Western Cape
水电	Gariep：360 MW	Norvalspont，Border of the Eastern Cape and Free State
	Vanderkloof：240 MW	Petrusville，Northern Cape
抽水蓄能电站	Drakensberg：1 000 MW	Bergville，KwaZulu Natal
	Palmiet：400 MW	Grabouw，Western Cape
燃气电站	Acacia：171 MW	Cape Town，Western Cape
	Port Rex：171 MW	East London，Eastern Cape
	Ankerlig：1 338 MW	Atlantis，Western Cape
	Gourikwa：746 MW	Mossel Bay，Western Cape
风电	Sera：100 MW	Lutzville，Western Cape

Eskom 2017 年 2 月 2 日宣布，27 家公司表示准备对该公司 2016 年发布的新建核电项目征求意见书作出回应。其中包括中国国家核电技术公司（SNPTC）、法国电力公司（EDF）、俄罗斯国家原子能海外公司（Rusatom Overseas）和韩国电力公司（KEPCO）等"大型核供应商"。Eskom 表示，对征求意见书的回应表明，对南非核电建设项目感兴趣的公司很多，因此供应商未来将面临激烈的竞争。发布征求意见书是 Eskom 旨在收集下述信息的相关工作的组成部分：拟建项目的容量和费用、拟议的融资方案和南非本国企业的参与机会。这些信息还将被用于为 Eskom 提供参考，以便对南非政府 2016 年 11 月公布以供评议的《南非综合资源计划》（IRP）草案作出回应。

根据 2011 年发布的《2010—2030 年南非综合资源计划》，南非将在 2030 年前建成 9 600 MW 的核电装机容量，首台机组将于 2023 年并网发电。但是，根据南非政府 2016 年 11 月发布的综合资源计划草案，南非核电建设项目的实施时间将大幅推迟。

3. 主要设计院/工程公司

（1）Sebata Group 公司

Sebata Group 公司成立于 2006 年，是南非本地设计咨询企业，公司人员 900 余人，业务范围较广泛，涵盖工程设计咨询、工程监理、设计采购与施工管理（EPCM）等工程建设范围，以及休闲娱乐、投资等业务，还包括资质注册服务、人员培训、材料和设备供应等相关服务。

Sebata Group 公司有着较长远的公司发展远景和规划，业务范围涵盖广泛。经调研交流了解，Sebata Group 下属 Sebata Technology 子公司负责工程的设计咨询工作，目前工程技术人员约 45 人，主要从事工程咨询业务，对于核电厂项目的详细设计工作尚无法承担。Sebata Nuclear 子公司负责核电厂设计服务业务，由于 Sebata Group 公司本身成立时间较短，且南非自 20 世纪 80 年代以来核电建设处于停滞期，结合与其公司领导和主要部门主管人员的交流，初步评估 Sebata Group 公司现有技术力量尚无能力分担核电设计任务，尤其是核岛核心部分的各阶段设计。

（2）AECOM SA 公司

AECOM 公司为在美国上市的国际化专业技术和管理服务集团公司，业务涵盖交通运输、技术设计、环境、能源、水务、政府服务等领域。集团雇员约 45 000 人，是世界 500 强公司之一，具有较强的设计咨询服务能力。其在 100 多个国家规划、建造的各种类型和容量的发电机组总装机容量超过 14 万 MW，输电线路总长超过 40 000 km。承担的能源项目主要集中在北美和欧洲区域，包括核电项目。

AECOM SA 作为 AECOM 在南非的分公司，共有雇员约 1 200 人，主要从事建筑设计、能源、环境管理、矿业、油气、交通运输、水务和基础设施设计和建设施工服务。

经调研和实地了解，AECOM SA 在基础设施的设计及建设服务方面具有较强的实力，也具有骄人的建设业绩。对于电力项目，AECOM SA 主要负责土建和钢结构部分的设计，其工艺和电控部分业务由新西兰分公司负责。目前 AECOM SA 公司参与了目前南非在建的单机容量最大的某 6×800 MW 燃煤火电机组的土建部分设计，包括汽机房、锅炉岛、升压站、辅助设施的基础和上部钢结构设计。因此，对于国家核电技术公司力推的 CAP1400 落地项目，AECOM SA 公司在土建设计方面具有一定的承担设计能力。

经了解，AECOM SA 质量保证体系较为完备，其设计软件采用 STAAD 等与国内先进软件基本一致，设计标准按照国际标准，在软件和体系上接口困难不大。但其三维设计软件采用 PDMS，与国家核电技术公司主推的 PDS 不匹配。因此，综合评估，AECOM SA 可承担常规岛除汽机厂房以外的 BOP 部分、核岛 BOP 辅助厂房部分的土建和钢结构设计。

（3）南非核能行业协会

南非核能行业协会（Nuclear industry association of South Africa，NIASA）是南非的一个关于核研究与探讨交流的民间协会，它致力于为在南非从事核研究和核应用相关的各组织、团体、企业和个人提供一个交流平台，它不带任何政府背景，协会的管理人员大部分由协会成员单位人员兼任。凡是愿意缴纳会费的任何组织、团体、企业和个人都可以成为 NIASA 的成员，但 NIASA 不对其下成员的真实性进行验证（国家核电是 NIASA 的赞助商会员单位）。在南非从事与核相关业务的企业和组织、团体基本上都是 NIASA 的会员。

4. 主要核供应商集团等相关单位

（1）DCD 重工

1）技术实力

- 该公司具有较强的技术实力。公司员工总数 352 人：工程技术人员 40 名，其中高工 2 名，工程师 13 名；QA、QC 人员 19 名；关键生产工序均有技师带班，具有按照 ASME 或 AWS 评定的焊工 80 余人。

- 该公司具有矿山和电厂用球磨机、火电厂锅炉汽包、钢结构、高低加、除氧器等的供货业绩，还在 2010 年为卵石床模块反应堆的氦试验设施提供过 6 台阻流阀，以及两台容器等。在实际技术准备、生产制造过程中应用过 ASME 规范第Ⅷ、第Ⅸ卷。

2）制造实力

- 重工制造实力较强。DCD 重工拥有 Vereeniging 和 VanderbijlPark 两个厂址，总的生产面积 75 000 m^2。

3）质保能力

- DCD 公司根据 ISO 9001—2008 建立了质控手册（QS Manual Index，QS-IND，Rev.10）及相应程序，每年接受顾客和国家电力供应委员会的审查，如 2013 年受到 5 次外部审查并通过。DCD 公司于 1990 年取得了 ISO 9001—2008 证书（编号：01100115732），有效期至 2014 年 11 月 30 日，范围覆盖重型机械厂、采矿、钢铁、石化、电站（含化石燃料、水力、核电、风力等电站）、冶金过程、金属处理工业相关设备的制造等。其两个工厂 [弗里尼欣（Vereeniging）制造厂、范德拜尔帕克（Vanderbijlpark）制造厂] 均取得了 ISO 3834 PART 2 焊接质量体系的认证证书（编号：ZA-021 Rev.2；ZA-021B Rev.0），有效期至 2015 年 8 月 30 日。

- 基于以上对 DCD 公司的评估，DCD 重工在质保与技术能力上具备成为 CAP1000/1400 项目非核级储罐、水箱、钢结构件、支撑等物项的潜在供应商的基本要求；通过中国企业技术转让或提供技术支持，具备生产稳压器、核二级、核三级容器的能力。

（2）ACTOM

ACTOM 是南非当地的一家黑人掌控企业，拥有 43 家分支运营机构，可提供 44 类设备的生产与维修，全国各地共 40 处配送中心。涉及核电常规岛部分的业务范围主要有各种高低压电气设备及部分非核级机械设备。

前身为 GEC South Africa，最初创建于 1903 年，主要生产各类电气设备；1990 年随着 Alstom 集团与 GEC 集团的合并，公司成立 GEC Alstom South Africa，并引进 ACTOM 技

术；2002 年成立 Alstom SA（Pty）Ltd.，股权与经营的控制开始逐步收回本地；ACTOM 由 ACTIS、OLD MUTUAL、KTH、白人管理层、黑人管理层与员工共同持股。目前南非的高压输变电压大致可划分为 750 kV、400 kV、235 kV、132 kV 几个等级。针对各种电气设备来说，电压等级 132 kV 及以上设备普遍采用 Alstom 技术，33 kV 及以下设备普遍采用 Schneider 技术。

业务范围包括：

- 可提供 6.6～400 kV 各种输配电设备，包括常规断路器、发电机出口断路器、隔离开关、电流互感器、电压互感器、GIS、母线等。
- 可提供容量 5～315 MVA、最高电压等级为 275 kV 的大型电力变压器，以及容量 16～5 000 kVA、电压等级为 3.3～33 kV 的中低压变压器。高压套管与有载开关等部件需要进口。
- 可提供高中压开关柜，使用施耐德技术，主要有 GMA 与 GHA 两种柜型，最高电压等级可至 40.5 kV，其中断路器、电路板等核心部件不能自产，需要从国外其他公司或者国外施耐德工厂进口，部分低压的元器件可以自己生产。
- 可提供容量 20 kW～15 MW，电压等级 400 V～15 kV 的中低压电机，并可为第三方提供电机铁芯叠片服务。
- 可提供发电厂和线路保护设备，但是核心部件需要外购。
- 可代理采购南非本地电缆产品，并提供电缆布线服务。
- 可提供多种暖通设备，如各种参数的轴流风机、离心风机，最大叶片直径可达 5 m，以及阻尼器、消声器、柔性连接等附件。
- 可提供压力容器、水箱等设备，并承担切割、焊接、镀锌等机械处理工作，表面防腐处理可达到 SA2.5 级。
- 可提供各种材质的板式、管式换热器，包括不锈钢、合金、钛等。
- 可提供常规电板块的干、湿、海水脱硫、脱硝、电除尘与布袋除尘、物料输送、离子交换等设备，以及生物质锅炉、火管炉等。

（3）SIEMENS

SIEMENS SA 是 SIEMENS 集团在当地成立的一家合资公司，拥有能源、医疗卫生、工业、基础设施及城建四大业务板块，各板块下设若干具体事业部，涉及核电常规岛部分的业务范围主要有开关柜、电机以及部分产品的生命周期服务。同时通过介绍得知，该公司也在医疗、教育、救助等多项社会公益事业中扮演了积极角色。

业务范围包括：

- 基础设施及城建板块——中低压事业部：可提供各参数系列的气体绝缘中压开关柜，主接线侧最高电压等级为 40.5 kV，开断电流 40 kA，额定电流 5 000 A；厂用电侧最高电压等级为 24 kV，开断电流 25 kA，额定电流 1 250 A；可提供各参数系列的空气绝缘中压开关柜，最高电压等级为 36 kV，开断电流 31.5 kA，额定电流 2 500 A；可提供各参数系列的高电流开关柜，最高开断电流 170 MVA。其中空气开关柜的真空断路器、继电器、接地开关等主要部件来自德国法兰克福或其他工厂，互感器、母线等可以在南非生产；气体开关柜的重要部件需要从中国或德国进口，低压部件可以自产。

- 可提供 0.12 kW～100 MW 电动机、15 Nm～100 MNm 变速箱，以及各种防爆电机、直流电机、变频器、联轴器等特殊产品；可提供各类工业自动化仪表、过程分析仪表、控制组件。此外还可提供生命周期、价值工程等服务。

- 可提供燃气轮机、蒸汽轮机的发电机生命周期服务，包括性能提升、寿命延长，以及备件、性能维护、现场服务、大修、翻新、部件修理、检查和诊断服务、客户培训、咨询服务等。

（4）BiLFINGER（STEINMULLER）

BiLFINGER 电力系统有限公司是一家综合性的成套公司，特别是锅炉岛。具有锅炉岛的设计和制造能力（含仪控），同时有提供电厂调试、维护的服务能力。具备压力容器和热交换器制造能力，也具有启动锅炉的设计与制造能力。

1）技术实力

- 能源技术部分：具有电站锅炉的设计和部分承压部件的制造能力，因此具有换热器的设计制造能力，对于非核级的换热器是个潜在供应商。公司曾经具有 ASME Ⅲ证书，对于核级换热器也是潜在的选择。对于压力容器和热交换器可以做到交钥匙。

- 管道技术部分：具有现场管道设计能力，实现计算机模拟（CAE）特别是大管的弯制技术，最大直径 850 mm，厚度 125 mm 实现连续弯管，减少管道焊缝。

- 项目管理方面：涉及锅炉、脱硫、除尘、石油化工等项目管理领域。公司在 1961 年在南非建立，从 20 世纪 80 年代起开始从事石油化工和过程生产项目管理与实施，目前正在进行的燃煤火电项目有 MODUBE、COURCILE（目前南非最大的火电项目，6×800 MW），主要集中在锅炉岛。

2）制造实力

- 具有管道支架的制造能力。具有 800 MW 电站锅炉成套能力，也是南非目前在建最大的单元机组，因此对于非核级支架的制造设计应该不是问题。

- 波纹管和压力容器制造能力。

- 具有 800 MW 电站锅炉的成套能力，因此具有非核级压力容器制造能力。

- 管道预制（弯管）能力。

● 具有计算机模拟（CAE）特别是大管的弯制技术，最大直径为 850 mm，厚度为 125 mm，实现连续弯曲。

（二）核能行业国家管理体制

本节从南非核能发展部门以及核安全监管部门的组织架构、职能、任务和主要的内外接口关系，立法及监管框架主要法律法规的类型和组成，以及国家投融资、环保和劳工等政策几个方面，介绍了核能监管程序，详细列举了南非与核能相关的法律体系以及管理规范和要求，并分析了南非重大政策对核能发展的影响。

1. 核安全监管部门的政策和规划

①南非能源部，是南非所有核能相关工作的监管部门，负责南非核能政策法规、南非核能国际公约等的制定和发展。南非能源部核能领域主要有三个板块：核安全、核技术、核不扩散。南非能源部同时负责南非境内铀资源的统一管理。

②南非国家核监管局（National Nuclear Regulator，NNR），NNR 成立于 1999 年，负责对南非核设施的选址、建造、运行、去污和退役进行授权和监管。NNR 监管活动基于核安全监管法律、核安全法规、核安全导则、核安全要求与技术见解开展。

③南非核能集团（South Africa Nuclear Energy Corporation，NECSA），是隶属于南非能源部的国有企业，其主要职能是承担和促进南非核能领域和核能科技、技术的研究和发展，核燃料、废料等的处理，以及与以上职能相关人员的协调。

2. 核安全监管部门组织机构、职能、任务及主要内外接口关系

南非的核监管机构为南非国家核监管局，其通过能源部部长向议会负责，在核与辐射安全方面独立开展工作。

为统筹行使职能，NNR 与能源部、卫生部、交通部等开展合作，同时也参与了多国设计评估计划（MDEP）。

NNR 作为核设施的监管机构，既是管理部门，同时也负责技术审查，必要时，其可以找潜在咨询机构通过合同完成相关工作。仅有一个核电站（库贝赫核电站，两个机组）、一个研究堆，使 NNR 可以有足够的精力对民用核设施进行技术审查。

3. 立法及监管框架

（1）核安全法规体系

南非是一个民主国家，其法制较为规范。同样，核安全法规体系也秉承这一原则，按照三个层次架构来构建南非的核安全监管法规体系，具体包括核安全法律、法规和导则、要求与技术见解。

目前，南非的核安全法规体系包括：

①法律：南非国家核管理行动（NNR ACT）和能源行动。

②法规：管理条例。

③导则、要求与技术见解。

南非核监管方面的法规体系自上而下分别为法律、法规、导则要求与技术见解。

目前，南非核安全监管法律有三项（强制性）：

①*Act 47，National Nuclear Regulator*（国家核管理法）。

②*National Radioactive Waste Disposal Institute Act*（国家放射性废物处理法）。

③*Act 46，Nuclear Energy*（国家核能法）。

其中，Act 47 作为监管架构的顶层要求，明确了各方责任，类似于原子能法。同时法规要求较为宽泛，不具体实际，可操作性不强，在具体实施过程中，存在较大不确定性。

（2）核安全法规

在法规层面（强制性），已制定 7 项核安全法规：

① GN 709，*on co-Operative Governance in Respect of the Monitoring and Control of Radioactive Material or Exposure to Ionising Radiation*（在放射性物质或电离辐射照射的监测和控制方面的合作治理）；

② GN 778，*on the Keeping of A Record of All Persons in A Nuclear Accident Defined Area*（核事故定义区内所有人员记录的保存）；

③ GN 1219，*on the Format for the Application for A Nuclear Installation Licence or A Certificate of Registration or A Certificate of Exemption*（申请核设施许可证或免于证明书的格式）；

④ R388，*on Safety Standards and Regulatory Practices*（安全标准与监管实践）；

⑤ （R）716，*on the Contents of the Annual Public Report on the Health and Safety Related to Workers*（关于职工健康安全年度报告的内容）；

⑥ R917，*the Regulations on Licensing of Sites for new Nuclear Installations*（新建核设施选址许可证条例）；

⑦ R968，*on the Establishment of A Public Safety Information Forum by the Holder of A Nuclear Authorization*（关于由获得该授权的人建立公共安全信息论坛）。

（3）核安全导则、要求、技术见解

目前南非已制定 19 项核安全导则要求，包括 6 项通用性核电厂相关导则要求、5 项针对库贝赫核电站的导则要求、1 项针对球床模块堆的导则要求、7 项采矿相关的导则要求。

① 6 项通用性核电厂导则要求：

- LD-1079-REV. *1-Requirements in Respect of Licence Change Requests to the National Nuclear Regulator*（关于向国家核监管机构要求变更许可证的要求）；

- RD-013-REV. *1-Requirements on Public Information Documents to be Produced by Applicants for new Authorisations*（关于由新授权的申请人生成公共信息文件的要求）；

- RD-014-REV. *0-Emergency Preparedness and Response Requirements for Nuclear Installations*（关于核设施应急准备和应对的要求）；

- RD-0024. *Requirements on Link Assessments and Compliance*（关于链路评估和合规的要求）；

- RD-0026-REV. *0-Decommisioning of Nuclear Facilities*（核设施退役）；

- RD-0034-REV. *0-Quality and Safety Management Requirements for Nuclear Installations*（核设施的质量和安全管理要求）。

② 5 项 KOEBERG 核电站导则要求：

- LD-1012-REV. *1-Requirements in Respect of Proposed Modifications to the Koeberg Nuclear Power Station*（关于库贝赫核电站改进建议方面的要求）；

- LD-1077-REV. *1-Requirements for Medical and Psychological Surveillance and Control at Koeberg Nuclear Power Station*（对库贝赫核电站医学和心理监控的要求）；

- LD-1081-REV. *3-Requirements for Operator Licence Holders at Koeberg Nuclear Power Station*（对在库贝赫核电站操作员执照持有人的要求）；

- LD-1092-REV. *1-Requirements for Initial OperatoR Licensing at Koeberg Nuclear Power Station*（对库贝赫核电站初始运营许可的要求）；

- LD-1093-REV. *2-Requirements for the Full Scope Operator Training Simulator at Koeberg Nuclear Power Station*（对库贝赫核电站的全尺寸操作员培训模拟器的要求）。

③ 球床模块堆导则要求：

- RD-0018. *Basic Licensing Requirements for the Pebble Bed Modular Reactor*（球床模块堆的基本执照要求）。

④ 7 项采矿相关导则要求：

- RD-004-REV. *0-Requirements for Radioactive Waste Management Mining and Minerals Processing*（对采矿和矿物加工的放射性废物管理要求）；

- RD-005-REV. *0-Quality Management Requirement for Activities Involving Radioactive Material Mining and Minerals Processing*（对放射性物质相关的采矿和矿物加工的质量管理要求）；

- RD-007-REV. *0-Requirements for the Control of Radiation Hazards Mining and Minerals*

Processing（对采矿和矿物加工的辐射危害控制要求）；

- RD-008-REV. *0-Requirements for Emergency Preparedness Mining and Minerals Processing*（对采矿和矿物加工的应急准备要求）；

- RD-009-REV. *0-Verbal Emergency Communication With the National Nuclear Regulator Mining and Minerals Processing*（对采矿和矿物加工的与国家核监管的口头应急沟通要求）；

- RD-010-REV. *0-Requirements for Radiation Dose limitation Mining and Minerals Processing*（对采矿和矿物加工的辐射剂量限值要求）；

- RD-012-REV. *0-Notification Requirements for Occurrences Mining and Minerals Processing*（对采矿和矿物加工的通知要求）。

（4）核安全要求

目前，南非已制定了 5 项核安全要求：

① LG-1041-REV. 0-Licensing Guide on Safety Assessments of Nuclear Power Reactors（关于核反应堆安全评估的许可指南）；

② LG-1045. *Licensing Guide for Submissions Involving Computer Software and Evaluation Models for Safety Calculations*（关于安全计算用计算机软件和评估模型的许可指南）；

③ RG-002-REG. *Guide Safety Assessment of Radiation Hazards to Member of the Public From Norm Activities*（对公众成员正常活动的辐射危害的安全评估指南）；

④ RG-0006-REV. *0-Guidance on Physical Protection Systems for Nuclear Facilities*（核设施实物保护系统指南）；

⑤ RG-0014-REV. *0-Guidance on Implementation of Cyber or Computer Security for Nuclear Facilities*（核设施实施网络或计算机安全指南）。

（5）核安全技术见解

目前，南非已制定了 7 项核安全技术见解：

① PP-0008. *Design Authorisation Frame work*（授权框架设计）；

② PP-0009. *Nuclear Authorisations for Nuclear Installations*（核设施的核授权）；

③ PP-0012. *Manufacturing of components and parts for Nuclear Installations*（核设施设备和部件的制造）；

④ PP-0014. *Consideration of External Events for new Nuclear Installations*（对新建核设施外部事件的考虑）；

⑤ PP-0015. *Emergency Planning Technical Basis for new Nuclear Installations*（新建核设施的应急规划技术基础）；

⑥ PP-0016. *Conformity Assessment of Pressure Equipment in Nuclear Service*（核电站承压设备的合格评定）；

⑦ PP-0017. *Design and Implementation of Digital Instrumentation and Control for Nuclear Installations*（核设施数字仪表与控制的设计与实现）。

四、核安全与核能国际合作

（一）与中国的核安全与核能国际合作

2000 年成立中南国家双边委（Bi-Nation Committee，BNC），该机构由两国外交部牵头，属副元首级之间的高层会商机制，下设能源、交通等十几个分委会，主要推动中南双方之间的经贸合作，每两年召开一次全会。

2012 年 7 月祖马总统访华期间与胡锦涛主席就成立中南政府间联合工作组（Joint Work Group）达成一致。南方由贸工部牵头，财政部、外交部、国有企业部等参与；中方由商务部牵头，外交部、财政部、发改委等相关部门参与。主要目的是促进中南两国经济贸易合作。

2014 年 2 月，国家电投与南非核能集团分别代表两国政府签署了《南非民用核能项目培训协议书》，并于 12 月南非总统祖马访华期间签署了培训实施方案。

2014 年 11 月 7 日，南非和中国签署了核合作的政府间框架协议。

Eskom 控股的非国营有限公司与中国国家电网公司之间签订了战略合作的谅解备忘录，旨在推动加强两国在能源领域的合作。该协议将为 Eskom 公司和国家电网公司创建一个法律框架，以建立一种战略合作关系，深化两国的国际业务合作，加强在技术、管理和金融等领域的交流。该谅解备忘录也允许合同双方寻求商业机会，交换共同感兴趣的输配电工程领域地理区域项目、可再生能源项目、离网农村电气化项目等相关信息。

2015 年 11 月，南非核监管局与中国国家核安全局签署双边合作协议。

2016 年 5 月 26 日，国家电投集团公司总经理孟振平出访南非拜会南非总统祖马，双方就核电、常规能源领域合作深入交换了意见。

（二）与其他国家的核安全与核能国际合作

南非与法国、俄罗斯和韩国签署了核合作的政府间框架协议。

南非还与美国、英国、加拿大、法国和韩国签署了双边核安全战略合作伙伴协议。

五、核能重点关注事项及改进

（一）福岛核事故后主要安全事项改进

1. 实施核电厂安全风险再评估

在 2011 年 3 月 11 日福岛核事故后，南非国家核监管机构（NNR）于 2011 年 4 月成立了任务小组，并于 2011 年 5 月要求 Eskom 再评估库贝赫核电站承受外部危险的能力，本次再评估的范围包括：

a）审核关于洪灾、地震、其他极端自然现象以及综合发生的库贝赫场地相关外部事件的设计基础用条文；

b）审核 Koeberg 设计的稳健性以维持超出设计基础危险的安全功能，包括超出设计基础的地震和洪灾、对场地构成挑战的其他极端外部条件以及综合发生的事件；

c）长时间断电和长时间最终热阱缺失（库贝赫使用的是海水冷却）后审核安全功能间接损失；

d）在评估外部事件以及降低这些效果的可能措施或设计特征过程中确定潜在的悬崖效应；

e）应急管理和响应；

f）事故管理。

Eskom 之前成立了外部事件审核小组（EERT），开始实施由核电运营学会（INPO）和世界核电运营者协会（WANO）发布的实施指南，关注上述方面，但是主要解决电站设备、人员、程序以及核安全文化问题。外部事件审核小组旨在通过系统健康指标的审核和所有不符合报告来评估可操作性决定、临时变更以及电站准备状态。

与此同时，第五届国际核安全公约（CNS）会议于 2011 年 4 月召开，体现了福岛核事故的国际反应。NNR 指令和 Eskom 响应包含由国际核安全公约提出的全部要求。

Eskom 于 2011 年 12 月提交了其安全再评估报告。再评估范围包括外部事件和事件组合的设计基准（反应器和乏燃料储存）以及设施的稳健性、超设计基准事件的类似范围的危险影响。以上内容包括持续很久的总电力损失和极限散热片。此外，在评估中确定了缓解上述影响的措施或设计特征。其范围包括现场和场外事故管理及应急响应。NNR 于 2012 年 3 月完成报告审核，得到如下结论，再评估无法反映涉及库贝赫核电站安全的安全事件的任何主要缺点。然而，在评估过程中确定了若干修改和操作程序变更，以进一步提高安全性。

2．完善相关法规

NNR 确定了《安全标准和监管实践》的完善领域，并将其纳入法规修订和更新之中，法规完善包括：

a）设计稳健性以及发生外部事件时的应急响应和事故管理设施；

b）将设计基准扩展条件纳入新核设施的设计基准；

c）考虑现场多个设施同时产生的影响；

d）禁止在短期内依赖场外设施；

e）对事故管理中采用设备的测试和监测。

3．增加安全相关配套设施

在对库贝赫核电站进行评估之后，为了进一步提高核电站安全性，Eskom 实施了若干短期纠正措施，例如安装便携式设备（如泵、电源、通信设备等）并向 NNR 通告了将要于 2013 年、2014 年和 2015 年实施的其他短期措施（包括便携式备用水源、水罐加固或扩展、便携式备用水管、便携式应急设备储存设施、监控电站关键参数的强化仪表、移动柴油发电机连接点以及移动电源用电气连接点）。

而且，为了与国际进程保持一致，库贝赫核电站目前拥有维持所有直流电源长期损失至少两周所需的所有设备，无须场外支持。Eskom 进一步强化了其灭火能力以及进入地面层无法进入的建筑物的能力。通过新型旋转台钢梯车从屋顶进入和高架灭火平台可以实现上述目标。Eskom 已将程序落实到位，以提供扩展配置和授权流程，旨在缓解严重事件之后电站的恶劣条件。

4．更新应急准备和响应计划

更新了在废燃料运输期间对事件发出响应的应急响应程序，以便纳入对贮存的废燃料（贮存在干燥木桶中）造成影响的事件响应。并根据福岛核事故的经验教训，更新了库贝赫核电站备用应急响应组织的说明程序，目前已提供了相关指导，确保在各组织成员忙于处理紧急事件时，应急响应组织各成员家属的需求能够得以满足。

（二）关于新建核电招标

南非能源部在 2011 年 5 月 6 日发布"IRP 2010"提出 960 万 kW 核电发展计划后两年多来，虽然相关政府部门不时发出各种信息，实质上计划的实施进展非常缓慢，主要进展过程大致概括如下：

2011 年 9 月，能源部表示向政府内阁（注：南非政府内阁由总统、副总统和全部政府部门的部长组成，是最高行政机构）提出了核电项目招标的政策建议，但是其后至今一直未公布相关后续消息。

2011 年 11 月，南非国家计划委员会呼吁在 2012 年对是否需要发展核电进行重新思考；

11 月 9 日，政府内阁会议决定建立国家核能执行协调委员会（NNEECC），领导、协调、推动和监督核能政策的实施。委员会由南非副总统莫特·兰蒂领导，由能源部、公共企业部、财政部、外交、国防、国家安全等相关政府部门的部长组成，下设核能技术委员会，以及融资与采购、安全和审管及法规、本地化与工业化、选址和环评以及公众交流、核保障与实体保护、核燃料循环前端和后端等工作小组。

2012 年 2 月 28 日，能源部部长迪普奥·皮特斯表示南非将于 4 月对建造新核电站进行招标，南非核电站工程计划审核已进入最后阶段，政府将通过竞标选择合适的企业建造核电站。随后陆续有报道指政府透露出实施核电发展计划至少需要 3 000 亿兰特（约合 400 亿美元）、最高可能超过 1 万亿兰特（约合 1 300 亿美元），引起强烈反应，遭到激烈批评。

2012 年 5 月 29 日，副总统莫特·兰蒂向全国核能大会发表讲话，强调要用其他能源方式特别是核能替代煤炭。

2012 年 11 月 7 日，NNEECC 向政府内阁会议报告了其首次会议情况，根据 NNEECC 的建议，内阁会议同意采用分阶段决策方式实施核能计划（Phased Decision-Making Approach for implementation of the nuclear programme）、同意确定 Eskom 作为新建核电厂的业主和运营商，批准了核公众交流和利益相关者参与的策略。

2013 年 2 月，应南非政府邀请，IAEA 工作组开始对南非是否具备发展核电的条件进行评估；2 月 15 日，IAEA 总干事天野之弥访问南非接受媒体采访时指出，南非启动巨大的核电采购计划，当局必须处理好所面临的两个最关键的挑战：融资和人力资源问题；2 月期间，南非政府表示将在 2013 年 7 月就核电发展计划公布决策。

2013 年 3 月 18 日，南非副总统莫特·兰蒂出席"非洲核行业 2013 大会"发表讲话，重申了南非基于和平目的的研究、开发和使用核能的权利，并且表示将继续推进和发展核能；能源部部长普奥·皮特斯也发表讲话，确认政府有发展核能的"政治意愿"。

2013 年 4 月，国家计划委员会要求将核电发展计划重新提交公众讨论；4 月 16 日，主管 Eskom 等国有企业的南非公共企业部部长吉加巴（Gigaba）表示政府将在今年内做出核投资决策。

2013 年 5 月 9 日，能源部部长普奥·皮特斯再次强调将分阶段对南非发展核电能力进行决策，以便减小风险、为国家创造最大利益；同时能源部第 3 号人物总司长娜里丝薇·马古巴妮（Nelisiwe Magubane）进一步表示：政府需要分阶段就支付能力、融资计划、融资方式以及本地化、废物管理等一系列广泛问题做出决策，以便减小核电这个投资达 6 000 亿～10 000 亿兰特的巨大发展项目的风险，原来的核电发展计划进度可能有所推迟。总司长娜里丝薇·马古巴妮还指出，能源部在上周发出招标，邀请专业机构对南非发展核电需要的经费支出进行评估；另外，IAEA 工作组前不久向政府提交了关于南非是否具备发展核电的评估报告，指出了存在的差距。总司长娜里丝薇·马古巴妮强调，政府需要就前述重要问题做出决策后，才能就核电新建项目招标进行决策，"因此，目前我们根本没有到吸引和游说核电供应商进行投标的时候。"

2013 年 5 月 14 日，能源部部长普奥·皮特斯表示将在本财年内完成制定《综合能源规划》（Integrated Energy Plan，IEP）。IEP 将提出 2050 年以前包括电力、液体燃料等各种能源方式的发展规划，综合电力规划 IRP 是综合能源规划 IEP 的一个分支，在制定 IEP 的同时会对 2011 年发布的 IRP 进行相应修订。普奥·皮特斯坚信发展核能会给南非带来巨大的利益，包括工业化和本地化机会、大规模提高人员的技能、将南非带入知识经济等。部长还保证会为形成核电厂招标采购的投资决策而继续开展工作。

2013 年 7 月 9 日，南非总统祖马在任期内第 4 次改组内阁，交通部部长本·马丁斯与能源部部长普奥·皮特斯互换职位。

2013 年 7 月 24 日，能源部发布《2012 综合能源规划报告草案》征求公众意见。该报告汇总了南非的能源发展现状、未来需求分析预测等相关数据和情况，是制定 IEP 的支持性文件。

2013 年 7 月 25 日，一家重要媒体刊发了独家采访能源部第 3 号人物总司长娜里丝薇·马古巴妮的报道，该总司长声称南非将在 11 月完成核电招标采购的路线图。总司长娜里丝薇·马古巴妮表示，将在 9 月完成关于核电发展计划可能需要的经费的评估报告，此前的成本估算为每千瓦 3 500～7 000 美元，正在进行的评估将考虑世界上其他国家建造的核电项目，并结合南非最新的实际情况，估算出实施核电计划可能需要的经费支出；评估报告除了估算单纯招标采购核电厂可能需要的经费外，还会估算政府通过提出本地化要求来发展南非的核工业可能需要的经费支出。总司长还透露，政府内阁在 2013 年 4 月对国家核能执行协调委员会（NNEECC）进行了改组，总统祖马代替副总统莫特·兰蒂担任该委员会的负责人，并削减了组成该委员会的政府部门的数量。总司长指出，不可能因为公众的反对、提高天然气发电比重或者由独立电力供应商提供电力基荷等因素取代核电发展计划，"到了目前这个时候在核发展计划上不可能走回头路了"。

2016 年 11 月 22 日，南非能源部部长蒂娜·乔马特·彼得森公布了《综合能源计划》的草案，该草案给出了南非未来 20 年的能源产业新计划。计划显示，南非将缩减未来发展核电的计划。并将核电发展计划推迟到 2037 年之后。

据南非金融 24 小时网站 2017 年 4 月 11 日报道，南非核能公司（NECSA）首席执行官茨厄拉内日前在东京接受采访时表示，南非核电项目招标可能最早于 2017 年 6 月开始，目前来自韩国、法国、中国、俄罗斯和日本的 5 家公司已从名单中脱颖而出。南非要求投标公司在 2017 年 4 月底以前提供信息，之后要进行 1 个月左右的评估，可能于 2017 年 6 月或 7 月正式开始要求提交标书。NECSA 预计至少会收到五份投标书，至少需要 6 个月时间进行评估与谈判，预计将于 2018 年第一季度定标。

（三）重点关注事项

在南非投资经营需要注意：①南非劳动法规定严格，工会势力强，劳资关系紧张，罢工频发；②南非汇率市场化程度高，与美元、欧元等主要货币关联程度高，汇率波动大；③南非基础设施建设近年来发展较为缓慢，电力短缺尤为突出，已开始制约经济增长；④南非存在贫富差距大、失业率和犯罪率高、非法移民多等社会问题，容易引发社会矛盾；⑤南非高素质劳动力缺乏，工资增长速度远高于经济增速，抬高了企业经营成本，削弱了制造业国际竞争力；⑥南非政府近两年收紧了外资促进保护、签证、矿产资源开发等多项政策，土地改革不确定性较大。

同时需关注下述风险：

a）南非因失业率高，无技术劳工供应充裕，劳工素质较差，技术工人缺乏，往往需从国外引入。

b）由于劳工素质不佳，且缺乏敬业精神，各行业生产力普遍低落，难以与其他国家相提并论。

c）南非本地在 1985 年由法马通协助建成库贝赫核电站（2×930 MW）后再无相关的核电项目建设业绩。目前在核电建设方面基础能力较差，需要进行长期建设；人员的技能水平较低，需要进行长期广泛的培训。

d）南非政府有强烈的新核电项目建设规划，对本地化期望较高，如 50%的本地化率；对当地政府的经济提供良好的贡献率。

e）新核电项目本地化的实际情况需要 SNPTC 与当地各家企业进行交流，项目的开展需要 SNPTC 与南非贸易工业部（DTI）共同推动。（注：DTI 牵头负责管理本地化工作。）

f）预计公众（包括反收费联盟和非洲地球生命组织）会强烈反对核项目。此前，南非政府建设 9 600 MW 核电站的计划遭到非政府组织——非洲地球生活和南部非洲信仰社区环境研究所的抗议。2017 年 4 月 26 日，西开普省高等法院做出判决，认定政府核设施采购计划严重缺乏公众参与和监督，因此是违宪的。

g）在南非本地化应关注《黑人振兴经济法案》（BEE）。

第九章　阿拉伯联合酋长国
The United Arab Emirates

一、概述

（一）国家概况

阿拉伯联合酋长国（The United Arab Emirates），简称为阿联酋，位于阿拉伯半岛东部，北濒波斯湾，西北与卡塔尔为邻，西和南与沙特阿拉伯（以下简称沙特）交界。阿联酋是仅次于沙特的阿拉伯第二大经济体，由 7 个酋长国组成，采取君主立宪制与总统内阁制二元并立的政体结构，属联邦制与君主制并存的混合体，阿联酋形式上效法西方建立三权分立体制，事实上联邦总统大权独揽。因此政府在治理上既具有较强的现代性，也保持着足够的权威性。最大的阿布扎比和迪拜酋长国主导联邦政府，各酋长国之间比较团结，不存在明显分歧，政局长期比较稳定，在动荡的中东被视为"安全绿洲"。阿联酋是海湾国家合作委员会的重要成员，也是美国在中东的重要盟友，受海合会与美国的双重保护。2012年 1 月，中国与阿联酋宣布建立中阿战略伙伴关系。

1. 行政区划

阿联酋总面积 83 600 km²，人口约 980 万，大多集中在阿布扎比和迪拜两个酋长国的沿海地区。外籍人来自多达 35 个国家，占总人口的 88.5%，主要是印度、巴基斯坦、埃及、叙利亚、巴勒斯坦等国的常年劳工和移民。

阿联酋由 7 个酋长国组成：阿布扎比、迪拜、沙迦、拉斯海马、阿治曼、富吉拉和乌姆盖万。其中阿布扎比和迪拜起主导作用，面积占 90%，人口超过一半。各酋长国有各自的自主行政权，联邦层面负责的国防、外交、经济等大政方针控制在各酋长国尤其是阿布扎比和迪拜两个酋长国手中。

阿布扎比是阿拉伯联合酋长国的首都，也是阿拉伯联合酋长国阿布扎比酋长国的首府。位于阿拉伯联合酋长国的中西边海岸，波斯湾的一个"T"字形岛屿上。总面积 67 340 km²。

迪拜是阿拉伯联合酋长国最大和人口最多的城市，也是一座国际化大都市，同时也是继阿布扎比之后的第二大酋长国，是中东地区的经济和金融中心、最富裕的城市，在全球最富裕城市中位居前列。迪拜总面积为 3 980 km²，其中都市区总面积为 1 287.4 km²。

沙迦是中东地区的文化名城，而古兰经纪念碑广场则是沙迦的文化中心。总面积为 2 590 km²，2013 年总人口为 60 万人。

阿治曼位于波斯湾沿岸，是阿联酋面积最小的成员国，总面积为 260 km²。

乌姆盖万位于西亚的阿曼半岛西岸，是阿联酋的组成之一，也是该国人口最少的酋长国，总人口只有 1 万多人，面积约 800 km²。

拉斯海马，又名哈伊马角。位于阿联酋最北部，坐落于哈贾山麓，靠近霍尔木兹海峡，面积 1 684 km²，占全国总面积的 2.2%。

富吉拉，又称为富查伊拉，位于阿拉伯半岛东部，阿曼湾沿岸，是阿联酋第五大酋长国。总面积为 1 500 km²，2004 年总人口为 13 万人。与阿联酋其余 6 个酋长国不同，富吉拉地势多山，因而降雨较多。

2．民族构成

历史上，阿联酋的民族结构比较简单，国民基本都是阿拉伯人。建国以来，大量外籍人口涌入，民族结构趋于复杂。尽管阿联酋是仅次于沙特的阿拉伯世界第二大经济体，但和沙特的社会文化完全不同，两者可谓阿拉伯世界的两个极端。沙特的文化极端保守，严格限制外来人口流入[截至 2013 年，沙特的外来人口（非沙特公民）占其总人口的 21%～33%，即 600 万～1 000 万人]，而阿联酋则是大规模引入外来劳动力和外来专业人士，以至于本国土生土长的居民占绝对少数。

3．宗教文化

阿联酋是阿拉伯国家，国教是伊斯兰教，绝大部分居民是穆斯林。阿联酋实行政教合一，对其他宗教人士奉行信仰自由的政策。阿联酋居民 76% 信奉伊斯兰教，其中多数属逊尼派，15% 的穆斯林属于什叶派（主要在迪拜）。15% 的居民信奉印度教、佛教等宗教，10% 左右信奉基督教。在中东伊斯兰国家中，阿联酋的宗教政策最为开放，全国范围内，特别是迪拜，除数量众多随处可见的大大小小的清真寺外，也有基督教和天主教的教堂，甚至还有为数不多的印度教的神庙以及一座佛教寺庙，但是对于除伊斯兰教以外的其他宗教进行公开宣教却是不允许的。阿联酋的大多数酋长国，信奉逊尼教派，而在迪拜，什叶派穆斯林的比重略多一些，在迪拜约 220 万人口中，什叶派穆斯林占总人口的 35%～40%，沙迦的什叶派穆斯林占总人口的 25% 左右，这主要是因为沙迦和迪拜历史上曾引入了大量伊朗商人移民。

文化上，阿联酋各酋长国统治者都是长期统治该地区的大家族头领，如纳哈扬家族自 18 世纪起统治阿布扎比，马克图姆家族自 1833 年起统治迪拜，卡西米家族自 18 世纪起统治沙迦，代代传承使得各酋长国的统治权根基稳固。阿布扎比和迪拜是阿联酋最主要的两个酋长国，长期以来阿联酋的政权被这两个酋长国掌控，这种两强的主导格局使得阿国内政局较为稳定，领导人换代更新有迹可循。

（二）国内政治情况

1．政治制度

阿联酋采取联邦与地方自治相结合的国家结构，联邦经费主要由阿布扎比和迪拜两个酋长国承担。联邦与地方政府关系兼具传统与现代治理相结合的特点：一方面，各酋长国内保留了部落家族统治的形式，最大限度地维护了统治家族的利益，如各酋长国在内部治理方面拥有相当的独立性和自主权；另一方面，效仿西方国家现代政治制度模式，在联合的大框架内，上设国家总统、下设内阁和议会行使国家权力，如图 9-1 所示。

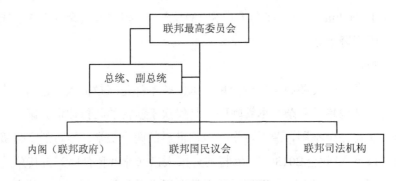

图 9-1　阿联酋政府组织结构

联邦由最高委员会统治，联邦国民议会、联邦法院、总统、副总统、内阁及内阁总理等均为阿联酋的重要机构。联邦最高委员会由 7 个酋长国的酋长组成，是最高权力机构，有关重大内外政策制定、联邦预算审核、法律和条约批准等均由该委员会讨论决定。阿布扎比酋长和迪拜酋长分别是总统和副总统的法定人选，任期 5 年。总统兼任武装部队总司令。联邦经费基本上由阿布扎比和迪拜两个酋长国承担。

2．经济情况

阿联酋是阿拉伯世界里仅次于沙特阿拉伯的第二大经济体，多元化基础上的经济发展相当成功（主要是迪拜领头、阿布扎比紧跟的地产、旅游、会展等行业）。但实际上阿联酋的经济仍然严重依赖于阿布扎比的油气出口。

为了减少对油气产业的过度依赖，阿联酋政府实行多元化发展战略，首先是在油气产业基础上向下游发展，建立石化工业。注意利用天然气资源，发展水泥、炼铝、塑料制品、建筑材料、服装、食品加工等工业，重视发展农、牧、渔业。近年来，阿联酋大力发展以信息技术为核心的知识经济和可再生能源研发。

（三）外交政策与地缘关系

阿拉伯联合酋长国奉行温和、平衡、睦邻友好和不结盟的外交政策，主张通过和平协商解决争端，维护世界和平，致力于加强海湾合作委员会国家间的团结与合作，反对外来势力在海湾地区的争夺和扩张，强调海湾航道的通行自由必须得到保障。在加强同美国等西方国家关系的同时，重视发展与阿拉伯、伊斯兰、不结盟等第三世界国家的关系。近年来，推行"东向"政策，发展与中国、日本等亚洲国家的关系。阿联酋目前已同 183 个国家建立了外交关系。

1．与周边国家的关系

阿联酋北面临海，邻国不多。阿联酋和伊朗存在明显的竞争甚至一定的敌对关系，和其他国家都是友好合作关系。

沙特。沙特是阿联酋的南部邻国，是海合会六国之首，可谓阿联酋的"大后方"和"老大哥"，目前，双边贸易额超 70 亿美元，沙特是阿联酋在海合会内的第一大贸易伙伴。

阿曼。阿曼是阿联酋的东部邻国。两国接壤地带总长 1 000 km，交错复杂。阿曼国土被阿联酋分为上下不相连的两部分。两国历史上交流频繁，阿曼的统治者与阿布扎比、拉斯海马、沙迦的统治者既有矛盾冲突的一面，也有联合抵御外侮的经历。两国边贸繁荣，贸易额约 20 亿美元。两国在边界、安全等问题上曾有小摩擦，但不影响双边关系大局。

卡塔尔。卡塔尔是阿联酋的西部邻国，隔海相望，两国关系友好。扎耶德总统提议创立联邦之初，曾希望卡塔尔作为一个酋长国加入联邦。但由于伊朗、美国等外部因素，卡塔尔于 1971 年 9 月独立建国。政治上，两国在利比亚问题、埃及问题和叙利亚问题上存在分歧，经济上，两国联系紧密，2011 年双边贸易额达 22 亿美元。双方合作的标志性工程是总耗资达 70 亿美元的"海豚"天然气工程。这是海合会内部最大的跨国天然气开发和传输工程。另外，卡塔尔是整个中东地区城市经营仅次于迪拜的明星城市。迪拜、卡塔尔、阿布扎比三城争当海湾地区的金融中心，给两国、三方之间的关系增添了微妙的竞争因素。

伊朗。阿联酋与伊朗隔波斯湾相望，两国在一些重要政治、安全问题上存在分歧甚至冲突，阿联酋向来视伊朗为最大威胁。一是两国之间存在领土争端。二是伊核问题。阿联酋是小国，伊朗核研发构成阿联酋近在咫尺的"致命威胁"。此外，伊朗的首座布什尔核电站建在波斯湾沿岸，阿联酋十分担心核泄漏事故污染整个波斯湾地区。

2．与中国的关系

阿联酋是我国在阿拉伯世界最大出口市场和第二大贸易伙伴。近 10 年来，中阿双边贸易年均保持 10%以上的增长。中国出口主要是机电、高新技术、纺织和轻工产品，进口产品主要是液化石油气、原油、成品油、铝及铝制品等。

二、核能发展历史与现状

阿联酋是重要的石油生产输出国，产业高度依赖于石油和天然气。2003 年以来，阿联酋经济加速发展，出现了内部基础设施建设及产业对本土电力、水资源需求的井喷。另外，阿联酋工业化发展加大了电力需求。

阿联酋政府大力支持核能建设，相关法规和管理制度健全。阿联酋的核能计划自 2008 年启动，2009 年正式与韩国建立技术合作关系，巴拉卡核电站（Barakah nuclear power plants）于 2012 年开工，该核电项目建设未受到 2011 年日本福岛核电站事故的影响。从目前情况来看，阿联酋的核电计划推进平稳，阿联酋政府对核电建设的态度比较坚定。根据阿联酋的经济发展规划，未来还会建设更多的核电站。

阿联酋的核能计划萌芽于 2006 年 12 月，包括阿联酋、科威特、沙特、巴林、卡塔尔和阿曼在内的海合会六国宣布将共同开展和平利用原子能的计划。随即，法国和伊朗表示愿意与其合作。

阿联酋于 2008 年发表和平利用核能政策白皮书，阐述了未来和平利用核能计划的有关政策。2009 年 12 月，阿联酋的阿布扎比酋长国国有的阿联酋核能公司（Emirate Nuclear Energy Corporation，ENEC）成立。与此同时，阿联酋核能公司宣布与韩国电力公司（Korean Electric Power Corporation，KEPCO）牵头的技术工程合作联盟合作，采用韩国电力公司主推的 APR-1400 堆型（Advanced Pressure Reactor，即韩国先进压水堆。）[①]，建设位于阿布扎比西部海岸巴拉卡的四个核电机组。当时，阿联酋希望未来电力的 25% 由核电提供，这意味着该国将要建设 6 座以上的核电机组。

巴拉卡核电机组计划到 2020 年建成 4 座核反应堆并投入使用。总投资规模达到 200 亿美元，最终韩国电力公司得到了该笔订单。

巴拉卡核电站计划建设 4 个反应堆机组，每个机组功率 1 400 MW，总计装机容量 5 600 MW，规模略小于我国的岭澳核电站。巴拉卡核电站于 2011 年 3 月 14 日举行开工典礼，时任韩国总统李明博出席。4 天前发生的日本大地震引起的福岛核电站事故并没有对项目推进造成影响。

与此同时，阿联酋已着手解决未来核电站所需核燃料的供给问题。2011—2012 年，阿联酋核能公司开展了一系列谈判，签订了大量合同。其中，法国核电巨头阿海珐（Areva）和俄罗斯核燃料及核废料处理公司（Techsnabexport，Tenex）和阿联酋核能公司签署了循环燃料合同，向阿联酋核能公司提供从燃料供应到转化再到铀浓缩的整套服务。另外，加拿大

---

① 当时竞标的还有通用电气-日立联合体和法国的阿海珐公司。

矿企 Uranium One 和英澳矿企力拓将提供天然铀，美国 ConverDyn 公司提供铀转换服务，英国 Urenco 公司负责铀浓缩，韩国电力公司将英国的浓缩铀转换为核燃料。阿联酋本国在境内不发展和建造铀浓缩及乏燃料后处理设施，不从事铀浓缩活动和核废料加工处理。

截至 2018 年 4 月，巴拉卡核电站 4 号反应堆外壳穹顶完工，该机组完工率已达 67%。这预示着 4 号机组及整个核电站建设已取得重大进展，下一阶段主要任务将从建设阶段过渡至测试和调试阶段。目前，核电站 1-4 号机组总体完工率已超过 87%。1 号机组预计于 2020 年启动。

三、国家核安全监管体系

阿联酋的核能发展部门主体是阿布扎比酋长国政府投资的阿联酋核能公司（ENEC）。2009 年 12 月 23 日作为阿布扎比酋长国国有公司组建成立，负责阿联酋境内的核能项目。

（一）核能发展部门

阿联酋核能的发展和运营是一体化机构，由阿联酋核能公司（ENEC）负责境内所有核能工厂的部署、经营和管理，其组织结构和标志见图 9-2。

图 9-2　阿联酋核能公司的组织结构

阿联酋核能公司的职能包括：

①签约建造、运行核电站。

②与阿布扎比和联邦政府一同确保民用核能项目与阿联酋国家的基础设施规划相一致（基础设施规划包括市政发展、公路、公用事业、电信项目等）。

③为核能项目准备人力资源，与哈里发大学（Khalifa University）、应用技术学院（Institute of Applied Technology）等共同培养人才。

④通过公共沟通及教育使得阿联酋居民理解核能计划。

（二）核安全监管政策

阿联酋的核安全监管主要由联邦核监管局（Federal Authority for Nuclear Regulation，FANR）负责。该机构是 2009 年 9 月成立的，依照阿联酋总统、阿布扎比酋长哈里法签署的 2009 年联邦第 6 号法令《关于和平利用核能》成立。该机构负责监管及授权阿联酋境内的所有核能活动以及和原子能有关系的活动——包括医用放射源、研究机构的放射性物质、石油钻探需要涉及的放射性物质等，首要任务是保护公共安全。

除联邦核监管局之外，由于阿联酋核能公司的股东是阿布扎比酋长国，且巴拉卡项目位于阿布扎比境内，所以阿布扎比环境署（Environmental Agency- Abu Dhabi，EAD）也承担监管职能。该机构的主要任务是确保在整个建设和施工过程中阿布扎比当地及其海域地区能够保持长期可持续发展。EAD 和 FANR 还要协调一致，在非核性质的环境影响评估工作方面进行评估。

（三）核安全监管部门

1. 联邦核监管局

阿联酋的主要核安全监管部门是联邦核监管局，其组织结构见图 9-3。该机构负责监管及授权阿联酋境内的所有核能活动以及和原子能有关系的活动——包括医用放射源、研究机构的放射性物质、石油钻探需要涉及的放射性物质等，首要任务是保护公共安全。

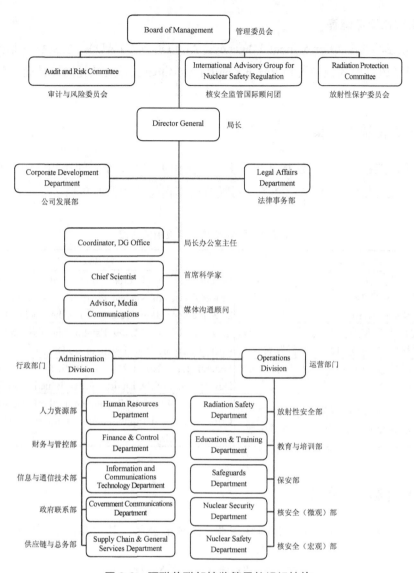

图 9-3 阿联酋联邦核监管局的组织结构

FANR 的现任局长为瑞典人克里斯特·维克托森（Christer Viktorsson），自 2008 年该局成立以来一直任局长。管理委员会主席为阿卜杜拉·那萨尔·艾尔苏瓦迪（Abdulla Nasser Al Suwaidi），副主席为哈玛德·阿里·艾尔卡比（Hamad Ali Al Kaabi），此人为阿联酋派驻国际原子能机构的大使。此外还包括阿布扎比环境署的署长瑞赞·卡里发·阿尔穆巴卡（Razan Khalifa Al Mubarak）女士等多名阿联酋知名人士。

FANR 自成立之日起就和美国核管制委员会进行了深度合作。2015 年 9 月，FANR 又和美国核管制委员会签署了新的五年协议，该协议确保双方交换技术信息，在能源安全研究方面进行协作，确保 FANR 员工和美国核管理委员会的员工一起进行专业训练。

2. 阿布扎比环境署

阿布扎比环境署（Enrionmental Agency，Abu Dhabi，EAD），主要负责非核方面的环境监督工作。该机构的领导人是 Razan Khalifa Al Mubarak 女士，是阿联酋著名的环境保护活动家。

（四）立法监管框架

阿联酋核能领域的相关法律法规不多，直接相关的有两个、间接相关的有两个，其余为 FANR 的监管规定，目前有 22 条。阿联酋核能相关法律见表 9-1。

表 9-1　阿联酋核能领域相关法律

法律中文名	法律英文名
2009 年第 6 号联邦法律《关于和平利用核能的法律》，2009 年 9 月 24 日生效。通常简称阿联酋核法律（Nuclear Law）	Federal Law by Decree No.（6）of 2009 Concerning the Peaceful Uses of Nuclear Energy，which came into effect on 24 September 2009（referred to as the Nuclear Law）
2009 年第 21 号联邦法律《关于建立阿联酋核能公司的法律》，2009 年 12 月 20 日发布	Law No.（21）of 2009 Establishing the Emirates Nuclear Energy Corporation，issued on 20 December 2009
1999 年第 24 号联邦法律《环境保护与发展法》，1999 年 10 月 17 日发布	Federal Law No.（24）of 1999 for the Protection and Development of the Environment，issued 17 October 1999
2007 年第 14 号联邦法律《关于建立国家关键基础设施局的法律》，2007 年 5 月 27 日生效	Law No.（14）of 2007 Concerning the Establishment of the Critical National Infrastructure Authority，which came into force on 27 May 2007

（五）主要核电公司

阿联酋核能公司（ENEC）是阿联酋唯一的核能公司，其主要核电项目如表 9-2。

表 9-2　当前阿联酋核能公司的项目

反应堆	类型	净输出功率/MWe	状态	业主	反应堆供货商	启动建设日期	计划竣工日期	计划并网日期	启动商用日期
BARAKAH-1 巴拉卡 1 号	压水堆	1 345	建设中	阿联酋核能公司	韩国电力公司	2012/7/18	2016/10/2	2016/11/2	2017/6/2
BARAKAH-2 巴拉卡 2 号	压水堆	1 345	建设中	阿联酋核能公司	韩国电力公司	2013/5/28	2017/10/2	2017/11/2	2018
BARAKAH-3 巴拉卡 3 号	压水堆	1 345	建设中	阿联酋核能公司	韩国电力公司	2014/9/24	2018/10/1	2018/11/1	2019
BARAKAH-4 巴拉卡 4 号	压水堆	1 345	建设中	阿联酋核能公司	韩国电力公司	2015/9/24	2019	2019	2020

四、核安全与核能国际合作

（一）与中国的核安全与核能国际合作

中阿自 1984 年建交以来，两国友好合作关系发展顺利。特别是近年来，中阿关系呈现全面、快速发展势头。两国高层互访和各级别往来不断，在国际和地区事务中相互支持与配合。

2012 年 1 月，时任国务院总理温家宝对阿联酋进行正式访问，中阿建立战略伙伴关系。3 月，阿联酋阿布扎比王储穆罕默德访华。2013 年 3 月，阿联酋联邦国民议会议长莫尔访华。2015 年 1 月，外交部部长王毅访阿。12 月，阿布扎比王储穆罕默德访华。2016 年 11 月，习近平主席特使、中共中央政治局委员、中央政法委书记孟建柱访阿。2017 年 4 月，中共中央政治局委员、中央统战部部长孙春兰访阿。5 月，外交部部长王毅同阿联酋外交与国际合作部部长阿卜杜拉在北京主持召开两国政府间合作委员会首次会议。

2018 年 5 月，生态环境部副部长、国家核安全局局长刘华在出席国际原子能机构《乏燃料管理安全与放射性废物管理联合公约》第六次审议大会期间会见了阿联酋联邦核监管局副主席哈马德·阿尔卡比先生。刘华副部长向哈马德·阿尔卡比副主席介绍了中国政府机构改革后生态环境部的职能变化，同时也介绍了《核安全法》实施以来对中国核安全监管活动产生的影响。刘华副部长与哈马德·阿尔卡比副主席就进一步加强核安全监管合作达成共识，并签署了《中国国家核安全局和阿联酋核监管局核安全合作备忘录》。在该备忘录框架下，两国核安全监管当局将在信息交流、人员培训、监督员交流等方面开展具体的合作交流活动。环境保护部核与辐射安全中心作为技术支持单位，将在中国与阿联酋的合作中发挥更积极的作用。

2018 年 7 月 18 日，在对阿拉伯联合酋长国进行国事访问前夕，国家主席习近平在阿联酋《联邦报》《国民报》发表题为《携手前行，共创未来》的署名文章。应阿拉伯联合酋长国总统哈利法邀请，中华人民共和国国家主席习近平于 2018 年 7 月 19 日—21 日对阿拉伯联合酋长国进行国事访问，访问期间，两国元首共同发布了中华人民共和国和阿拉伯联合酋长国关于建立全面战略伙伴关系的联合声明。声明指出，两国于 2012 年建立战略伙伴关系后，双边关系全面、快速发展，政治互信不断加强，经贸、能源等领域合作持续拓展，传统友谊日益加深。基于两国传统友好关系和两国元首深化各领域合作、开创两国美好未来的共同愿望，两国元首一致决定，进一步提升双边关系水平，建立全面战略伙伴关系。此举有利于巩固和深化各领域合作，促进共同发展和繁荣，符合两国友好和两国人民共同利益。声明还强调两国在和平利用核能领域加强合作。

（二）与其他国家的核安全与核能国际合作

阿联酋的国际核能合作对象主要是韩国。这一合作源自韩国较早介入海湾地区基础设施建设以及 2009 年 12 月时任韩国总统李明博的旋风首脑外交。

在核燃料尤其是核燃料处理方面，阿联酋主要与俄罗斯、法国合作，另外通过韩国与英国、美国公司合作。

同时，阿联酋核联邦监管局（FANR）主要与美国核管制委员会（NRC）开展核安全合作，且在人才、技术方面高度依赖于美国，而阿联酋核能公司的核安全审查委员会也在一定意义上依赖于美国核管制委员会。

五、核能重点关注事项及改进

2011 年 3 月的福岛核事故对于阿联酋核项目的推进没有影响。阿联酋石油部部长哈利姆在"夏季达沃斯 2011 年新领军者年会"关于"福岛之后的能源安全"分会上表示，阿联酋不会因为日本福岛事故而改变核电计划，但将会更加注意核安全，从长期来看，阿联酋不会放弃核电发展。

2011 年 7 月 4 日，FANR 要求 ENEC 就自从福岛核电站事故以来所总结到的经验和教训进行分析评估，以探讨如何将经验教训应用于巴拉卡核电站所面临的潜在安全问题。ENEC 于 2011 年 12 月 30 日提交名为《巴拉卡核电厂安全评估报告》的最初版本，之后的修改版于 2015 年 3 月提交。根据 FANR 的指导，该报告主要致力于以下几大问题：

①突发事件：包括但不仅限于地震、洪水、火灾、爆炸、沙尘暴和石油泄漏。

②安全设施功能性故障引起的损失：包括但不仅限于停电、最终热阱水坑损失以及全厂断电引起的最终热阱水坑损失。

③严重事故管理：包括但不仅限于严重事故仪器和信息系统的设计特点，增加工厂稳健型所需要的设备以及重大问题管理指南。

④安全改进提案。

福岛核事故之后，FANR 曾专门就改进规章制度进行过研究调查。按照阿联酋相关政策规定，FANR 的许多安全政策是基于 IAEA 相关安全需求之上的。FANR 积极参与 IAEA 核能安全标准委员会相关会议以及小组工作，以不断对其安全管理框架进行维护和更新。

第十章 英国

The United Kingdom of Great Britain and Northern Ireland

一、概述

英国，全称大不列颠及北爱尔兰联合王国（The United Kingdom of Great Britain and Northern Ireland），本土位于欧洲大陆西北面的不列颠群岛，被北海、英吉利海峡、凯尔特海、爱尔兰海和大西洋包围。英国是由大不列颠岛上的英格兰、威尔士和苏格兰，爱尔兰岛东北部的北爱尔兰以及一系列附属岛屿共同组成的一个西欧岛国，国土面积为 24.41 万 km^2（包括内陆水域）。除本土之外，还拥有 14 个海外领地。总人口 6 605 万（2017 年），以英格兰人（盎格鲁-撒克逊人）为主体民族。官方语言为英语，威尔士北部还使用威尔士语，苏格兰西北高地及北爱尔兰部分地区仍使用盖尔语，居民多信奉基督教新教。英国位于板块的内部，地壳相对稳定，不易发生严重地震和海啸，属海洋性温带阔叶林气候，通常最高气温不超过 32℃，最低气温不低于–10℃。首都伦敦位于英格兰，货币为英镑。

公元 829 年英格兰统一，史称"盎格鲁-撒克逊时代"。1066 年诺曼底公爵威廉渡海征服英格兰，建立诺曼底王朝。1536 年英格兰与威尔士合并。1640 年爆发资产阶级革命，1649 年 5 月 19 日宣布为共和国。1660 年王朝复辟。1688 年发生"光荣革命"，确定了君主立宪制。1707 年英格兰与苏格兰合并，1801 年又与爱尔兰合并。18 世纪 60 年代至 19 世纪 30 年代成为世界上第一个完成工业革命的国家。1914 年占有的殖民地比本土大 111 倍，是第一殖民大国，自称"日不落帝国"。1921 年爱尔兰南部 26 郡成立"自由邦"，北部 6 郡仍归英国。第一次世界大战后英国开始衰落，其世界霸权地位逐渐被美国取代。第二次世界大战严重削弱了英国的经济实力。随着 1947 年印度和巴基斯坦相继独立，英国殖民体系开始瓦解，但英国仍是英联邦 53 个成员国的盟主。目前，英国在海外仍有 13 块领地。1973 年 1 月加入欧共体。2016 年 6 月，英国举行英欧关系公投，脱欧派获 51.9% 支持率，英国在加入欧盟 43 年后决定脱离欧盟。2016 年 7 月，特雷莎·梅接任保守党新领袖，成为继撒切尔夫人后英国历史上第二位女首相。2017 年 6 月，英国提前举行大选，特雷莎·梅组建新政府并连任首相。

英国宪法不是一个独立的文件，而是由成文法、习惯法、惯例组成。政体为君主立宪制。君主是国家元首、最高司法长官、武装部队总司令和英国国教圣公会的"最高领袖"，现任女王伊丽莎白二世（Queen Elizabeth II），1926 年 4 月出生，1952 年 2 月即位，1953 年 6 月加冕。议会为最高立法机构，由君主、上院（贵族院）和下院（平民院）组成。英国政府实行内阁制。由君主任命在议会中占多数席位的政党领袖出任首相并组阁，向议会负责。英国主要政党有保守党（Conservative Party，议会第一大党）、工党（Labour Party，议会第二大党）、苏格兰民族党（Scottish National Party）、自由民主党（Liberal Democrat Party）、威尔士民族党（Plaid Cymru）、绿党（Green Party）、英国独立党（UK Independence Party）、英国国家党（British National Party）等。

二、核能发展历史与现状

（一）核能发展历史

英国核工业起源于 20 世纪 50 年代，有 60 多年的发展历史。英国拥有世界上第一座商用核电站，在 20 世纪六七十年代曾经是世界核电大国，主打堆型是气冷堆。由于英国在核能发展上实行国家所有制，国内公众对原子能安全问题较为关注，加之 1971 年英国在北海发现了大型油田，能源短缺状况得到极大缓解，对核电需求不再迫切等因素，20 世纪 80 年代之后英国核电发展长期处于停滞状态。但是，英国是一个具有悠久核电传统的国家，核电为其提供了大约 1/5 的电力供应，2000 年以后，英国在运的大量气冷核电站逐渐面临退役，在能源需求和应对气候变化的压力下，英国逐渐选择了与德国不同的核电发展道路。

2000 年，为了确定符合英国长远需要的能源战略和目标，英国开始就如何平衡未来的能源需求，以及核能工业在实现环保和能源安全目标中起到的作用进行评估研究。对核能的判断是没有明确的新建计划，但是出于其低碳能源的特性，也并不排除未来的发展可能。2003 年 1 月，英国政府发布了《能源白皮书》，宣布在今后几十年的能源政策将是优先发展清洁、可再生能源，减少石油、煤炭和天然气等化石燃料和核能的使用。风能、潮汐能等可再生清洁能源将成为未来 20 年内的发展重点。白皮书还指出，虽然核能是目前一种重要的清洁能源，但考虑到核能的经济性及核废料问题，未来并不明朗，政府将不支持建造新的核电站。

核能的未来明晰起来，英国通过了《气候变化法案》，根据这一法案，规定了能源发展的长期目标：到 2050 年，英国温室气体排放量需要在 1990 年的基础上减少 80%。同年，英国政府发布了《核能白皮书》，在这份当时提交给议会的白皮书中，时任英国首相布朗在序言中写道："为了应对气候变化的挑战，我们需要在生活和产生、消耗能源的各个方面都减少碳排放"，这也是如今政府将核能纳入未来发电计划的原因。该白皮书认为核能具有"低碳、可靠、廉价、安全和多样性"的特点，让能源公司投资建设新的核电站是符合公众利益的。这份《核能白皮书》的发布，意味着英国将开启新一批核电的建设。

2009 年年底，英国政府公布了庞大的核电站发展计划，希望在英格兰和威尔士地区兴建 10 座新核电站，以取代因老化问题将于 2020 年前后退役的 10 座现有的核电站。计划中第一座核电站有望在 2018 年投产，其余 9 座核电站将在 2025 年之前陆续完工，届时英国 40%的电力供应将来自核能。

（二）核电发展现状

1. 国家能源现状、战略与政策

英国能源资源丰富，主要有煤、石油、天然气、核能和水力资源，能源产业在经济中占有重要地位。近年来，英国政府强调提高能源利用效率和发展可再生能源，确立了建设"低碳经济"的目标。2017 年，英国核能发电量占总发电量的 21%，天然气发电量占总发电量的 40%，煤炭发电量占总发电量的比例为 7%（比重大幅下降是由于煤炭价格成倍增涨），石油发电量占比 3%，风能、太阳能发电量占比 18%，水能发电量占比 2%，其他可再生能源发电量占比 9%（图 10-1）。

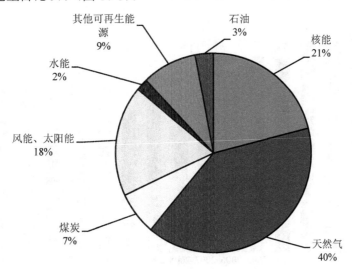

图 10-1　2017 年英国能源结构

2009 年 7 月，英国制定了一份国家战略方案——《英国低碳转型计划》，计划到 2020 年将碳排放量在 1990 年基础上减少 34%。这是英国应对气候变化最系统的政府白皮书。为实现低碳转型计划，英国将会进一步淘汰煤炭发电，大力发展可再生能源和天然气，保持核能发展，届时英国 40%的电力供应必须源自风能、核能和其他低碳能源（图 10-2）。

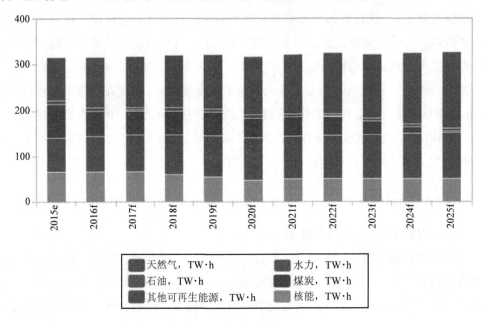

图 10-2　英国 2015—2025 年能源结构预测

2000—2017 年英国核能发电量变化情况如图 10-3 所示。

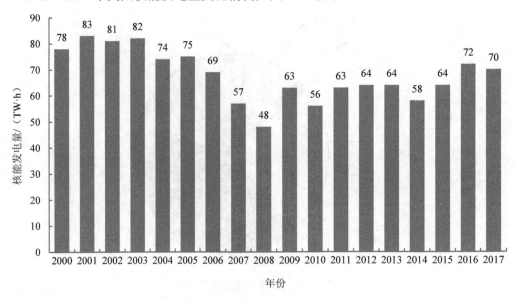

图 10-3　2000—2017 年英国核能发电量

2．核电发展现状及动态

自 20 世纪 50 年代起，英国就开始使用核电，卡得豪尔（Calderhall）核电站是世界上第一座商用核电站。英国现有 15 座正在运行的民用反应堆，包括 14 座先进气冷堆和 1 座压水堆，总装机容量 8 883 MW，核电占总发电量 21%，另外还有 30 座已永久退役的核反应堆。这些核电机组大部分建于 20 世纪七八十年代，1988 年以后英国未新建核电站。到 2035 年，英国目前运营的所有机组都将退役，所退役的机组也将被新规划的核电机组所替代。英国在运机组详情如表 10-1 所示。

表 10-1　2017 年英国在运核电机组情况统计

2017 年运营机组	类型	功率/MWe	预计退役时间
Dungeness B 1&2	AGR	2 × 520	2028 年
Hartlepool 1&2	AGR	595 585	2024 年
Heysham Ⅰ 1&2	AGR	580 575	2024 年
Heysham Ⅱ 1&2	AGR	2 × 610	2030 年
Hinkley Point B 1&2	AGR	475 470	2023 年
Hunterston B 1&2	AGR	475 485	2023 年
Torness 1&2	AGR	590 595	2030 年
Sizewell B	PWR	1 198	2035 年
总计：15 台		8 883	

（三）英国拟建核电项目

日本福岛核事故发生后，英国政府经过评估认为，英国的核电计划不存在像福岛核电站那样的问题，进而决定将继续发展核电，并于 2011 年 6 月公布了下一代核电站建设计划，预计在 2025 年之前再建 8 座核电站。在国会于 2011 年 7 月批准的国家核政策声明中，明确了适于在 2025 年年底之前建设新核电站的 8 个厂址，并引入旨在允许加速电站建设的规划改革。这 8 个厂址是欣克利角（Hinkley Point）、奥德伯里（Oldbury）、塞拉菲尔德（Sellafield）、塞兹韦尔（Sizewell）、威尔法（Wylfa）、布拉德韦尔（Bradwell）、哈特尔普尔（Hartlepool）和希舍姆（Heysham）。

2012 年 11 月 26 日，ONR 向法国电力公司，英国能源（EDF Energy）发放了在欣克利角 C 建设核电站的厂址许可证，这是英国近 25 年来首次颁发核电厂址许可证。根据英国政府 2011 年 7 月 18 日发布的国家核能政策声明（NNPS），在最初提交申请的 11 个核电厂址中，有 8 个被选中获批，将成为新的核电项目的备选厂址。某种程度上，这也是未来一段时间英国在新建核电站领域的全部市场。据熟悉英国核电的业内人士介绍，在这 8 个获批厂址中，每个厂址将建造 2～3 台核电机组。而所有被批准的 8 个厂址，都是之前已经建成了核电站的厂址。

这 8 个厂址中，英国能源（EDF Energy）拥有其中的 5 个，分别是欣克利角 C、赛兹韦尔、布拉德韦尔 B、哈特尔普尔和希舍姆。

另外 3 个厂址为英国核退役管理局（Nuclear Decommissioning Authority，NDA）所有，这 3 个厂址中，地平线核电公司（Horizon Nuclear Power）拥有其中两个厂址的投资权，分别是威尔法项目（Wyfla）和奥尔德伯里项目（Oldbury），Nu Generation（法国、西班牙同英国 SSE 合资）拥有另一个项目的投资权，即塞拉菲尔德附近的摩尔塞德核电站（Mooriside）。

未来英国计划兴建的核电厂情况统计见表 10-2。

表 10-2　未来英国核电兴建计划统计

建设方	厂址		型号	容量/MWe	开始建设时间	预估商运时间
英国能源 （EDF Energy）	Hinkley Point C-1		EPR	1 670	2019 年	2026 年
	Hinkley Point C-2		EPR	1 670	2020 年	2027 年
	Sizewell C-1		EPR	1 670		
	Sizewell C-2		EPR	1 670		
地平线核电公司 （Horizon Nuclear Power）	Wylfa Newydd 1		ABWR	1 380	2019 年	2025 年
	Wylfa Newydd 2		ABWR	1 380	2019 年	2025 年
	Oldbury B-1		ABWR	1 380		2020 年后
	Oldbury B-2		ABWR	1 380		2020 年后
Nu Generation	Moorside 1		AP1000/APR1400	1 135/1 520	取决于反应堆类型	2025 年后
	Moorside 2		AP1000/APR1400	1 135/1 520		2026 年
	Moorside 3		AP1000	1 135		2027 年
中国广核集团有限公司（CGN）	Bradwell B-1		HPR1000	1 150	2022 年	
	Bradwell B-2		HPR1000	1 150	2023 年	
总计	13 机组			17 900		
通用日立 （GE Hitachi）	Sellafield	Cumbria	2 × PRISM	2 × 311		
加拿大坎度能源公司 （Candu Energy）	Sellafield	Cumbria	2 × Candu EC6	2 × 740		

目前英国运营机组、拟建机组及其他受监管的核项目厂址分布如图 10-4 所示。

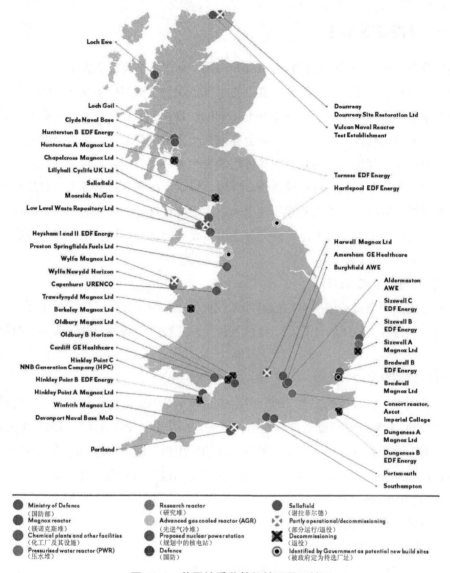

Loch Ewe

Loch Goil
Clyde Naval Base
Hunterston B EDF Energy
Hunterston A Magnox Ltd
Chapelcross Magnox Ltd
Lillyhall Cyclife UK Ltd
Sellafield
Moorside NuGen
Low Level Waste Repository Ltd

Heysham I and II EDF Energy
Preston Springfields Fuels Ltd
Wylfa Magnox Ltd
Wylfa Newydd Horizon
Capenhurst URENCO
Trawsfynydd Magnox Ltd
Berkeley Magnox Ltd
Oldbury Magnox Ltd
Oldbury B Horizon
Cardiff GE Healthcare
Hinkley Point C
NNB Generation Company (HPC)
Hinkley Point B EDF Energy
Hinkley Point A Magnox Ltd
Winfrith Magnox Ltd
Devonport Naval Base MoD

Portland

Dounreay
Dounreay Site Restoration Ltd
Vulcan Naval Reactor
Test Establishment

Torness EDF Energy
Hartlepool EDF Energy

Harwell Magnox Ltd
Amersham GE Healthcare
Burghfield AWE
Aldermaston
AWE
Sizewell C
EDF Energy
Sizewell B
EDF Energy
Sizewell A
Magnox Ltd
Bradwell B
EDF Energy
Bradwell
Magnox Ltd
Consort reactor,
Ascot
Imperial College
Dungeness A
Magnox Ltd
Dungeness B
EDF Energy
Portsmouth
Southampton

Ministry of Defence
（国防部）
Magnox reactor
（镁诺克斯堆）
Chemical plants and other facilities
（化工厂及其设施）
Pressurised water reactor (PWR)
（压水堆）

Research reactor
（研究堆）
Advanced gas cooled reactor (AGR)
（先进气冷堆）
Proposed nuclear power station
（规划中的核电站）
Defence
（国防）

Sellafield
（谢拉菲尔德）
Partly operational/decommissioning
（部分运行/退役）
Decommissioning
（退役）
Identified by Government as potential new build sites
（被政府定为待选厂址）

图 10-4 英国接受监管的核项目厂址

三、国家核安全监管体系

英国是国际原子能机构（IAEA）的创始国，其核监管体系遵循 IAEA 有关核安全
（Nuclear Safety）、核安保（Nuclear Security）、核保障（Nuclear Safeguards）的标准和要求。
英国按照 IAEA 对其开展的三次综合监管评估服务（IRRS）提出的意见，改进和提高了英
国的核监管法规体系和监管框架。

（一）核能发展部门

英国政府核安全管理的最高权力机关是内阁。英国贸易与工业大臣对英国境内核设施的安全向议会负责，还负责协调英国境内的核应急计划及英国核安全领域的国际事务。英国健康与安全执行局（Health and Safety Executive，HSE）负责向贸易与工业大臣提供有关英国核安全事务的咨询意见，听取核安全咨询委员会的咨询意见。英国交通大臣对英国境内的核材料的安全运输向议会负责，具体运输安全由环境、运输与地区部负责；北爱尔兰国务大臣对北爱尔兰的核材料运输负责。英国环境、食品和乡村事务大臣对放射性物质的排放、处置以及放射性物质的贮存和使用（适用于实行许可证管理的单位、军用核设施除外）向议会负责。英国国防大臣向议会对运用核设施的安全问题负责。相关政府各职能部门及职责如下：

1. **贸易与工业部（DTI）**

贸易与工业部负责英国所有与贸易和工业相关的事宜。鼓励、促进技术创新、提高工业竞争力、制订各类技术转让计划、提供各种信息、技术服务等，共同致力于对核技术的应用。

2. **国防部（MOD）**

负责英国军用核设施的安全。部分军用核设施也是由英国健康与安全执行局发放许可证实行监管的。对实行许可证管理的军用核设施，英国健康与安全执行局向国防大臣负责，而不是对贸工大臣负责而已。对非许可证管理的军用核设施，实施自愿遵守英国环境署的管理体系，标准应不低于民用标准，必要时接受英国健康与安全执行局检查。

3. **交通部（DFT）**

负责放射性材料运输对环境的影响、运输安全等方面。

4. **卫生部（DOH）**

制定和实施公众辐射防护相关的各类政策法规及相关国际事务（核安全国际事务由英国健康与安全执行局负责）。

5. **国际发展部（DFID）**

负责规划、组织区域性援助计划，提高技术发展与研究水平，包括核安全水平。

6. **英国环境、食品和乡村事务部（DEFTR）**

主管范围包括英国环境署（EA）和苏格兰环境署（SEPA），负责英国放射性废物政策和法规的制定，环境的放射性管理和放射性废物管理技术的研究及海外核事故。海外核事故也由 DEFTER 负责协调领导。

7. **北爱尔兰环境和遗产局**

对实施许可证管理的单位，放射性物质的贮存和使用由英国健康与安全执行局负责。

北爱尔兰的放射性物质的贮存和使用、放射性废物的排放和处置由北爱尔兰环境和遗产局负责。

8. 环境署（EA 和 SEPA）

具体日常放射性物质的控制工作由英国环境署 EA（英格兰和威尔士）和苏格兰环境署（SEPA）（苏格兰）负责实施（目前北爱尔兰境内还没有核设施）。环境署的主管部门为环境、食品和乡村事务部，威尔士议会、苏格兰议会分别是放射性物质的安全贮存和使用、放射性物质排放和处置的责任部门。环境署向英国环境、食品和乡村事务大臣负责。（当发生核事故时，通常由一个部门负责协调各部门的工作，这个部门通常是对议会负责的一个管理部门。）

其中 EA 依据环境法令（1995）成立于 1996 年 4 月，在核工业方面，负责管理英格兰区域内的环境事务。同时 EA 负责 GDA 中的环境相关内容、环境许可（包括废物排放、放射性物质处理、取排水等）的审批。

9. 能源与气候变化部（DECC）/商业、能源和工业战略部（BEIS）

2008 年英国政府成立了能源与气候变化部（DECC），其接管了原英国商业、企业和管理改革部的能源相关工作以及英国环境、食品和乡村事务部的气候变化相关工作，负责统筹能源发展与环境变化之间的协调。DECC 是英国能源发展政策的主要制定者，也是核电项目的主要推动者和审批者。DECC 负责核电新技术路正当性评估、开发许可、退役资金计划的审批。

2016 年 7 月 14 日，在英国脱欧后，新首相特蕾莎·梅对机构进行了改革，将 DECC 和商业、创新和技能部（BIS）进行了合并，组成了新的商业、能源和工业战略部（BEIS），DECC 原有的职能绝大部分保留到了 BEIS。

10. 核能发展办公室（OND）

OND 成立于 2008 年 9 月，向 DECC 负责，但属于介于政府和核工业之间的组织，由公务员和从私人部门借调的律师和行业专家等组成，其主要职责在于排除投资新核电项目的潜在障碍，清楚地向行业传达政府推动新核电项目建设的诚恳意图，其主要通过以下几方面来促进对新核电项目的投资：使得核电开发商顺利完成核电厂建设并尽早进入运营；确保投入全力贡献的核能项目已扫除不必要的障碍，创建和维护英国成为全球范围内最好的核电市场，使英国公司最大限度地利用英国和全球范围内的核电项目经验，联合核工业和其他行业一起开展工作以满足新的核领域技能要求并开发具有全球性竞争力的英国供应链。

11. 核能退役管理署（NDA）

DNA 由商业、能源和工业战略部（BEIS）资助并向其负责，其职责为根据许可证持有单位的要求进行场址全寿期内和近期内的退役管理和运行工作。负责整个英国的旧核设施的退役，并设有低放废物处置场。退役由持有 NDA 授予许可证的公司完成，这些企业通常组成核工程公司联合体，共同负责现场管理，以最低的成本开展业务，同时保持较低的环境影响。

12. 英国原子能局（UKAEA）

UKAEA 成立于 1954 年，初始负责整个英国的核工业项目，包括民用核军用，并为核厂址制定政策。UKAEA 是核能（裂变）开发利用的先驱，也对核技术的和平发展进行监管和开展科学研究。但 20 世纪 70 年代早期以后，其职能逐渐退化并由其他政府部门和私人机构替代，UKAEA 本身则转向了核裂变技术等未来能源技术的开发和研究。UKAEA 现属于商业、创新与技能部（BIS）。

（二）核能发展政策和规划

1. 政策和规划背景

20 世纪 90 年代以前，英国政府试图发展以 Sizewell B 反应堆为首的压水堆群，但该计划在 20 世纪 90 年代被放弃。此后，核能几乎被放弃，直到 2006 年在对新的能源政策审查中，核能才被重新提上议程。这一过程中，低碳目标和欧盟碳排放交易体系为主要的推力。进一步的事实是，2025 年以前超过 40% 的英国核电站将会关闭，而这些电厂关闭的时机正好与英国电量需求增加及北海石油天然气资源减少重合，用低碳资源更新英国发电能力对英国能源安全及履行气候变化承诺至关重要，政府和反对党都认同新核电对满足降低二氧化碳排放的要求及提供可靠的电力供应起到重要作用，此外 NIA 投票显示过半民意认为英国需要拥有多个电力供应资源，包括核电和可再生能源。

能源与气候变化部（DECC）（英国脱欧后 DECC 并入商业能源与战略部 BEIS，成为 BEIS 的一部分）指出，核电具有在 2030 年以前满足 40% 英国电量需求的潜力，因此新核电建设是英国电力市场解决方案的重要部分。2011 年 7 月，英国政府出台了第一部能源基础设施的国家政策声明（NPS），其中包括支持更快、更可靠的计划系统的政策架构。下议院投票压倒性支持该声明的核电能源部分。这表明英国政府已经意识到核电对于英国经济的重要性，并开始支持由私人公司开发建设核电站项目，为了加快这些项目上马，自 2006 年开始，工党采取了一系列措施，尤其是在以下几个方面：一是优化规划过程，开展战略性厂址评估和战略性环境评估，以确定核电站适用厂址；二是实行核电技术通用设计审查（GDA）对于进入英国市场的核电技术路线提出更高要求；三是进行电力市场改革并引入差价合约机制（CfD），提供长期的电力销售合同，以确保对投资者有足够的吸引力；四是对核电站退役及废弃物管理责任进行立法，实施退役基金计划（FDP），要求从核电站运营收入中提取所需相应资金，以确保退役安全和解除退役阶段公众负担，此外还加强和补充了欧盟碳排放交易方案，以提振投资者在长期碳排价格的信心。

2. 核能规划目标

近年来英国政府提出的石油替代战略，核能复兴是其中的关键，英国政府希望在国内建设新一代核电厂，解决日益严重的能源短缺和二氧化碳减排问题。英国政府为复兴核电进行了大量工作，包括恢复核电发展的政策法律准备，确定了要发展核电的方针和进行核电发展规划目标准备等。能源与气候变化部（DECC）拟定并评估了至 2025 年的 14 个可行新核电厂选址（图 10-5），2011 年 6 月 23 日最终提名的 8 处选址获批。此外，DECC 还委托 Atkins 对其他选址进行评估，其中有 3 处被认为值得考虑。初步的结论是这 3 处选址在 2025 年以前不适合设置核电站但之后可供备选。目前英国政府已完成了厂址使用的招标，目前仍在进行的两个工作为：一是核电机型选择、安全评审，确定新建核电的机型；二是进行能源市场改革，为建设核电创造经济环境条件。

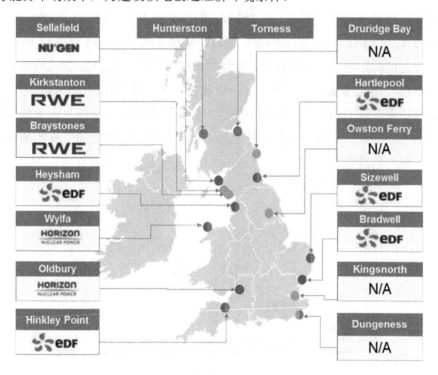

图 10-5 DECC 拟定并评估的新核电厂选址

关于核电机型的安全评审。为了促进新项目审批，英国核监管办公室（ONR）和英国环境署（EA）联合推出了通用设计审查（GDA）制度，对希望在英国建设核电站所采用的技术进行预评审。在 GDA 推出之初的 2007 年，有 4 种反应堆技术提交了申请，分别是阿海珐和法国电力公司联合开发的英国 EPR 压水堆技术（UKEPR）、西屋电力开发的 AP1000 技术、加拿大坎度能源公司开发的 ACR1000 技术和通用日立（Hitachi-GE）公司开发的 ESBWR 技术。整个 GDA 评审过程一共分为 4 个阶段。2008 年，加拿大撤回了他们的 ACR1000 技术，不再继续评审，随后通用日立也终止了 ESBWR 的评审。2012 年 12 月，核监管办公室为 UKEPR 颁发了设计验收证明（DAC），英国环境署颁发了设计可接受证明（SoDA），UKEPR 历经 66 个月通过了 GDA 评审。西屋公司 AP1000 在通过了第二阶段的评审之后暂停了 GDA 审查，后又于 2014 年重启，2017 年 3 月终于在历时十年之后完成 GDA 审查。2013 年年初，ONR 和 EA 开始对日立-通用电气核能公司（GE-Hitachi）的英国版先进沸水堆（UK ABWR）设计开展 GDA 审查，2017 年 12 月完成审查并发放了 DAC 和 SoDA。

英国政府已针对英国核工业战略提出的 2030 年以前新增 16 GW 核电装机容量制订了计划（图 10-6）。2030 年以后的新项目计划目前还不确定，并取决于前期新项目的进展。2010 年 12 月英国政府宣布，计划使用 1 100 亿英镑（1 700 亿美元）建设新的核电厂。据规划，2025 年以前建成 2 500 万 kW，则综合造价为 6 800 美元/kW。在英国的三大电力公司（法国 EDF，德国 Horizon，法国、西班牙同英国 SSE 合资的 NuGeneration）一致要求进行能源市场改革，并认为是新建核电的"绝对的关键"。英政府提出建立"四联锁政策机制"，进行能源市场改革，让未做减排处理的碳基能源增加成本，让低碳能源的优势显现出来。政府承诺，当能源市场改革后，电力批发价格低，出现差价时，政府可补足电力公司的收入。这些举措改变了新老两届政府多次申明的"核能是商业性的，政府不给补贴"的政策。

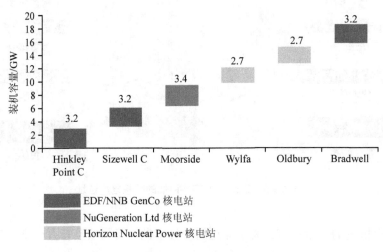

图 10-6　2030 年前英国新核电项目计划

3．政府对新建核能项目的主要支持性政策

（1）差价合约机制（CfD）

英国电力市场差价合约（CfD）是英国电力市场改革（EMR）最重要的组成部分，该

合约的核心机制是发电商将视市场参考价格和合约约定行使价格孰高进行返还收入或获得补偿，从而达成稳定的发电收入。英国政府推出该合约体系旨在激励特定发电行业的投资，使低碳发电商实现长期收入的稳定化，避免批发电价的波动性风险。

在 CfD 机制下，发电商照常向电力交易市场售电，但发电商将根据 CfD 下约定的"行使价"获得收入保障。如果市场参考价（根据市场平均电价确定）低于行使价，由 CfD 交易对手向发电商支付市场参考价与行使价之间的差额；如果参考价高于行使价，由发电商向 CfD 交易对手支付差额。日常经营中，CfD 交易对手通过向持牌供电商征税获得资金来源以支付给发电商。

（2）退役基金计划（FDP）

在过往英国核电项目退役时，没有充足的预留款项来支付核电厂运营阶段的废料管理和处置的费用。因此，核电站历史遗留废料的退役、管理和处置费用由当下英国纳税人承担，在社会民众舆论方面遭受了较大的压力。英国核能退役管理署（NDA）每年对英国核电站退役费用进行重估，因退役和废料处置而引起的债务从 2005 年估计的 240 亿英镑上升到了如今估计的 649 亿英镑。

2008 年能源法案要求核电厂经营者就其核电站退役设立基金，并保证该基金能足够弥补核电厂的未来退役计划及废料清理的费用。法律要求新进入的核电站经营者在建设前需拥有一个经审批的 FDP。虽然法规对 FDP 提出了框架，但 FDP 涉及的款项支付义务属于发电商，并且发电商要拟定需要发生的退役成本支付计划并和相关管理单位进行协商。考虑到债务的规模，FPD 将对新进入的核电经营者有较大的经济影响。

（3）IUK 项目融资（Infrastructure - IUK）

英国政府于 2012 年提出基础设施法案，同意英国财政部为重要基础设施建设提供支持，以避免因不良信贷条件而延误英国基建项目投资。同年，IUK 作为主要职能机构，推出了最高金额 400 亿英镑的担保计划。旨在支持重要基础设施建设融资、加快英国当地基础设施建设。这项担保计划通常称为"英国基础设施担保计划"（UK Guarantee Scheme，UKGS），简称 UKGS。如果没有 IUK 的资助或担保，像核电项目等需要大额资金投入的基础设施项目可能会无法取得市场融资，或因融资成本过高导致投资者的回报率不能符合要求。

根据英国财政部官方介绍，在 UKGS 机制下，IUK 将在 2016 年年底之前为英国国内相关基础设施建设项目提供最高 400 亿英镑的无条件、不可撤销的财政担保，且 IUK 在该机制下的相关支出都已得到 2012 年基础设施法案的授权。在此机制下，相当于英国政府对相关基建项目融资提供主权级担保。因此，相关项目融资的信用评级将接近于英国政府公债。

基础设施法案已于 2015 年 2 月 12 日获得通过上升为法律，从而确立了英国政府对基础设施建设提供财政支持的权威性和合法性。在该法律框架下，IUK 可以向相关领域的基础设施建设项目提供财政支持，包括能源、公益设施、铁路公路建设、机车采购（及其他运输工具）、健康医疗设施、法院、监狱及住房等公用设施等；同时，不仅限于新开发项目，对并购、设计、作价、改进、运营和修缮现有的基础设施资产都一并纳入财政支持之列。作为 UKGS 的实施方，IUK 将对相关基建项目进行筛选和尽职调查，并通过内部程序对其给予风险评级。英国财政大臣对 IUK 是否对某个项目提供担保享有最终决定权。在核电项目中，IUK 一度为 HPC 项目提出了 160 亿英镑的公开债券担保方案，但由于 HPC 项目之于该方案的各种前置条件出现失效（如 AREVA 财务指标不达标、法国 Flamanville 3 核电项目的超期、EDF 之于 HPC 项目的最终决策多次延后等因素），且考虑律师费等造成实际的 IUK 融资成本并不低等原因，最终 IUK 与 EDF 只达成了 20 亿英镑的担保额度。

（三）主要核能企业

1. EDF 英国能源（EDF Energy）

EDF Energy 是 EDF S.A 的主要子公司，是一家坐落于英国伦敦的综合能源企业，是英国最大的低碳电力生产商之一，于当地拥有 15 000 名员工。EDF Energy 的核电站、风电场、煤炭与燃气电厂等为英国提供约 1/5 的国家电力。该公司在英国各地拥有 15 座核电反应堆，并计划在 Hinlkley Point C 及 Sizewell C 各建设两台 EPR 核电机组。

EDF Energy 于 2009 年并购了英国能源，从而获得了英国能源所辖 8 个核电站和 5 个核电厂址。欧盟许可 EDF 并购英国能源时，对 EDF Energy 提出要求（Case No. COMP/M.5224- EDF/BRITISH ENERGY）：若 Sizewell 建设两台 EPR 机组，则 EDF 须出售 Bradwell 厂址；若 Hinkley Point 及 Sizewell 各建设两台 EPR 机组，则 EDF 须出售 Heysham 或 Dungeness 厂址（Dungeness 由于海岸线侵蚀问题而被政府排除在 2025 年以前开发的 8 个厂址之列，不具备开发条件）。

2. NuGeneration Ltd（NuGen）

拥有摩尔赛德核电厂址（Moorside）的 NuGen 公司，最初是西班牙电力公司 Iberdrola 与法国 GDF Suez 在英国联合成立的核电公司，双方各持有 50% 的股权。不过由于 Iberdrola 公司的债务重组，该项目一度陷入停滞，这也给了其他核电公司介入的机会。2013 年 12 月，东芝公司以 8 500 万英镑的价格收购了 Iberdrola 所拥有的 NuGen 50% 的股权，2014 年 1 月，东芝继续收购了 GDF Suez 在该项目中 10% 的股权，从而成为 NuGen 控股 60% 的大股东，2014 年 6 月底，东芝、GDF Suez（现为 ENGIE）与拥有该厂址的核退役管理署（NDA）在关键事项上达成协议，意味着该项目的开发踏出了重要一步。NuGen 在 Moorside 项目上的目标是新建成装机容量最大为 3.8 GW 的核电站。

3. 地平线核电公司（Horizon Nuclear Power-Horizon）

Horizon 公司成立于 2009 年，由德国莱茵集团（RWE）和英国 E.ON 公司发起成立。原计划在该厂址建设 AP-1000 机组。2012 年，日立公司以 69 600 万英镑收购了 Horizon 公司，拟在 Oldbury 和 Wylfa 建造总装机容量 5 200 MW 的先进沸水堆。

（四）主要核供应商

英国目前大约有 40 000 人从事民用核电工业，其中 25 000 人直接受雇于核电企业、15 000 人从事核电相关供应链工作。主要的核供应商集团包括有 AMEC、Rolls-Royce，以及铀矿浓缩加工单位 Urenco 等。

1. Amec Foster Wheeler plc（AMEC）

AMEC 是世界一流的集项目管理、工程设计和工程服务于一身的综合性公司，为全球的石油天然气、矿冶、清洁能源和基础设施行业客户提供顶级项目管理和资产运营支持服务，总部位于英国伦敦，是伦敦证交所上市公司，公司办公室遍及全球 50 多个国家及地区，大约有 1/3 的收入来自欧洲、一半收入来自北美。

AMEC 涉足核能行业已有 60 多年，目前核领域拥有 3 000 多名专家。该公司是世界范围内的核服务提供商，包括为欧洲范围内最为复杂的核电厂址提供管理和运营服务，并在英国和美国的新的核能发展计划中扮演着重要角色，以及在加拿大领导一个大型反应堆的重启计划等。其主要的大客户包括 EDF、核退役管理署、NuGen、Bruce Power、Rolls Royce 等。AMEC 提供全范围的核服务，包括从核厂址管理到核废料管理及退役等；该公司还为 EDF 在英国的新建核电站项目提供建造设计服务；并为加拿大的核电项目提供支持等；同时，环境方面的专家也正在为 NuGen 在英国的 Moorside 项目提供许可、土地勘探及分析等方面的服务，并为其顾客及其分包商提供放射性实验的技术支持和分析服务等。

2. Rolls-Royce Holdings plc（Rolls Royce）

Rolls Royce 是总部坐落于英国伦敦的跨国公司，公司以燃气轮机技术为核心，主要涉足民用航空、国防航空、动力系统、船舶和核领域等。在这些主要业务中，民用航空是其最大的业务（约占 52%），其产品中最著名的是军用和民用发动机，它是全球第二大军用发动机和第二大民用发动机制造商。

在核领域业务方面（约占公司业务的 5%），Rolls Royce 同时涉足经营核潜艇和民用核能方面的业务，涉足核工业领域已超过 50 年。在民用核能的业务主要集中在长期项目和专业服务，为核反应堆供应商及相关电力运营商提供综合、长期的支持服务和跨越整个反应堆寿命周期的解决方案，从概念设计到报废管理及电站寿命延长。安全关键系统已为全球约 50%的核电站供应服务。该公司在英国 Hinkley Point C 项目上的热交换器和废料处理方面被 EDF 选为首选的供应商,同时也被日立公司选为英国计划新建的 Wylfa 电站的供应商;并成功获得了为整个法国舰队 900 MW 反应堆供应安全测量系统的合同;且于 2015 年 3 月收购了 R.O.V. TechnologiesInc 以拓展其核服务业务,填补了沸水堆方面的专业技术,拓宽了现有的压水堆远程检查能力。

3. Urenco Limited（Urenco）

铀浓缩公司 Urenco 总部设在英国的白金汉郡,并在全球范围内为民用核能市场提供铀浓缩加工服务。该公司采用离心机技术为核电站提供铀浓缩加工服务,同时也为其客户提供天然铀及富铀产品,截至 2015 年年底,该公司已为遍布 18 个国家的 50 家公司提供过铀浓缩服务,并在英国、德国、荷兰、法国及美国设立并经营浓缩工厂。从 2015 年年报来看,其大部分收入主要来源于美国（占 51.2%）,其次是欧洲地区（36%,不含英国）,英国为 3.9%,其他国家为 8.9%。

此外,Urenco 与 Areva 共同设立的合资公司 ETC（各占 50%股份）可提供铀浓缩工厂设计服务,并提供包括铀浓缩厂的研究、发展、制造与设备安装等服务,以及相应的铀浓缩厂建造的项目管理服务等。

（五）监管机构

2011 年 4 月 1 日前,英国核监管的职责由英国就业及退休保障部（DWP）通过下属的健康与安全执行局（Health and Safety Executive,HSE）委派给核安全局（Nuclear Directorate,ND）执行。HSE 按照英国《工作健康和安全等法案 1974》（HSW74）建立,提供健康与安全相关的监管框架,防止工作带来的伤害,减少健康危害、安全失误带来的经济和社会成本,HSW74 授权 HSE 任命核监管者,执行法律赋予的监管职责,确定英国核监管者独立于政府的核工业发展部门。

2011 年 2 月,英国政府宣布从 2011 年 4 月 1 日起将建立一个新的公共机构"核监管办公室"（ONR）负责英国的核工业监管。ONR 吸收了 HSE 下属核安全局的全部职责,以及原英国贸工部下属民用核保安办公室（OCNS）、核保障办公室（UKSO）,交通部下属放射性物质运输团队的相关职能。

2014 日 4 月 1 日,根据英国《能源法案 2013》,ONR 从 HSE 中脱离出来,成为独立法定公共机构,负责英国境内 37 个核场址的核安全与核安保监管,还负责民用放射性物品运输安全监管以及核保障工作。《能源法案 2013》还赋予 ONR 工业安全和工作人员健康监管的职责。核场址中高放射性废物的管理由 ONR 与环境保护部门共同负责。

ONR 设有董事会,由 9 名成员组成,其职责是战略制定,现任主席为 Nick Baldwin。董事会下的管理层由首席执行官和首席监督员分别负责,二人均为董事会成员。首席执行官负责人事、财务、公众沟通以及国际关系等行政事务,首席监督员负责核安全监管等业务工作。现任首席执行官和首席监督员分别为 Adriènne Kelbie 和 Richard Savage。首席监督员领导 5 个司，分别为民用核安保司，新型反应堆司，运行核设施司，塞拉菲尔德核基地及退役、燃料、废物司，技术能力发展司，其中前 4 个司的负责人同时担任副首席监督员。ONR 组织机构和监管组织框架分别见图 10-7 和图 10-8。

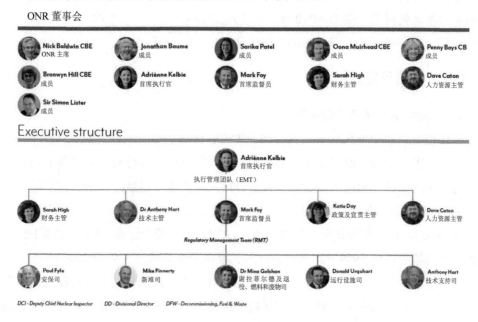

图 10-7　ONR 组织机构

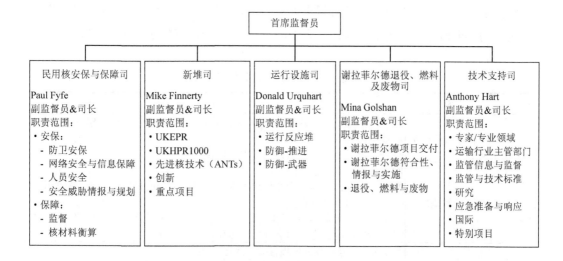

图 10-8　ONR 监管组织框架

ONR 目前有 500 多名工作人员。如英国后续核电项目按计划上马，ONR 人力资源恐难以与未来工作量匹配，特别是很多有经验的现场监督员即将退休，这对 ONR 是一个挑战。2017 财年 ONR 财政预算 8 040 万英镑，其中 95% 为向监管对象收取的费用。ONR 制定了 2017—2018 年四项重点工作，包括塞拉菲尔德世界级核遗留场区退役治理，应对英国核电机组老化问题，推进 AP1000、先进沸水堆和"华龙一号"的 GDA 工作，配合英国脱欧进程、支持英国从欧洲原子能共同体（Euratom）平稳退出。

（六）立法及监管框架

1．核能行业立法及监管框架

英国核工业法律框架是基于《劳动卫生与安全法 1974》（HSW74）、《能源法案 2013》和《核设施法案 1965》而设立的。HSWA74 要求所有雇主履行对其雇员及公众的卫生与安全进行照顾的责任。然而，由于核工业具有特定的灾害（包括潜在的引起广泛损害和社会动乱的事故），因此要求对此进行进一步的特定立法，这些特定的立法基本体现在《核设施法案 1965》，此外部分核监管的条例也被添加到了《能源法案 2013》以及 HSWA74 中，比如《电离辐射条例 1999》和《辐射（应急准备和公共信息）条例 2001》。

对于英国核工业立法的一个关键原则是，对于核设施的建造、运营和退役所需的核执照均需以一种确保其对人类和环境的风险已经降低至合理可行的最低水平（ALARP 原则）的方式进行颁发许可。这需要被许可人证明其已经做了所有的合理必要的事情来减少有关风险，这就使得他们需要在风险控制、资金和时间方面平衡考虑。英国核电监管方更强调符合评估原则，除了 ALARP 原则，在消除其不利的环境影响时则采用最佳可行的技术（BAT 原则）。监管方虽然对被审评方提供大量的指导，但并不直接给出可供遵循的审评规则。英国的核电监管框架也非常全面。表 10-3 汇总了监管框架的部分重要内容。

表 10-3　核工业监管框架

范围	监管	简介
技术流程	（i）国家政策声明	国家对能源基础设施的政策——到 2025 年的发展及核电选址建设计划指出发展核电的重要性； 规划督查对核电规划的详细考虑及审核
	（ii）监管论证	欧盟对使用电离辐射的要求； 欧盟 96/29/Euratom 指令要求个别政府对新应用的核电技术所带来的电离辐射程度作出合理解释； 成员国政府就核电项目带来的好处超过潜在的环境或公共健康危害作出声明； 每项新应用的核电技术必须向欧盟作出合理解释
	（iii）通用设计审查	英国要求新核电反应堆项目必须持有牌照； 从环境、健康、安全等角度对核反应堆设计进行通用审查； ONR 提供指导精神，申请者须证明其满足基本要求。此步骤被称为"安全范例"，由申请者提交给 ONR 并经过一系列口头及书面讨论才可能通过 ONR 审核

范围	监管	简介
核设施流程	（iv）环境许可	所有的持牌核电项目必须遵守 2010 年颁布的环境保护法规：核电项目经营者必须证明其拥有最小化核原料泄漏危险的能力； 欧洲原子能共同体条款第 37 条和第 41 条； 使用及储存发射性物质的牌照（Radioactive Substances Licences）； 其他法规（如核电项目选址的准备工作）
	（v）核厂址执照	Nuclear Installations Act 1965 要求所有核原料的储存地及反应堆选址必须获得许可证； 核电设施的评估； 对核电厂设计、应急方案、施工方案、安全防护和组织能力的详细评估； 需在施工和合规审查前获得； 经营者在经营及建设中均必须遵照已制定的安全标准
	（vi）规划及许可	流程需通过初级及次级审批（Planning Act 2008 and Localism Act 2011）； 核电厂开工获得国家和地方政府的规划许可； 规划督查机构（Planning Inspectorate，前 IPC）的开发许可令（Development Consent Orders），同意核电厂动工； 经营者/发展商必须依照指引在规划阶段前获得广泛的公众咨询评估； 规划督察及当地社区可考核规划，如考核成功再授予开发许可单（DCO）； 公众和股东需全程参与
	（vii）退役基金计划	为英国法律 2008 年能源法案所规定； 运营商必须向 DECC 提交退役成本的详细方案以及融资实现方法

2. 核能项目许可申请流程

总的来说，英国核电项目许可证申请可分为两个阶段。阶段 1：独立于厂址外的设计评估，主要是 GDA 评估和正当性评估；阶段 2：厂址相关许可证申请，主要是核厂址许可证（NSL）、开发许可（DCO）、环境许可（EP）等。

理想状态下，完成阶段 1 许可证申请后再开展阶段 2 的工作，但实际上考虑到工程进度和投资等因素，阶段 2 和阶段 1 可并行开展。例如，HPC 项目采用 UK-EPR 技术路线，在 UK-EPR 的 GDA 评估正式通过前获颁 HPC 的核电厂许可证。

英国核电项目许可证申请需面对多个政府部门，最主要的是能源与气候变化部（DECC）、核监管办公室（ONR）、环境署（EA）。

英国核电项目许可包括 Consent、License、Permit、Approval，本报告统称许可。对采用新技术路线的英国核电项目，其建设所需的许可主要有：①通用设计审查（GDA）；②正当性评估；③核电厂许可证；④开发许可；⑤环境许可；⑥海洋许可。

此外，还需与国家电网签订并网协议，向 DECC 提交退役资金安排计划并取得认可，并满足欧盟和英国地方政府的相关许可要求。

各许可申请活动所需时间及审管部门和条件参见表 10-4。

表 10-4 英国核电项目主要许可与活动逻辑关系

许可/活动	审评时间	审管部门	前置条件	后置条件
正当性评估	约 2 年	DECC	独立于其他流程	核电厂许可证
GDA	4～6 年	ONR&EA	独立于其他流程	核电厂许可证； 环境许可
核电厂许可证	15～18 个月	ONR	正当性评估：不是申请的必要条件，但在申请时必须声明正当性评估的状态，ONR 发证前必须通过正当性评估； GDA：ONR 对 GDA 通过审评的预期是取得核电厂许可证的基础； 环境许可：EA 对颁发环境许可的预期是取得核电厂许可证的基础； 退役资金安排计划：ONR 发证前可能需要通过退役资金安排计划审查； 获得厂址所有权或经营权：需在提交核电厂许可证前取得	最终投资决定； 开工建造
DCO	15～18 个月	DECC	GDA：在申请 DCO 时可以尚未完全完成 GDA 审查； 环境许可：可以尚未取得环境许可，但环境影响评价的结果必须要提交； 同样需获得厂址所有权或经营权	最终投资决定； 厂址相关工作； 开工建造
环境许可	约 2 年	EA	独立于其他流程； EA 需在 GDA 审评中提出对反应堆技术的意见	核电厂许可证； DCO
电网接入	约 3 年	国家电网	独立于其他流程； 申请可在厂址收购前提交	试运行和商业运行：只有当电网接入协议生效后才能开展
退役资金安排计划	9～12 个月	DECC	独立于其他流程	核电厂许可证； 最终投资决定：因为退役资金安排计划会影响到厂址的经济性； 开工建造前需要退役资金安排计划通过审查

（1）通用设计审查（GDA）

GDA 是在特定厂址建设核电厂前，对拟采用的反应堆技术路线进行审查，审查重点主要是安全（Safety）、环境（Environment）和安保（Security）。GDA 非强制，但其实施有利于核电技术路线安全问题的早期暴露和核电项目监管部门的早期介入，有利于公众查阅和评论，提高了监管效率，降低了投资和监管风险。对某一特定的技术路线，仅需完成一次 GDA 审查。

GDA 审查由 ONR 和 EA 组成联合工作组共同开展。通常情况下，审评耗时约 48 个月（不含审查前申请方的准备时间和审评过程中申请方的回答时间）。

GDA 审查需提交大量文件（UK-EPR 共计提交各类文件 4 000 多份），以证明合理可行的最低水平原则（ALARP）和 BAT 原则已得到落实。GDA 提交文件可以分为 4 个层次，主要是安全、安保及环境报告（SSER）及其支撑附件，其中 SSER 主要包括建造前安全报告（PCSR）、建造前环境报告（PCER）和实体保卫初步方案（CSA）（图 10-9）。

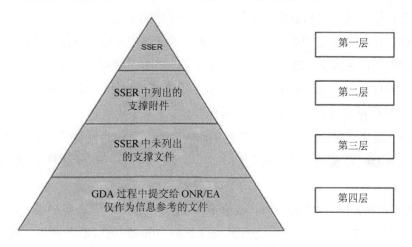

图 10-9 GDA 审查文件分级

GDA 审查流程大体可分为 4 个阶段，审评通过后取得 DAC（Design Acceptance Confirmation，由 ONR 颁发）和 SoDA（Statement of Design Acceptability，由 EA 颁发）（图 10-10）。

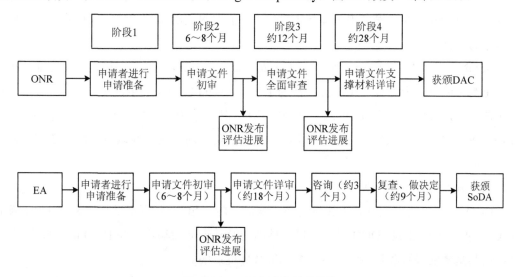

图 10-10 GDA 审查基本流程

GDA 申请方可以是一家，也可以是几家联合，通常是反应堆供应商，但审评方也欢迎预期的营运方加入申请方。对英国以外的公司成为申请方，ONR 建议申请方至少应该在英国成立具有法人实体的办公室，以执行 GDA 审查相关活动，并作为与审评方的主要接口（申请方和审评方 ONR、EA 会提前签署用于 GDA 审查的接口协议）。

（2）正当性评估

正当性评估是新核电技术路线应用于英国项目的必要前提，和 GDA 一样，正当性评估也与特定厂址无关且只需完成一次审评，其审评重点是按新核电技术路线建成的核电厂带来的社会、经济或其他利益将大于其辐射照射带来的危害。

正当性评估审查的主管部门是 DECC。正当性评估申请没有标准的格式，也没有可供指导的审评时间，在提交申请的同时，申请方可以提交一份指导性的审评时间计划，审评方予以认可或修订。以 AP1000 和 EPR 为例，审评耗时约 28 个月。正当性评估的审查结果是 DECC 对新核电技术路线的正当性给出判定。

按英国《电离辐射实践的正当性条例 2004》第 9 条，正当性评估的审查流程主要有三个环节：①向 DECC 提交正当性评估的申请；②DECC 就申请开展广泛的咨询；③DECC 部长颁发评估决定。

DECC 和 Devolved Administration 会联合成立正当性评估联络小组，在做出正当性评价的决定前，按《电离辐射实践的正当性条例 2004》第 18 条开展广泛的咨询。以 EPR 为例，共收到来自各界的 196 份书面回复，这些咨询信息均公开放在 DECC 的网站上。

（3）核电厂许可证（NSL）

核电厂许可证的审评主管部门是 ONR，审评耗时约 16 个月（参考 HPC 项目）。对具体项目，申请者需要在提交申请前与 ONR 协商需要提交的文件、内容及格式，并明确需要满足的监管要求。

按 ONR 发布的 *Licensing Nuclear Installation*（第 3 版，2014），核电厂许可证的审查流程主要有以下几个环节：①成为合格的申请方；②准备必要的申报文件；③向 ONR 提交申请及申报文件，并通报 DECC；④ONR 对申报文件进行审评，DECC 同意核责任险，开始准备《退役资金安排计划》；⑤咨询：包括公众咨询和向其他政府部门的咨询；⑥颁发许可证。

（4）开发许可（DCO）

DCO 是英国核电项目开工建设的必要前提，由 DECC 负责审批。按英国 HPC 项目 DCO 申报的实践经验，DCO 批准的每一项活动及其辅助活动均会在 DCO 的附件中列明，并给出其基本的参数和特点，以供 EA 评价其环境影响。

DCO 申请需提交的文件很繁杂，主要有以下几类：①规划类：包括土地规划、工作规划、道路规划等；②报告类：包括咨询报告、风险分析报告（主要是洪水危害性分析）；③环境分析报告；④电网接入报告；⑤其他一些必要的信息和报告。DCO 审评时间 15～18 个月，基本审评流程如图 10-11 所示。

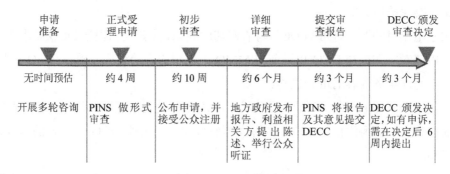

申请准备	正式受理申请	初步审查	详细审查	提交审查报告	DECC 颁发审查决定
无时间预估	约 4 周	约 10 周	约 6 个月	约 3 个月	约 3 个月
开展多轮咨询	PINS 做形式审查	公布申请，并接受公众注册	地方政府发布报告、利益相关方提出陈述、举行公众听证	PINS 将报告及其意见提交 DECC	DECC 颁发决定，如有申诉，需在决定后 6 周内提出

图 10-11　DCO 基本审评流程

（5）环境许可（EP）

根据《环境许可（英格兰和威尔士）条例 2010》，对环境和人类健康有潜在影响的设施需要取得许可。环境许可主要分为豁免许可、标准许可和特殊许可。核电厂需要的环境许可主要有：①冷却、工艺用水和地表水排放（分为建设期间的废水排放以及运行期间的冷却水和废水排放）许可；②放射性排放物和处理许可；③燃烧许可。

环境许可的审评部门是 EA，但如果核电厂址位于威尔士或苏格兰，则威尔士自然资源局或苏格兰环境署也会参与审查。审评耗时约 20 个月（参考 HPC 项目）。申报文件未见标准格式和内容，可参考 HPC 项目。

环境许可审评重点关注最佳可用技术（BAT）利用、排放限值管理以及其他物种得到充分保护。同时审评过程还会考虑到 GDA 审评中的相关问题。EA 还出版了一系列的管理环境原则（REP）作为审评指导。EA 鼓励申请者在正式提交前与 EA 进行深入的沟通和交流。

环境许可的基本审评流程如图 10-12 所示。

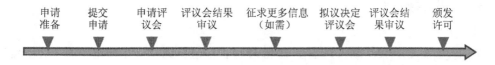

申请准备　提交申请　申请评议会　评议会结果审议　征求更多信息（如需）　拟议决定评议会　评议会结果审议　颁发许可

图 10-12　环境许可基本审评流程

（6）海洋许可

英国核电项目如果涉及海洋区域的建筑工程、存放堆积及移动挖掘等活动，则需申请相应的海洋许可。海洋许可审批主管部门是海洋局（MMO），但 MMO 在审评和批准过程中，会咨询其他政府部门的意见，如 EA、海事和海岸警卫局、地方近海岸渔业及保护机构、皇家鸟类保护协会等。

英国核电项目的海洋许可与 DCO 有着密切的联系，尤其是当根据 DCO 要求申请海洋许可时，申请者需在提交 DCO 申请前与 MMO 就申报内容等达成一致，MMO 也是 DCO 申报文件中海洋事务内容的审查机构。

英国核电项目需取得的海洋许可主要有：①冷却水设施；②防波堤；③港口码头建设；④海洋取样调查；⑤海洋挖掘钻取；⑥海洋倾倒堆积；⑦其他 DCO 中规定的需取得海洋许可的活动。

MMO 希望将海洋许可的审评时间控制在 13 周（自提交申请起）内，但实际上审评时间随项目变化而变化。海洋许可的申请过程大体包含 5 个主要阶段：①申请前的准备阶段：MMO 强烈建议在提交申请前先咨询 MMO，尤其是当项目涉及环境影响评价、栖息地管理条例、影响到 Water Framework 指令中规定水体的状态或产生 Water Framework 指令中限定的废物。MMO 将指导申请者准备申请文件。在所需信息准备齐全前，MMO 不会受理申请。当未包含全部必要的环境信息时，申请有可能被驳回。②提交申请阶段：MMO 会审查申请者是否需要海洋许可、申请材料是否完备、是否支付了有关费用、所有相关信息是否均已提供。申请者可以在 MMO 在线系统注册并设置网络账号，并通过网络账号提交相关文件和跟踪审评进展。③咨询阶段：MMO 将咨询利益相关人群（包括公众、相关主管部门或机构）。④决策阶段：如无特殊情况，MMO 的许可证决定要符合《海洋政策声明》（Marine Policy Statement）和相关的海洋规划。MMO 决策必须考虑到环境保护、公众健康保护、防止对合法用海产生冲突。MMO 的决定只能是颁发许可、带条件颁发许可、拒绝申请三者之一。⑤颁发决定之后的阶段：主要是履行许可证条件，如果条件未能履行，视同违背了许可证。MMO 也可能会继续监测项目带来的环境变化。作为申请者，也可以对不予颁发许可的决定、许可条件、许可时间长度提出上诉。

3．主要核能法律法规

（1）矿业

英国没有铀矿开采活动，只是在 1946 年《核能法》第 6 章中规定了国务大臣负责管理或授权他人从事勘探和开采工作。

（2）放射性物质管理

放射性物质的持有和使用，以及放射性废物的储存和处置主要受 1993 年《放射性物质法》规范。1995 年《环境法》颁布，规定 1993 年《放射性物质法》的实施在英格兰和威尔士由环境署负责，在苏格兰由苏格兰环境署负责，在北爱尔兰由环境和遗产服务部通过北爱尔兰环境部下属机构——工业污染和放射化学检查局负责。

1993 年《放射性物质法》规定相关的环境局对在任何场所持有和使用放射性物质实施强制登记管理，对移动式放射性设备也实行类似的监管，在非核厂址堆积放射性废物也由该法管理。在核厂址储存放射性废物则由 1965 年《核设施法案》(*the Nuclear Installations Act 1965*) 规定的核许可制度来管理，该法同时规定相关的环境局对从核场所或非核场所产生的放射性废物处置进行核准。

（3）核设施管理

1）许可证的管理和检查

英国核设施的建造和运行由修订后的 1965 年《核设施法案》和依据该法制定的 1971 年《核设施监管条例》监管。在这类设施上工作人员的健康防护由 1974 年《劳动卫生与安全法》管理。

1965 年《核设施法案》颁布前，由英国核能管理局（UKAEA）管理运营的核设施不受许可证审批制度管辖。其后政府内阁认为即使这些核设施营运者也必须像其他核设施营运者一样执行同样的标准，对核装置的许可证审批制度重新做出规定，1965 年《核设施法案》和 1971 年《核设施监管条例》取消了对英国核能管理局许可证审批制度豁免。所有选作特定类型的核反应堆或核电站的厂址必须通过许可证批准，许可证只允许签发给法人实体且不能转让，许可证允许法人实体（许可证持有者）在许可证规定的厂址开展建设和运营活动。在核装置的设计、建设、调试和运行阶段以及退役阶段，都要接受必要的检查和监管。

除 1965 年《核设施法案》所规定的许可证审批要求外，依据 1989 年《电力法》第 36 条的规定，申请核电站选址许可证，还要得到贸易工业部大臣的批准。依据 1989 年《电力法》，贸易工业部大臣可经财政部同意，依据 1965 年《核设施法案》批准核装置退役申请，并可向申请企业提供贷款。

1965 年《核设施法案》还规定，除英国核能管理局或政府部门外，任何想申请厂址从事铀浓缩、乏燃料处理以提取钚或铀的活动的，必须取得核厂址许可证，同时还必须获得由英国核能管理局或政府部门签发的许可，只能开展研究开发活动。

国际层面上，1994 年 1 月 17 日，英国签署了《核安全公约》。

2）环境辐射防护

在英国，环境辐射防护管理是由多个关于卫生与安全、核厂址许可证、放射性废物污染和向海洋倾倒废物方面的法律法规调整的。

依据 1995 年《环境法》，在英格兰和威尔士设立了环境署，在苏格兰设立了苏格兰环境署，这些部门负责实施环境保护的立法，同时也是 1993 年《放射性物质法》的执行部门，管理辐射防护。在北爱尔兰，工业污染和放射性化学检验局是 1993 年《放射性物质法》的执行部门。

1993 年《放射性物质法》主要是关于放射性废物监管，该法规定政府在签发核厂址许可时，要求申请人必须采用最佳的方法以减少需要处置放射性废物的数量和体积。

1974 年《劳动卫生与安全法》第 5 条规定，在 1971 年《核设施监管条例》所规定的场所工作人员，应采取有效方法防止有毒物质向大气排放，场所排放的物质须经无害化处理。

3）应急响应

2001 年以前，1965 年《核设施法案》和 1985 年《电离辐射条例》对签发核厂址许可证的附加条件包括核应急情况下要做出必要的响应，要求预先对响应方式进行操作和试验。《辐射（应急准备和公众宣传）条例》于 2001 年 9 月 20 日生效，该条例对 1999 年《电离辐射条例》作出修订，增加了危害识别、风险评估、应急计划和公众宣传的规定。

贸易工业部大臣负责协调英国核应急计划。根据 2001 年《辐射（应急准备和公众宣传）条例》，苏格兰依据与贸易工业部大臣达成的协议，行使与苏格兰民事核应急响应管理相关的职能。

在国际层面上，1990 年 2 月 9 日，英国签署了 1986 年《及早通报核事故公约》和 1986 年《核事故或紧急辐射援助公约》。

4）核材料和核设备贸易

放射性物质的持有或使用依据 1993 年《放射性物质法》进行管理，该法从公众和环境保护，以及放射性废物监管的角度，对放射性物质的持有和使用做出了规定。诊断和治疗用放射性设备和物质的持有和使用则由 1968 年《医学法》管理。但是，这两项立法的某些规定不适用于反应堆、燃料制造厂、后处理厂以及燃料浓缩厂，也不适用于持有 1965 年《核设施法案》第 2 条所规定提取钚许可证所指的法人实体公司，以及依据 1971 年《核能管理局法》第 19 条所指的公司。

核材料和核设备出口方面，核军民两用产品出口要求取得许可。从英国出口这类产品受《委员会条例》和欧盟成员国相关的"委员会令"监管。国务大臣可以发放国家许可证和欧共体许可证，欧共体许可证是主管部门为了从欧共体出口核军民两用产品签发的。

进口方面，核材料和设备等商品的进口受 1939 年《进出口和海关权力法》监管。《委员会条例》第 1493/93 号规定了对密封放射源和放射性废物在欧盟成员国之间跨境运输的管理。放射性废物在欧盟国家之间运输，或者在欧盟进出口，同时需要遵守"委员会令"并通过 1993 年《放射性废物跨境运输条例》规定在英国执行。

5）人员辐射防护

关于工作人员和公众电离辐射防护的措施，也是由若干个法律和法规规定的，包括
1999 年《电离辐射条例》、1993 年《放射性物质法》、1978 年《劳动卫生与安全法》、1968
年《医药法》以及依据《医药法》制定的一些条例，规定未经批准不得将放射性物质用于
人体诊断、治疗或研究。工业部门使用辐射装置时，对工作人员和公众必须采取防护措施，
由卫生和安全执行局负责核设施工作人员的安全监管。在辐射防护问题方面，卫生和安全
执行局通过卫生与安全委员会向工作和抚恤金部的国务大臣负责。环境部门对放射性物质
使用和放射性废物处置负有管理责任。

1999 年《电离辐射条例》规定了公众和工作人员电离辐射健康防护的基本安全标准。
其他有关立法包括 1993 年《放射性物质法》和相关命令，以及 2001 年《辐射（应急准备
和公众宣传）条例》。卫生和安全执行局已制定出厂区外部工作人员、孕产妇工作人员、
监测设备和医疗设备的辅助导则。

6）放射性废物的管理

1993 年《放射性物质法》管理英国放射性废物的处置和存储。未经有关的环境部门的
批准，不能进行放射性废物处置或存储。但有许可证核厂址中的放射性废物的处置和存储
由其他法律管理。

国防大臣负责处置国防部厂址所产生的放射性废物，但各环境署要与国防部达成协
议，确保这些厂址将适用 1993 年《放射性物质法》的要求。1989 年《电力法》规定，贸
易工业部大臣经财政部同意，可批准对核材料的储存或后处理；进行放射性废物处理、储
存或处置；批准核装置的退役或向退役活动提供贷款。

放射性废物除具有放射性外，也是危险和难以处置的"特殊废物"，原先由 1980 年《污
染（特殊废物）防治条例》管理，后被 1996 年《特殊废物条例》所取代。1996 年《特殊
废物条例》仍然规定任何具有放射性及其他危害性的废物在转运过程中都必须接受严格的
控制。

依据 1974 年《向海洋倾倒法》（已被 1985 年《食品和环境保护法》替代），英国于 1975
年 11 月 17 日批准了 1972 年《防止船舶和飞机倾倒污染海洋的奥斯陆公约》和 1972 年《防
止倾倒废物及其他物质污染海洋的公约》。1994 年，英国政府接受了 1993 年在《伦敦公约》
的协商会议上通过的关于完全禁止向深海处置中低放射性废物的禁令。

7）核不扩散和实物保护

1946 年《核能法》和 1965 年《核设施法案》经 1971 年《核能管理局法》的修订，授
予贸易工业部大臣更广泛的权力以防止易裂变材料的不恰当使用。1968 年 11 月 27 日英国
签署了 1968 年《不扩散核武器条约》。

1978 年《核保障和电力（财政）法》批准 1976 年 9 月 6 日《关于在英国实施与〈不扩散

核武器条约〉有关保障的协定》生效。该法所规定的保障措施对《欧洲核能机构条约》第七章进行了补充。欧洲核能机构的保障措施要求英国核装置运营者向欧洲委员会提供核装置信息，以及这些装置接收、运输和持有核材料的信息，修订后的"委员会令"第 3227/76 号中增加了报告要求。《欧洲核能机构条约》还规定欧洲委员会有权检查有关的装置、核材料和记录，检查运营者所提供信息的准确性。欧洲委员会可对违背欧洲共同体条约保障义务的行为实施制裁。

2000 年 5 月 25 日通过的《核保障法》用以执行 1998 年《与 1976 年保障协定有关的附加议定书》。该附加议定书旨在加强国际核能机构检查无核武器国家未申报核活动的能力，以及提高对英国核设施实施保障有效性的措施。英国在与无核武器国家合作进行核活动时，必须向国际核能机构通报信息和相关的接触。依据《核保障法》，国务大臣可正式要求相关人员提供附加议定书所要求提供的信息。该法还确保国际核能机构在附加议定书项下的权利，特别是视察员的权利实施。国务大臣可制定条例确定允许获取附加议定书所规定信息的人员范围。

在国际层面，英国于 1998 年 4 月 6 日签署了 1996 年《全面禁止核试验条约》。

依据 1983 年《核材料犯罪法》，英国于 1991 年 9 月 6 日批准了 1979 年《核材料实物保护公约》。该法要求运营者必须采取安保制度确保核燃料在现场、转运过程或运出厂址后的安全，符合运营者为保护厂址而采用的安保标准、程序和计划。在对核电厂和实验室的任何建筑进行改造或扩建之前，营运者必须向国务大臣保证，在工程改造期间和改造后，厂址的安保制度仍将符合经批准的安保计划。营运者必须确保任何核燃料运进或运出都须执行经批准的安保计划。贸易工业部大臣负责该法的执行，以保护民用核工业不受恐怖主义威胁和核扩散危险。贸易工业部民用核安全办公室（OCNS）代表贸易工业大臣管理民用核工业内的核材料和扩散敏感技术安全保护，依据 1954 年《核能法》、1965 年《核设施法案》和 1996 年《核发电厂（安保）条例》赋予贸易工业部大臣的权力，民用核安全办公室制定有关特种核材料使用、储存和运输的核厂址的安保要求。

2001 年《反对恐怖主义犯罪和保安法》对安保措施加以完善，为防范"9·11"事件重演，该法许多规定是以加强核工业安保为目的的。

8）运输

不同的放射性物质的运输方式适用的法规不同。但有关法规都体现了国际核能机构建议的《放射性物质安全运输条例》中的原则。运输部大臣是大不列颠公路和铁路运输，以及联合王国空中和海上运输的主管部门。北爱尔兰环境部负责北爱尔兰的公路运输，企业、贸易和投资部负责北爱尔兰的铁路运输。1991 年《放射性物质（公路运输）法》管理放射性物质的公路运输，并取代 1948 年《放射性物质法》（现已废止）。北爱尔兰相应的条例是 1992 年《放射性物质（公路运输）（北爱尔兰）令》。

关于放射性物质的国际运输，英国批准了以下国际协定：①欧洲公路运输——《危险物品国际公路运输的欧洲协定》（ADR）（第 7 级）。②欧洲铁路运输——《国际铁路运输公约》（COTIF）附录 B、《国际物品铁路运输合同统一规则》（CIM）附录 1、《危险物品国际铁路运输条例》（RJD）（第 7 级）。现在，这些协定已通过上述公路和铁路的公约和条例成为英国法律的组成部分。此外英国也是国际海事组织和国际民用航空组织的成员国。

9）核损害责任

英国核损害责任制度包含在 1965 年《核设施法案》中。该法执行英国于 1966 年 2 月 23 日签署的 1960 年《核能领域第三方责任公约》（《巴黎公约》）和英国于 1966 年 3 月 24 日签署的 1963 年《海上核材料运输民事责任的布鲁塞尔公约》的规定。

1983 年《能源法》对 1965 年《核设施法案》进行了修订。1983 年《能源法》第二部分涉及核设施，主要目的是修订 1965 年《核设施法案》中有关核损害责任的条款，使上述《巴黎公约》和《海上核材料运输民事责任的布鲁塞尔公约》的两个 1982 年议定书生效。1983 年《能源法》第二部分增加了对核损害赔偿的总额。

1983 年《能源法》第 27 条对 1965 年《核设施法案》的第 16 条进行了修订，把获得许可证厂址的营运者的责任限额，从每个事件 500 万英镑增加到 2 000 万英镑，对一些小的规定厂址，仍保留 500 万英镑的较低限额。该法还规定，如果《巴黎公约》的责任限额增加，这两个限额也可经下议院表决批准后通过命令相应地增加。从 1994 年 4 月 1 日起，已通过命令将营运者的责任从 2 000 万英镑增加到 14 亿英镑（1994 年 5 月 1 日，第 909 号）。1983 年《能源法》第 28 条进一步修订了 1965 年《核设施法案》第 18 条，把应付索赔的基金总量，从 4 300 万英镑增加到相当于 3 亿特别提款权（SDR）数额的英镑，同样，该数额经财政部批准后可通过命令增加。另一项修订是以特别提款权单位代替英镑来表示一般索赔须准备的最小的数额（用于在运输核材料期间的事件，但不包括运输工具损害的索赔）。该最小值为 500 万特别提款权，经财政部批准后可通过命令增加。1965 年《核设施法案》经 1983 年《能源法》修订，规定一些核厂址的许可证持有者可承担较低的责任限额。

依据经修订的 1965 年《核设施法案》的规定，核厂址许可证持有者对核损害负有绝对的责任，对厂址内的电离辐射也负有同样的责任。损害必须是对有形财产的实物损害，而不包括纯经济损失或对无形财产和产权的损害。

10）监管收费

2016 年《卫生、安全和核（费用）条例》规定，由英国 ONR 就任何新型核装置的建议评估工作收取费用。这包括核设施施工、调试、运行和退役有关的所有事项，由 ONR 进行评估。根据 1965 年《核设施法案》，在申请核设施场址许可证之前，这些费用适用于与特定设计建议相关的评估工作。

英国核工业主要法律法规参见表 10-5。

表 10-5　英国核工业法律法规一览表

序号	英国核工业相关国际公约	
1	《欧洲原子能共同体条约 1957》	Treaty establishing the European Atomic Energy Community 1957
2	《不扩散核武器条约 1968》	Treaty on the Non-Proliferation of Nuclear Weapons 1968
3	《核安全公约 1994》	Convention on Nuclear Safety 1994
4	《及早通报核事故公约 1986》	Convention on Early Notification of a Nuclear Accident 1986
5	《核事故或紧急辐射援助公约 1986》	Convention on Assistance in the Case of a Nuclear Accident or Radiological Emergency 1986
6	《全面禁止核试验条约 1996》	Comprehensive Nuclear-Test-Ban Treaty 1996
7	《危险物品国际公路运输的欧洲协定 1957》	European Agreement concerning the International Carriage of Dangerous Goods by Road 1957，ADR
8	《国际铁路运输公约 1980》	Convention Concerning International Carriage by Rail 1980，COTIF
序号	英国议会发布的法律（主体法律）	
1	《核设施法案 1965》	The Nuclear Installations Act 1965，NIA65
2	《工作健康和安全等法案 1974》	Health and Safety at Work etc. Act 1974，HSW
3	《能源法 2013》	The Energy Act 2013
4	《能源法 2004》	The Energy Act 2004
5	《环境保护法 1990》	Environmental Protection Act 1990
6	《辐射防护法 1970》	Radiological Protection Act 1970
7	《反恐、犯罪和安全法案 2001》	Anti-terrorism，Crime and Security Act 2001
8	《核保障法 2000》	Nuclear Safeguards Act 2000
9	《放射性物质法 1993》	Radioactive Substances Act 1993
10	《核保障和电力（金融）法 1978》	Nuclear Safeguards and Electricity（Finance）Act 1978
11	《防火（苏格兰）法案 2005》	The Fire（Scotland）Act 2005

序号	英国政府发布的条例等（次级法律）	
1	《核工业安保条例 2003》	Nuclear Industries Security Regulations 2003
2	《核设施监管条例 1971》	Nuclear Installation Regulations 1971（SI 1971/381）
3	《铀浓缩技术（禁止公开）条例 2004》	Uranium Enrichment Technology（Prohibition on Disclosure）Regulations 2004（SI 2004/1818）
4	《核工业安保（费用）条例 2005》	Nuclear Industries Security（Fees）Regulations 2005（SI 2005/1564）
5	《核反应堆（退役环境影响评估）条例 1999》	Nuclear Reactors（Environmental Impact Assessment for Decommissioning）Regulations 1999（EIADR 99）
6	《辐射（应急准备和公共信息）条例 2001》	Radiation（Emergency Preparedness and PublicInformation）Regulations 2001（REPPIR）
7	《工作健康与安全管理条例 1999》	Management of Heath and Safety at Work Regulations 1999，MHSW
8	《控制重大事故危害条例 1999》	Control of Major Accident Hazards Regulations 1999
9	《危险物质和易爆空气条例 2002》	The Dangerous Substances and Explosive Atmospheres Regulations 2002（DSEAR）
10	《危险货物运输和可运输压力设备的使用条例 2009》	The Carriage of Dangerous Goods and Use of Transportable Pressure Equipment Regulations 2009
11	《电离辐射条例 1999》	Ionizing Radiations Regulations 1999，IRR99
12	《退役环境影响评估条例 1999》	Environmental Impact Assessment for Decomissioning Regulations 1999
13	《环境允许（英格兰和威尔士）条例 2010》	The Environmental Permitting（England and Wales）Regulations 2010
14	《电离辐射实践的正当性条例 2004》	The Justification of Practices Involving Ionizing Radiation Regulations 2004
15	《监管改革（消防安全）命令 2005》	The Regulatory Reform（Fire Safety）Order 2005
16	《工作设备使用条例 1998》	Provision and Use of Work Equipment Regulations 1998
17	《起重作业和起重设备规则 1998》	Lifting Operations and Lifting Equipment Regulations 1998
18	《个人防护装备工作条例 1992》	Personal Protective Equipment at Work Regulations 1992
19	《承压系统安全条例 2000》	Pressure Systems Safety Regulations 2000
20	《核武器和海军核动力项目的监管》	Regulation of the Nuclear Weapon and Naval Nuclear Propulsion Programmes
21	《ONR 对非许可海军核场址的监管》	ONR Regulation of Non-Licensed Naval Nuclear Sites
22	《卫生、安全和核（费用）条例 2016》	The Health and Safety and Nuclear（Fees）Regulations 2016

四、核安全与核能国际合作

（一）与中国的核安全与核能国际合作

1. 与中国政府间的合作

英国政府与中国政府间自 2006 年起建立中英能源工作组机制，2010 年更名为中英能源对话机制。2011 年，在第四轮中英经济财金对话期间，国家能源局与英国能源和气候变化部签署了《关于加强能源领域合作的谅解备忘录》。

2013 年、2014 年，国家能源局与英国能源和气候变化部分别在北京和伦敦召开了第二、第三次中英能源对话。2013 年 10 月，中英两国政府签署《中英民用核能合作谅解备忘录》，并据此成立了中英民用核能工作组，为政府部门间、监管方间及企业间合作提供支持，提升两国民用核能行业的安全性、经济性。2014 年 6 月 17 日，在国务院总理李克强和英国首相卡梅伦共同见证下，国家原子能机构主任许达哲、中核集团公司总经理钱智民与英国能源与气候变化部大臣爱德华·戴维、英国国际核服务公司总经理马克·杰维斯在伦敦签署了《关于加强核工业燃料循环全产业链合作的谅解备忘录》。

2014 年 10 月，中国国家核安全局与英国核安全监管办公室于 TSO 大会期间签署了合作协议，两国核安全监管当局开展各项合作。

2015 年 10 月，国家主席习近平访问英国期间，英国能源与气候变化部与中国能源局共同发表《中英 2015 民用核电领域合作声明》，两国领导人共同见证中广核集团与 EDF 签署英国核电项目投资协议。

2016 年 11 月 10 日，中国国务院副总理马凯和英国财政大臣菲利普·哈蒙德于在伦敦共同主持了第八次中英经济财金对话，其政策成果关于基础设施和能源合作方面，中英双方表示欢迎欣克利角 C 核电项目完成最终投资决策及签署协议，欢迎"华龙一号"技术提交通用设计评审，两国认识到废物管理和退役对可持续的核能行业具有重要意义，双方同意加强核安全监管部门之间的合作。

2017 年 9 月 13 日，中国国家核安全局与英国核安全监管办公室在伦敦召开首次中英核安全合作指导委员会会议，双方商定未来两年将围绕"华龙一号"安全审评、核电厂安保、核电厂严重事故分析、放射性废物管理 4 个主题开展具体的合作活动。

2017 年以来，中英民用核能工作组围绕新建核电、放射性废物管理与退役、技术研发、监管方合作、核电标准体系等系列主体，通过对话、论坛、会议、会谈、交流互访等多种方式，不断丰富沟通内容和内涵，继续深化双方民用核能伙伴关系。

2．与中国企业间的合作

2013 年 3 月，受英国能源部及 EDF 的邀请，中广核正式启动与 EDF 合作建设英国新核电项目的磋商。

2013 年 10 月 17 日，英国财政大臣乔治·奥斯本考察台山核电基地，并见证了中广核与 EDF 签订关于英国核电投资合作的非约束性意向协议。

2013 年 12 月 2 日，英国首相卡梅伦访华，表示欢迎中国企业赴英投资，支持中方参股甚至控股英国核电建设项目。

2014 年 3 月中广核与 EDF 签订了《英国新建核电项目工业合作协议》。

2014 年 9 月，马凯副总理访问英、法期间推动英国政府同意在 2016 年受理中国自主技术在英国启动通用设计审查（GDA）并提供必要支持。

2015 年 4 月 21 日，中广核与 EDF 等共同举办第二届中英核能供应链大会，推动中英两国企业之间加强合作。在此次大会期间，BYLOR 公司与中核华兴、Costain 与中铁隧道、Cavendish Boccard 与中核二三公司分别签署了合作备忘录。

2015 年 9 月 21 日，英国时任财政大臣奥斯本在访华期间宣布，英国政府将为中国企业参与建设的 HPC 项目提供投资担保 20 亿英镑。

2015 年 10 月，国家主席习近平访问英国期间，中广核集团与 EDF 签署英国核电项目投资协议，中广核集团将与 EDF 合作，参股英国的 HPC、SZC 核电项目，并在英国开展自主三代核电技术"华龙一号"的通用设计审查 GDA、控股开发 BRB 核电项目。

2016 年 7 月，英国政府临时决定推迟 HPC 核电项目最终投资决策。9 月 15 日，英国政府对外发布声明，批准 HPC 核电项目。2016 年 9 月，中国广核集团、法国电力集团同英国政府在伦敦举行欣克利角核电项目协议签署仪式，并同步签署塞斯维尔、布拉德韦尔核电项目及"华龙一号"技术通用设计审查相关一揽子协议。

2016 年 11 月 9 日，中英核联合研发与创新中心在伦敦成立，由中核集团中国核电（英国）公司与英国国家核实验室（NNL）各占 50% 股比。该中心旨在研究中英及国际市场核电以及核技术需求和发展方向，组织提出核技术研发项目，选择研发单位并进行研发项目管理，开展核技术研发咨询服务。

2017 年 1 月，英方正式受理"华龙一号"通用设计审查申请。3 月，欣克利角项目主体工程正式开工建设。

（二）与其他国家的核安全与核能国际合作

英国作为世界传统的工业强国和核电大国，在核能技术研究、人才储备和产业链配备方面均十分成熟，一直在核能利用、核能研发、安全等领域与其他国家保持比较积极的合作。

2008 年，英国政府通过《气候变化法案》并发布了《核能白皮书》之后，核电新建计划逐渐明确，各国核电投资者携各种技术涌入英国，英国对各方均持欢迎态度。为满足安全要求和推进国际间合作，英国实施一系列非常广泛的信息交换，包括通过 IAEA 开展的多边合作，尤其是安全标准的研发以及同步审查任务，如英国最近支持日本、瑞典及立陶宛开展的同步审查。在欧盟范围，英国则通过欧洲核安全监管机构（ENSREG）及西欧核能监管协会（WENRA）等组织开展国际间合作。

2013 年 3 月，英国牵头欧盟 12 国发表联合公报，公报进一步重申核电是各国低碳能源的重要组成，各国有权利自由制订核电发展计划，并承诺在核安全上互相合作。同时，英国将与法国共同投资 1 250 万英镑参与朱霍罗维兹实验堆的研发，确保其研究机构 NNL 对该实验堆的使用以及安全技术上的各种合作。

2015 年 11 月，英国政府宣布了总投资 2.5 亿英镑的研发计划，以复兴其核电专业，尤其是通过小型堆（SMR）跻身于世界先进核电技术全球领导的位置。计划将通过增资 DECC 的研究开展。

2016 年 1 月，NNL 确认福陆集团子公司 Nuscale 的 50 MWe 小型堆可以使用 MOX 燃料，而 Nuscale 亦正在寻求 2020 年左右在英国建设其小型堆的机会。这为英国的钚处理提供了机会。据 Nuscale 称，其将在 2016 年年底开始美国的设计认证工作，并同步推进其技术在英国的 GDA 审查。

2015 年 10 月，西屋公司主动向英国政府递交了建议，请求与英国政府合作许可和使用其 225 MW 的轻水堆。建议中，西屋公司将与英国政府分享其 SMR 的概念设计并与英国政府共同完成许可并实施。西屋公司还表示：英国完全具备制造其 SMR 的能力。西屋公司的建议将对英国的供应链公司有较大的促进作用。

此外 2016 年 6 月，通用日立也表示其 PRISM 快堆也将加入英国的小堆竞争中。

2016 年 7 月，英国议会委员会建议在威尔士的 Trawsfynydd 建设 SMR，相关的方案技术尚未清楚。

在钚处理方面，英国政府执行部门 NDA 经过多方验证和筛选，于 2014 年 1 月表示，通用日立的 PRISM 快堆技术和加拿大的 EC6 反应堆技术是比较可行的方案。2015 年 5 月，NDA 已经向 DECC 递交了方案的详细报告。2015 年 6 月底，DECC 与加拿大自然资源部签订了提高民用核能合作的谅解备忘录，提出双方在核燃料循环方面，包括铀供应，反应堆设计、建造、运行和退役、变更设计以使用替代燃料等方面开展合作。

五、核能重点关注事项及改进

（一）福岛核事故后主要安全改进

福岛核事故之后，英国对其国内在役核电站进行了一系列评估。其行动主要包括两方面：一是对《核安全维也纳宣言》就与核安全相关的基本原则要求进行了回应和安排；二是 ONR 等与核安全监管相关的机构采取了改进措施提高在役核电站的安全性。

1. 针对《核安全维也纳宣言》三原则的改进

《核安全维也纳宣言》原则一：新建核电站在设计、选址和建造阶段的安全目标应与调试和运营阶段的目标一致，即阻止和减少放射性物质对厂区内外的长期污染和避免在初始阶段就因放射性物质释放量过大而需要采取长期保护措施和行动。针对原则一，英国政府要求英国核管理办公室（ONR）的安全评估原则以 IAEA 的安全准则为基准，要求取得核安全许可证的相关机构考虑设计基准事件，超设计基准的小概率事件和可能导致放射性泄漏严重事故情况下的应对措施。该原则要求在所有情况下，电站都设计了阻止事故的发生、减少可能的放射性泄漏和尽一切可能减少相关风险的措施。对新建的核反应堆英国政府采取了一系列新的评估政策来评估与厂址相关、可能带来安全风险的因素。纵深防御的最后一层是紧急情况的准备和响应。英国继续维持和发展厂区、当地、国家 3 个层面的应急规划来保障紧急情况下的应对。

《核安全维也纳宣言》原则二：对现役的设施、设备需在其寿命期内定期进行全面系统的安全评估。一些必要的安全改进措施需及时得到贯彻和落实。针对原则二，英国政府将延续多年来英国对核设施一直保持着定期的安全审查（PSR），评估设施设备的安全性，同时 ONR 保持着对重大安全事件的监管并要求有关核许可持证人执行一切必要的安全改进措施。

《核安全维也纳宣言》原则三：为达到贯穿核电站全寿命周期内的各项安全目标，维也纳公约要求各国的国家需求和规章需重视 IAEA 的安全准则以及一切其他良好实践。针对原则三，英国将继续一直采用 IAEA 安全准则来监管国内的在役和准备建造的新的核电站，并将充分吸收他国核电行业的良好实践，以确保国内的各项规章制度与 IAEA 的安全准则相一致。

2. 福岛核事故后改进措施

2014 年英国在国家核安全报告第六版中讨论了日本地震和海啸对英国核工业的影响以及英国的应对策略。该报告总结了英国在国家和国际层面展开的有关活动（通过国际原子能机构、欧洲委员会和公约），这些活动帮助英方吸取福岛核事故经验反馈，以便从中吸取教训，提高英国核安全。在近 3 年的报告周期内，ONR 和持照方做了大量的技术评估和安全分析，以确定英国的核电厂和核设施在设计上是否存在缺陷，调查结果涵盖在以下的报告中：①ONR 发布的英国应对日本地震和海啸的策略及改进措施的中期报告和最终报告；②欧洲理事会（EC）为英国核电厂展开的"压力测试"。

持照方和 ONR 的调查均未发现英国核电厂及核设施存在根本性设计缺陷。调查结果表明英国已在福岛核事故前根据《核安全维也纳宣言》的内容实施了大量的安全措施，提高了核安全指标。尽管如此，该项调查工作仍提醒了核工业人员对核安全需要持续改善，升级安全性评估方法，以便应对覆盖"超设计基准"事件的发生，这些评估包括：①ONR 的结构调整方案；②应急响应安排；③核安全研究的监督；④公开性和透明度（ONR 作为一个独立的公共机构，担负着提供有关资料的法定责任加强）。

ONR 发布的中期报告、最终报告和压力测试报告构成了 2012 年 8 月举行的第二次《核安全公约》福岛核事故特别会议上英国的报告基础。ONR 在 2012 年 10 月出版了从日本地震和海啸中吸取的经验教训及预防措施的总结报告。ENSREG 批准了压力测试的技术定义，并明确了需要对每个国家的监管机构制订国家行动计划。在 2012 年 12 月，行动计划制订完成。该计划总结了英国应对压力测试结果的有关行动、欧洲同行评审结论，以及其他 ENSREG 的建议。

2013 年 IAEA 综合监管评审团对英国开展了国际同行评议，评审内容增加了福岛特定模块，得出结论认为 ONR 尽了相当大的努力，收集关于福岛第一核电站事故情况的信息，吸取经验教训，并启动了措施提升英国的核安全。ONR 对福岛第一核电站事故影响的评估包含了所有重要问题，并提供了相应的建议。因此，未来一定时间内没有需要被补充执行的新措施。

英国将持续报道更新有关福岛核事故后安全改进措施的进展及同行互检行动中的收获。包括英国在执行欧洲核安全监管机构（ENSREG）压力测试成果中的主要任务及国际原子能机构在 2013 年的监管评审服务（IRRS），这项目服务涵盖了福岛核事故模式。英国在《核安全维也纳宣言》中有关核安全问题的解决方法已经公布，包括第六审查会议的主席报告中的建议内容。

（1）国家行动计划

ONR 在 2014 年 12 月向 ENSREG 提供了英国对福岛核事故应对措施的更新报告，专注于外部事件、安全系统失效和严重事故管理。2017 年 12 月，ONR 又发布了第二份国家行动计划最新进展报告，融合了自福岛核事故以来 ONR 所有相关报告的主要内容，包括吸取福岛经验教训安全改进的落实情况和后续活动的计划等。

（2）事故审查及评估

福岛核事故之后，英国针对该起事故带来的影响主要进行了两方面的审查和评估：

一是应 DECC 要求，英国首席核督察 Mike Weightman 出版的《日本地震和海啸对英国核工业的启示》建议行动；二是应欧盟要求对英国现役核设施进行的全面的安全负荷测试（Stress Tests）。

1）DECC 要求下进行的改进建议行动

2011 年 3 月福岛核事故发生后，在 DECC 的要求下英国首席核督察 Mike Weightman 针对该事故于 2011 年 5 月起草并发布了《日本地震和海啸对英国核工业的启示》的建议行动报告（过渡版），并于 2011 年 9 月正式发布了最终版报告。该报告的目的是在研究福岛核事故的经验教训的基础上对比分析英国民用核设施的安全管理状态，并提出改进意见。根据调研结论，共形成了三大门类共计 36 个改进建议（其中在过渡版的报告中共形成了 25 个改进建议，在终版报告中形成了 11 个改进建议）。这些改进建议涉及核安全管理体系的完善、监管者的职责、技术改进、国际合作等诸多方面。该报告根据全球安全标准和 ONR 的安全评估原则，更新了英国民用核设施在遇到紧急情况下的安全评估准则。在该报告中总体建议主要是针对国内外突发情况的应急响应，包括：国际和安全标准的维护，核设施的控制与发展计划，ONR 安全评估的审查及更新。这些建议大部分是由政府部门和 ONR 负责执行的。与核监管相关的建议和与英国核工业体系相关的建议包括全球安全标准维护、规划控制的充分性、核授权开发，审查和 ONR 的安全性评估原则等。

根据报告要求，在这些改进建议确认后所有与核安全相关的公司、组织、管理者、从业者应定期向 ONR 反馈这些建议的落实情况，以便 ONR 进行评估关闭情况。目前这些建议行动进展良好，在该领域的工作将持续进行。截至 2016 年 6 月，已完成 80% 的更新行动。有关执行统计数据为：①核设施许可持有人申请关闭行动建议，ONR 已确认并同意的行动占 65%；②核设施许可持有人申请关闭，ONR 需要更多信息进行审查的行动占 8%；③核设施许可持有人未申请关闭的行动占 27%。需要特别说明的是，DF 核能发电有限公司（NGL）于 2014 年 3 月提交了总结报告，报告中详细描述了 EDF 对首席核督察的行动建议和压力测试的执行情况。ONR 对报告内容进行了评估，认为 EDF 对于福岛核事故的经验反馈取得了一定的进展，ONR 将对 EDF 的行动计划的执行情况进行监管。

2）压力测试（Stress Tests）

应欧盟的要求，在福岛核事故之后英国对所有在役核电站进行了压力测试以评估风险。相关测试标准由欧洲核安全监管局制定，旨在检测在类似于福岛核事故这样的极端条件下，核电站的安全边界能否满足预定的目标和要求。

2011 年 12 月，ONR 出版了欧盟对英国核电站压力测试的最终报告。该报告是一份纯技术性报告，在该报告中，ONR 共提出了 19 个测试标准，假设了地震、洪水、极端气候条件、厂区内外失电、最终热阱失效等极端状况下的检测。该报告主要对英国两大主要核电运营商 EDF NGL 和 Magnox Ltd 旗下的所有核电站进行了评估。根据 ONR 的测试结论：没有证据表明英国目前在役的核电站存在颠覆性的或根本性的缺陷，从而可能引发类似于福岛核事故的灾难。同时 ONR 还指出核电授权的运营商（Licensees）应在诸如抵御洪水的深度、安全边界评估方法上进行改进以获得更高的安全裕量。

（二）英国最新核能发展形势

2006 年以来，尽管发生了日本福岛核事故，英国公众对核电发展的意见仍然保留正面态度，值得一提的是英国三大政党均对核电持强力支持态度。2012 年 7 月，YouGov 的一项调查表明 63% 的英国人支持采用核电，且仅有 22% 的英国人对 Brownfield 厂址建设新核电站持反对意见。而对于电力市场改革，支持和反对的英国人比例分别是 35% 和 18%。此后其他机构类似的调查也显示出同样的结论，即英国并没有因为福岛核事故而使得民众明显增多了反对核能利用的声音。

2012 年 11 月 26 日，英国核监管办公室（ONR）为 EDF 能源公司规划中的欣克利角 C 核电厂颁发了厂址许可，这是 25 年来首个获得厂址许可的英国核电厂。历时 3 年的评估之后，ONR 向 EDF 能源旗下的新建子公司 NNB 公司（NNB GenCo）颁发了许可证，将这一领域的工作推向了高潮。此后随着 2016 年 9 月 29 日中法英国三国正式签署了英国项目一揽子协议，确立了这座位于英国西南部萨默塞特郡的 HPC 核电厂可以开工，并允许了法国的 EDF 集团和中国的 CGN 集团在欣克利角 C 核电项目的基础上，进一步共同开发塞兹韦尔 C 和布拉德韦尔 B 核电项目，此举标志着英国新建核电项目向前迈出了重大一步。

（三）英国国家政策或特殊机制对核能发展的影响

1. 减排政策与能源保障

在全球、欧盟和英国的减排目标下，加之能源保障方面的需求，使得核能成为英国政府的必选项，并成为未来能源规划中的重要组成部分。从已经批准建设的 HPC 项目开始，英国政府将陆续启动多个厂址、多种核电技术路线的核电项目建设，在保障能源工业的前提下，也使得英国核能领域供应链获得巨大空间。

2. 通用设计审查（GDA）

GDA 是英国要求新核电反应堆项目所采用的技术必须首先通过通用设计审查，从环境、健康、安全等角度对与非厂址相关的核反应堆设计进行通用审查。英国核电市场引入的核电技术路线多，且均需通过 GDA 审查，但能否通过或按拟定时间计划通过很大程度上取决于申请者的核电技术是否满足英国监管机构的要求以及在当 ONR 对 GDA 申请过程中提出问题时申请者是否能及时响应并予以解决。此外，不同的技术路线使得英国监管机构、供应链均难以很快适应并参与。这些因素使已经规划的核电厂址能否按时开工或能否按时建成出现了较大不确定性，进而使得核能的发展受到一定限制，情况严重时甚至难以满足英国能源发展规划目标的要求。

3. IUK 融资政策

在核能项目中，考虑 IUK 融资的初衷在于减少投资者的债务成本，以较低融资成本吸引投资者参与核电项目。但由于目前 IUK 融资的实际成本与公开市场上的融资并没有明显优势，此外，IUK 融资规模也有所局限，这使得英国的初衷并没有实现。但由于核电项目的特殊性，投资者，尤其是海外投资者不一定会将 IUK 融资这一支持性政策予以很高的优先级，因此，如果英国在此政策现有条件下不能有进一步的突破，那么 IUK 的融资对英国核能的发展影响是有限的。

4. 电价保障机制

英国的电价保障机制通过低碳公司（LCCC）与发电商之间的差价合约（CfD）来实施。在合约期限内，差价合约在一个事先约定的水平（即行权价）提供发电收入的稳定性，从而消除固有的英国批发市场定价的显著不确定性，减少与昂贵的长期建设阶段相关的投资回报风险。此政策机制极大地增强了核电企业在英国本土开发核能项目的信心，甚至可以说是决定性的政策。但同时，较高的行权价将导致消费者未来将会支付更多的费用，这种变相补贴核电企业的政策也令英国政府屡屡受到质疑和批评。这些质疑和评判甚至构成了英国新政府在 2016 年 7 月底对 HPC 项目进行重新审查所考虑的因素之一，因此 CFD 机制的可持续性会存在疑问。目前很难判断 HPC 项目之后的英国后续核电项目是否能同样给出同样的 CFD 条件，但一旦失去 CFD，在不久的将来英国仍然处于多种核电技术并存、市场规模有限的情形下，将大大减少投资者参与核电项目的建设，进而危及其能源升级替代目标。

5. 环保政策

核电项目对环保有特殊要求，环境许可是开发建设核电项目必须获得的批准令，目前英国的环保政策不构成在英国境内开发核电项目比国际上其他国家更为多的困难，严格的环境政策导致英国可适用开发核电的厂址减少，一定程度上会限制核能发电发展，但从长远看，污染性物质，尤其是放射性物质的在核电厂周围的累积影响决定了厂址在运行期间和运行后相关的土地使用的合法性，高要求的环保政策恰恰为核能的稳定发展减少了障碍。

6. 劳工政策

在英国，工人是代表其利益的某个工会成员的情况很常见。如果雇主认可工会，则雇主需要就某些涉及员工的决定与工会商议，对雇佣条款及条件进行集体协商，包括工资、工作时间和假期。如果雇主和工会之间产生纠纷，可能导致工会成员采取劳工行动。如工人可能会罢工。考虑核能行业的特殊性，任何罢工行为不仅将对核电项目建设进度、建设成本控制或者运行安全方面产生重大影响，而且会影响公众信心。

此外，来自欧洲经济区之外的任何员工需要签证才能在英国工作。如果非欧洲经济区国民没有工作许可而在英国工作，则可能导致用工实体承担责任，并影响用工实体雇佣其他非欧洲经济区国民。这可能极大地影响核能企业持续经营的能力，并导致负面的媒体报道。

此外，英国脱欧后，潜在后果也包括降低英国对国外核电人才的吸引力，这对英国核能的发展将产生负面影响。

7. FDP 计划

FDP 计划（有资金支持的退役计划）旨在解决英国核电项目退役时，保障其有充足的预留款项来支付核电厂运营阶段的废料管理和处置的费用。以往退役核电站历史遗留废料的退役、管理和处置费用由当下英国纳税人承担，在社会民众舆论方面遭受了较大的压力。为了避免这类问题再度发生，英国 2008 年《能源法》(*UK Energy Act* 2008) 明确规定，FDP 将作为一项强制法律要求，在开发厂址前应确保针对该厂址的 FDP 已获批准，被 DECC 和 ONR 等发展或监管部门部门认为是项目建造的第一个重要基础。因此，不取得 FDP 批准就开工建设是触犯刑法的，会面临罚款及起诉。但同时，因部分收益被提取预留做退役基金，直接将导致核电项目的投资回报率明显下降，这在很大程度上将会降低投资者信心，但如果有恰当的机制，如 CfD，此担忧可得到有效缓解。

8. 核电"特殊股份"政策

出于对国家安全影响的考虑，英国政府于 2016 年 7 月底提出对 HPC 项目投资进行审查，并规定英国政府将在 HPC 项目之后的未来所有新建核电项目中持有"特殊股份"，同时还对核电项目的开发商和运营商提出有关要求，一切关于项目的潜在的全部或部分股权的变更都须通知英国政府，以便政府了解情况并保留审查权力。

该政策的出台引发了包括中广核集团在内的即将在英国参与核电站投资和建设的核电企业的担忧，但英国财政部部长哈蒙德大臣在 2016 年 9 月中旬与国务院总理马凯的通话中强调，类似政策在英国有先例并运行良好，并不会对项目的日常控制和管理带来干扰。目前很难判断该政策对后续进入英国核电市场企业意愿的影响，存在的一种担忧是，核电企业母公司在遇到财务困境时，是否可以从英国市场进退自如。但从即将进军英国核电市场的各大核电企业的反应态度来看，这种担忧有限，并不会对英国核能的发展产生实质性的影响。

（四）核安全挑战

英国面临的核安全挑战包括：①如何对老化的 AGR 机组进行有效监管，其中包括网络安全；②如何对即将进入英国核电市场的核电技术有序开展 GDA 审查，在确保进入英国的核电技术满足包括核安全在内的要求的同时，又能使得相关核电项目及时进行建设，进而保障英国能源供应；③英国已经有接近 30 年没有新建核电机组，原有的核电技术人才队伍也逐渐面临退休，其国内核电人才出现严重断层，英国新政府多次提到的国家安全方面，建设、运营尤其是监管方面的核电人才的匮乏也是其所忧虑之一。

第十一章　土耳其
Turkey

一、概述

土耳其共和国地跨亚、欧两洲，濒地中海、爱琴海、马尔马拉海和黑海，地理位置极为重要，是连接亚欧的十字路口。陆上，土耳其与亚、欧 8 个国家相邻，东有格鲁吉亚、亚美尼亚、阿塞拜疆、伊朗；东南有伊拉克、叙利亚；西有保加利亚、希腊。海上，土耳其北部隔海与罗马尼亚、俄罗斯、乌克兰相望；南部隔海与塞浦路斯相对。

土耳其国土面积 78.36 万 km^2，人口 8 074.5 万，海岸线长 7 200 km，陆地边境线长 2 648 km。南部沿海地区属亚热带地中海式气候，内陆为大陆型气候。土耳其矿产资源丰富，主要有大理石、硼、铬、钍和煤等，但石油、天然气资源匮乏，需大量进口。

土耳其首都为安卡拉（Ankara），是全国政治中心、第二大城市，位于安纳托利亚高原中部。伊斯坦布尔为全国最大城市，是工业、运输、贸易、文化、金融中心，位于博斯普鲁斯海峡两岸，扼黑海出入门户，战略地位十分重要。土耳其政治体制效仿欧洲，为共和体制。总统为国家元首、三军统帅，任期 5 年。2018 年 7 月，土耳其总统雷杰普·塔伊普·埃尔多安（Recep Tayyip Erdogan）在安卡拉举行就职仪式，宣布连任土耳其总统，并公布了新一届内阁成员名单。随着新政府的成立，土耳其政体正式由议会制转向总统制。

二、核能发展历史与现状

（一）核电发展背景

土耳其能源资源严重匮乏，92%的石油和98%的天然气依赖进口。伊朗和俄罗斯是土耳其石油和天然气的主要供给国。截至 2016 年年底，土耳其总装机容量达到为 7.85 万 MW，其中水电占 35.4%、火电占 22.1%、其他可再生能源占 36%。但土耳其生产的电力尚不足以满足国内需求。2016 年，土耳其发电量为 2 617 亿 kW·h，而其耗电量已达到

2 783 亿 kW·h。根据土耳其能源与自然环境部（ETKB）的估算，能源需求增长速度为每年 6.1%～8%，到 2020 年土耳其电力需求将达到 4 060 亿～4 990 亿 kW·h，能源需求大幅提升。因此，土耳其一直希望通过发展多样化能源以及提高能源使用效率来确保其能源安全。2015 年年底俄罗斯一架苏-24 战机在土-叙边界被土耳其战机击落，随后导致土俄外交恶化，俄罗斯对土耳其进行经济制裁，这对土耳其的能源和经济发展带来了极大的负面影响，因此摆脱对外能源依赖对土耳其来说显得至关重要。

目前，土耳其正在大力发展煤电和水电等传统电力，加速发展太阳能、风力、地热等无污染电力，开始发展核电电力。根据国家发展规划，土耳其已将煤炭、天然气、水利资源、可再生资源以及核能列为土耳其的 5 个能源支柱。土耳其本地铀资源储量丰富，经济发展迅速，年人均用电量快速增长，也符合发展核电的基本要求。尽管建设核电站面临重重困难，但该国政府已下定决心开发核能项目，因为它不仅能缓解能源紧张的状况，还能同时为地区和国家创造高收入的工作岗位。2011 年福岛核事故之后，土耳其国内有不少反对发展核电的声音，但土耳其政府继续保持其发展核电的计划，决心在 2023 年完成 3 座核电厂的建设。从而助其实现"2023 目标"，即在土耳其共和国成立 100 周年时跻身世界十大经济体，实现年人均能源消费在 2023 年前增加一倍，总装机容量增加到 125 000 MW，可再生能源发电占比提高至 30%。

（二）核电发展现状

目前土耳其没有在运行的核电厂，正在计划建设 3 座核电厂（图 11-1），第一座阿库尤核电厂（Akkuyu NPP）位于地中海东北部沿海地区、土耳其南部梅尔辛（Mersin）省的梅尔辛港口附近。第二座锡诺普核电厂（Sinop NPP）位于黑海南部沿岸地区、土耳其北部锡诺普港口附近。第三座伊尼阿达核电厂（Igneada NPP）位于黑海西南沿海地区、土耳其西北部克尔克拉雷利省（Kırklareli）的伊尼阿达镇附近。

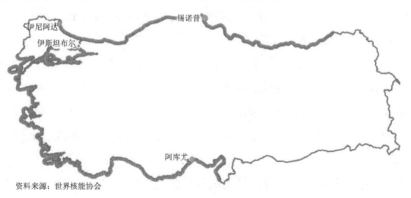

资料来源：世界核能协会

图 11-1 土耳其核电站的地理位置

此外，土耳其还有 3 座研究堆：ITU TRIGA Mark-Ⅱ研究堆位于伊斯坦布尔科技大学内，是一座轻水反应堆，1979 年 3 月开始首次运行至今。在 CNAEM 核研究与培训中心还有两座池式研究堆 TR-1 与 TR-2。其中 TR-1 装机 1 MW，1962 年 1 月首次临界，于 1977 年 9 月停堆关闭；TR-2 装机 5 MW，于 1981 年 12 月首次临界，运行至今。

1. Akkuyu 核电项目

1970 年土耳其就开始进行第一座核电厂的可行性研究。1976 年地中海东北部海岸梅尔辛港附近的 Akkuyu 作为第一座核电厂的厂址获得批准，但是由于缺乏资金，建造工作被迫中止。1993 年，土耳其对 Akkuyu 核电厂进行招标，拟建设一座 200 万 kW 级的核电厂，最初竞标方包括美国西屋公司与日本三菱集团（Westinghouse + Mitsubishi）、加拿大原子能公司（AECL）以及法国法马通公司与德国西门子公司（Framatome + Siemens）。但是最终由于土耳其经济危机，竞标结果一直推延公布，建设工作也一度推迟。

2006 年 8 月，土耳其政府宣布在 Akkuyu 的核电厂装机容量提升至 450 万 kW。2010 年，土耳其与俄罗斯签订协议，规定由俄罗斯国家原子能公司（Rostam）投资建造并控股 4 台 120 万 kW 级的 AES-2006VVER 型核电机组，总装机容量 480 万 kW，当年相继获得土耳其议会和俄罗斯议会的批准。2015 年 3 月土耳其能源大臣预计 Akkuyu 核电厂一号机组最早将于 2022 年装料运行。同年 4 月 Akkuyu 核电厂宣布开工建设，主体建筑工程预计于 2016 年年底正式开始。整体工程预算预计达到 1 400 亿元人民币（约 220 亿美元），由俄罗斯国家原子能公司以 BOO（建设—拥有—运行）方式建造。但是由于 2015 年年底俄罗斯对土耳其的制裁，可能会对核电厂建设造成影响。俄罗斯国家原子能公司负责项目的融资，并拥有子公司土耳其 Akkuyu 项目公司 100%的股份。Akkuyu 项目公司（APC）负责 Akkuyu 核电厂的建造、拥有、运行和退役，建造运行计划如图 11-2 所示。2011 年，Akkuyu 项目公司变更为 Akkuyu NPP JSC（Akkuyu Nukleer Santral/NGS Elektrik Uretim AS）。从长远来看，俄罗斯国家原子能公司可能将该子公司 49%的股份出售给土耳其或其他国家的投资商，但仍将保留其 51%的控股权。土耳其 Park Teknik 公司与土耳其国有发电公司（EUAS）可能会购买大部分股份。

土耳其电力贸易与承包公司计划在首台机组投运后的 15 年内以 12.35 美分/（kW·h）的价格购买 Akkuyu 核电厂固定比例的电力。这部分电力相当于首批两台机组 70%的发电量，以及 3 号、4 号机组投运后该核电厂 30%的发电量。剩余电力将由项目公司向市场销售。15 年后，当逐渐完成建造成本回收，项目公司需向土耳其政府上交 Akkuyu 电站 20%的利润。

2011 年 12 月，项目公司向监管机构编制了建造许可证与发电许可证申请以及环境影响评估（EIA）。2012 年年中，监管机构签发了厂址许可证，并要求需在 2013 年年中开展厂址前期准备工作。2014 年年底，土耳其批准了 Akkuyu 核电厂的环境影响评估。

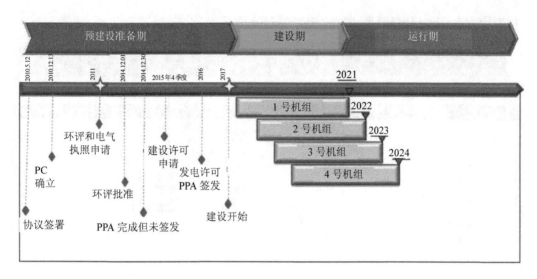

图 11-2　项目建造运行计划

2015 年 12 月，最新版本的厂址参数报告被递交给土耳其原子能管理局（TAEK），所有需要的参数和特性研究均已完成，根据已完成的调研、评审和评估，可以认为：

①应用控制已经完成；

②厂址团队第一次评估和评审已经完成，最终评审结果正在进行中；

③核安全咨询委员（ACNS）已经召开两次会议，并已有最终结论；

④最终评审的技术支持正在进行；

⑤原子能委员会（AEC）在会议中已被告知有需要改进项；

⑥IAEA 的任务已经在 2015 年 2 月完成。

此外，建造许可证的申请预计将会在 2016 年 5 月上交。

2018 年，土耳其第一座核电站已经破土动工。2018 年 4 月 3 日，在俄罗斯总统普京访问土耳其期间，双方领导人共同见证了俄方承建的土耳其阿库尤核电站开工仪式，俄方承诺该核电项目将按计划于 2023 年运行。

2．Sinop 核电项目

Sinop 核电项目厂址位于黑海沿岸的 Sinop 地区，土耳其政府原计划到 2020 年建成 4 台核电机组，并于 2010 年与韩国电力公司（Kepco）进行协商。随后，日本东芝公司和东京电力公司表示有兴趣参与 Sinop 项目，并于 2010 年年底开始与土耳其展开独家谈判，提出建造 4 台单台装机容量为 1 350 MW 的 ABWR 机组。

2010 年 12 月，土耳其与日本签署了一份非约束性的民用核能合作备忘录，日本计划向 Sinop 核电项目投入 200 亿美元，土耳其不提供任何贷款相关的国家担保，但承诺提供核电厂商运后的购电保证，即由国有电力贸易公司土耳其电力贸易与承包公司包销该核电厂所发电力，Sinop 项目建造运行计划如图 11-3 所示。

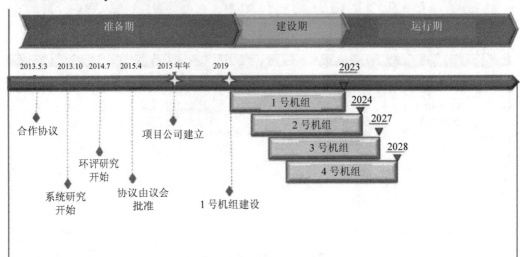

图 11-3　Sinop 核电项目建造运行计划

2011 年 3 月，福岛核事故后，东京电力公司宣布退出，土耳其之后又开始与韩国、中国、加拿大展开谈判。2013 年土耳其政府开始招标，并收到来自日本三菱重工领头的竞标联盟（包括三菱重工、法国阿海珐以及日本伊藤忠商社）以及中广核为首的中资竞标联盟的投标。土耳其政府最终选择了前者的技术路线，建设 4 座 Atmea1 型 120 万 kW 级的反应堆，并与日本政府于 2013 年 10 月签订了总理级别的合作协议。根据土耳其政府的计划，Sinop 核电厂将由日本以 BOT（建设—运行—移交）方式建造，由 Engie 公司（原法国燃气苏伊士集团 GDFSUEZ）负责运行。2015 年 4 月，土耳其议会批准了与日本的政府间协议。根据协议，Sinop 核电厂正在进行厂址准备工作，预计 2017 年开工建造，2023 年并网发电。

3. Igneada 核电项目

土耳其计划在黑海靠近保加利亚边境的 Igneada 地区建造第三座核电厂。2014 年 11 月 24 日，中国国家核电技术公司（以下简称"国家核电"）、美国西屋公司（以下简称"西屋"）和 EUAS 签署合作备忘录，启动在土耳其开发建设 4 台核电机组（采用先进非能动压水堆 CAP1400 技术和 AP1000 技术）的排他性协商，即土耳其只和国家核电、西屋公司在这个项目上谈判，谈判失败则取消该项目，不会再和其他国家谈判。协议初步计划建造两台 AP1000 机组和两台 CAP1400 机组。CAP1400 是中国在引进、消化、吸收美国 AP1000 的基础上，通过自主研发和创新，形成具有中国自主知识产权的第三代压水堆核电机组。国家核电与西屋已达成共识：AP1000 国际市场开发，以西屋为主，国家核电及中方企业支持；CAP1400 国际市场开发，以国家核电为主，西屋及外方企业支持。

该电厂选址位于黑海西南沿海地区、土耳其西北部克尔克拉雷利省（Kırklareli）距保加利亚仅 12 km 的 Igneada 镇附近，但具体厂址并未选定。土耳其总理称第三座核电厂将于 2019 年开始建造。2018 年 8 月 8 日，据土耳其媒体 *Turkish Minute* 报道，土耳其能源和自然资源部部长法提赫·登梅兹 8 日表示，土耳其第三个核电站的建设项目将与中国共同落实。土耳其第三座核电将建在色雷斯，因为临近的伊斯坦布尔和马尔马拉海区域的用电需求很高。此前，美国和日本等国的公司也对该核电站项目表示了兴趣，但中国在项目招标中处于领先地位。中国对于技术转让的问题相当开放，这将有利于达成与土耳其建设第三座核电的协议。

另外，地震风险较低的安卡拉地区以及马尔马拉海西北海岸 Tekirdag 也是潜在厂址。

土耳其核电站的具体参数见表 11-1。

表 11-1　土耳其核电站的具体参数

核电站	反应堆类型	装机容量/MWe	开始建设时间	初始运行时间
Akkuyu 1	VVER-1200	1 200	2018 年 4 月	2023 年
Akkuyu 2	VVER-1200	1 200	2019 年	2023 年
Akkuyu 3	VVER-1200	1 200	2020 年	2024 年
Akkuyu 4	VVER-1200	1 200	2021 年	2025 年
Sinop 1	Atmea1	1 150		2024 年/2025 年
Sinop 2	Atmea1	1 150		2025 年/2026 年
Sinop 3	Atmea1	1 150		
Sinop 4	Atmea1	1 150		
Igneada 1-4	AP1000×2, CAP1400×2	2×1 250 2×1 400		

4．研究堆

土耳其拥有两个研究堆和一个燃料制造试验厂，且这些设施不在核安全公约内容之内。

Çekmece 核研究和培训中心（CNAEM），是隶属于 TAEK 的三大机构之一，与大学以及其他科研机构合作，和平开发利用原子能。1962 年，为了研究和生产工业及医疗用同位素，CNAEM 开始调试 1 MW 的 TR-1 号研究堆。TR-1 号研究堆在 1962—1977 年运行，目前已经退役。

随后在 1984—1994 年，为研究辐照，5 MW 的游泳池研究堆 TR-2 号建造、运行。1995—2009 年，TR-2 号研究堆在低功率下运行，由于地震评估研究要求对于反应堆建筑物进行升级。2013 年，对于建筑物的加固完成，最新的安全评估报告也已经准备就绪。图 11-4 是 TR-2 号反应堆的控制室以及反应池。

图 11-4　TR-2 号研究堆

土耳其另外一个研究堆是 ITU TRIGA MARK-Ⅱ，1979 年 3 月 11 日，ITU TRIGA MARK-Ⅱ 达到第一次临界状态。ITU TRIGA MARK-Ⅱ是游泳池型轻水冷却带石墨反射层的堆型，其稳定状态运行功率可以达到 250 kW，脉冲模式运行功率最高可以达到 1 200 MW，可维持 10 ms，图 11-5 是 ITU TRIGA MARK-Ⅱ 的展示图。

图 11-5　ITU TRIGA MARK-Ⅱ研究堆

此外，作为核能领域的新晋势力，土耳其政府十分重视国产化，目前，为解决国产化问题，土耳其开展了诸多国产化项目：

- 安卡拉商会的 URGE 项目（为提高国际竞争力）；
- 由安卡拉发展机构支持建设的培训中心，中心将为核供应链上的工作人员提供培训和认证服务；
- 建立由科学技术部支持的本地化核供应链体系的集群项目。

为明确本地化工业水平，土耳其在线调查了 546 家企业、实地调研了 278 家企业的技术能力。

三、国家核安全监管体系

土耳其原子能管理局（TAEK）是土耳其核安全监管机构，负责监管土耳其的所有核、辐射及核设施。作为核能政策和规范的制定者，TAEK 有权起草和发布有关核电法律、规范、指导手册等相关内容。TAEK 也参与到许可证和对核设施、核材料以及其他放射性材料的现场监管管理活动，目前 TAEK 同时负责核能安全和核能研发。

2018 年 7 月 18 日土耳其总统宣布成立新的国家核电机构，以管理核能部门，尤其是对土耳其核电厂的采购、建造等工作进行监管。

（一）TAEK 的历史及变革

1956 年 8 月 27 日，6821 号法律规定总理当权下属组建的原子能委员会（General Secretariat of The Atomic Energy Commission，AEC），负责土耳其的所有核活动。1982 年 7 月 13 日，2690 号法律规定由 TAEK 取代 AEC 负责核相关活动，其行政级别上附属于总理办公室。2002 年 11 月，土耳其政府重组部分公共机构和部所之间的关系，根据重组结果，TAEK 成为能源和自然资源部（The Ministry of Energy and Natural Resources，MENR）的附属机构。MENR 是国家能源部门的主要主管机关，负责协调其所属机关、机构及其他公有和私有企业一起编制和执行能源政策、计划和规划。

目前，根据职责分工，MENR 负责制订能源计划，以满足日益增长的能源需求。TAEK 负责核电厂建造和运行标准的起草。原子能委员会（AEC）负责观察和评审所有 TAEK 的研究，监管所有涉核项目，为 TAEK 制订核电规划，预审并向总理提交 TAEK 的预算。

（二）核安全监管架构

根据 2690 号法律规定，TAEK 的职责如下：

1）制定为了国家利益和平利用原子能的国家政策及相关计划和方案的基本原则，并提交总理批准。进行和平利用原子能的研究、开发活动，促进国家的科学、技术、经济发展，并协调和支持上述领域的活动。

2）确定在各种勘探、开采、净化、配送、进出口、贸易、运输、使用、转让和储存核原料的活动中必须遵守的一般原则，确定用于核领域的特殊可裂变材料和其他战略物资，提出建议并在此基础上开展协作。

3）建设和运行位于国家重点地区的研究培训中心、核电机组、实验室、测试中心和不以电力生产为目的的试验电厂；为核燃料循环设施的管理、净化和其他必要目的的实施提供建议。

4）建立和运行放射性同位素生产、质量控制、缩放和配送的设施。

5）确定在使用放射性设备、放射性材料、特殊裂变材料和诸如此类电离辐射源的活动中，进行防护电离辐射的指导原则和规定，并确定法律责任范围。

6）发放政府部门、私人机构或个人持有、使用、进出口、运输、储存和交易放射性设备和放射性材料的基本授权许可证，控制相关辐射防护。在与辐射条例冲突的情况下，永久或临时取消许可证。

7）制定法令和法规，管理放射性同位素的使用、进出口、运输和保险责任。

8）承认核电厂和研究堆、核燃料循环设施相关的选址、建造、运行和环境保护的批准、许可和执照；进行必要的检查和控制，限制不遵守许可和执照的运行权力；永久或临时取消许可证和执照，并向总理提供关闭这些设施的建议；为这些目的制定必要的技术导则、法令和法规。

9）采取必要的措施或对来自核设施和放射性同位素实验室的放射性废物进行安全处理、传输、永久或临时储存。

10）与涉及原子能开发利用的国家机构建立关系；参加与核能有关的国内外组织机构的科学研究，并加强联系和合作；计划和分配国内外的对核研究提供的援助。

11）必要时，对即将在核领域工作的人员进行培训；与相关机构和高等教育组织合作；对核领域内来源于国内资源支持的奖学金的分配提出建议；对来自国外资源支持的奖学金进行分配；引导或帮助引导在国内的培训课程；派遣学生或人员到国外，计划和跟踪他们的教育和研究。

12）收集、传播和介绍国内外的有关原子能的研究结果；向公众公布必要的信息；向公众报告核问题。

13）进行核领域内相关国内法和国际法的研究，并提出必要的监管安排。

14）制定和实施与核材料和核设施保护相关的基本法令和法规；控制相关学科，并对与此学科有关的其他机构制定的法规给出评论。

TAEK 设有 1 位局长、3 位副局长，均由土耳其总理指定（图 11-6）。TAEK 的行政机构包括原子能委员会（AEC）、咨询委员会、专业的技术和行政管理部门和研究中心。2690号法律明确规定 TAEK 的组织架构。

作为一家公共组织，TAEK 遵守 2003 年 5018 号法律《公共财政管理和控制法》，该法律为公共组织提供了一个总体质量管理体系（QMS）。

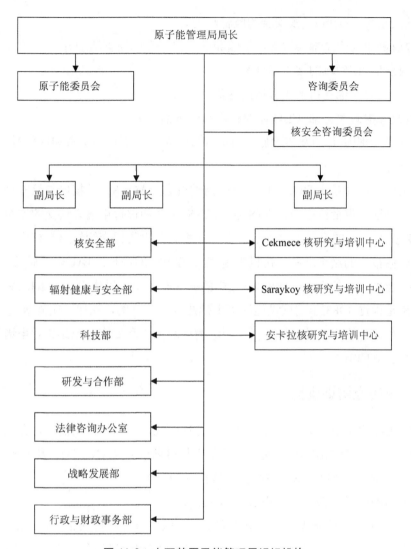

图 11-6 土耳其原子能管理局组织机构

TAEK 的局长担任 AEC 的主席，AEC 由 TAEK 的副局长及国防部、外事部和 MENR 各一个成员组成，且 4 个委员都是核能领域的教职员工。AEC 的职责包括：

- 设定 TAEK 的工作原则和计划，批准提交给总理的预算草案；
- 起草核领域相关的法律、法令和条例，并提交给总理；
- 监督并评价 TAEK 的活动，向总理提交 TAEK 的年度工作计划和年度工作报告。

AEC 还担任核设施许可证和部分执照的决策机构。

咨询委员会包含核领域的教职员工和其他相关院校和机构的专家。咨询委员会的委员是由 AEC 提名、经总理批准指定的。咨询委员会对 AEC 传达的事宜提出意见。

TAEK 的主要组织包括 4 个技术部门和 1 个行政部门：

- 核安全部（DNS）（核安全的监管活动）；
- 放射健康与安全部（辐射、运输和核废料安全的监管活动）；
- 科技部（核领域的技术发展）；
- 研发与合作部（协调核领域的各类活动）；
- 行政和财政事务部（TAEK 的行政和财务活动）。

DNS 的主要职责是颁发核设施许可证（核安全相关文件的审查和评价），制定相关规定并进行监管。

核电站许可证件是由 DNS、核安全咨询委员会（ACNS）及核电与核安全局副局长颁发的。在许可证件审批流程中，DNS 和 ACNS 审查和评价申请人递交的安全分析报告。DNS 会参考 ACNS 的意见编制评估报告，并将评估报告提交给核电与核安全副局长。副局长根据评估报告的结果准备一份报告提交给 TAEK 的局长。TAEK 的局长会将 DNS 安全分析报告及副局长的报告一同带到 AEC 的初次会议上，以作出许可审批决策。

ACNS 是根据 1983 年《核设施许可审批法令》建立的，法律中明确规定了 ACNS 的主要职责。ACNS 的成员是工作于相关领域的教职员工和专家，ACNS 对申请许可所递交的文件进行独立的审查。

（三）核研究培训机构

TAEK 还经营 3 个核研究与培训中心，进行研究、培训和开发活动，分别为 Cekmece 核研究与培训中心（CNAEM）、安卡拉核研究与培训中心（ANAEM）及 Saraykoy 核研究与培训中心（SANAEM），每个中心负责核技术的一个方面。

1. Cekmece 核研究与培训中心（CNAEM）

1956 年，土耳其政府为建立一个研究堆，从国家预算中拨款 27 万美元，并征用了位于伊斯坦布尔的小切克梅杰湖。1957 年，在五家投标建设以核科学实验为目的 TR-1 研究堆的公司中，美国 AMF 公司（American Machine and Foundry）被选中。TR-1 研究堆是一个交钥匙项目，于 1959—1962 年建造。1962 年 1 月 6 日，TR-1 首次临界，1962 年 5 月 27 日，反应堆开始投入运行。TR-1 研究堆及其附属设施被命名为 Cekmece 核研究与培训中心（Cekmece Nuclear Research and Training Center，CNAEM）。1960 年 11 月，反应堆厂房建设完成。1961 年 4 月，实验室和厂房建设完成。1961 年 7 月，第一批 CNAEM 的工作人员被任命。1962 年，Cekmece 核研究与培训中心建设完成。中心直属于原子能委员会总秘书处，其目的是开展在核领域的研究、开发、应用和培训活动。

2. 安卡拉核研究与培训中心（ANAEM）

1967 年，安卡拉核研究与培训中心成立。根据 6821 号法律，1967 年《放射卫生法令》生效，1968 年《放射卫生条例》生效。根据法令规定，涉及放射性活动的许可证授予和取消授权属于原子能委员会的职责。根据法令,这些职责由 Cekmece 核研究与培训中心和安卡拉核研究与培训中心的保健物理部执行。

3. Saraykoy 核研究与培训中心(SANAEM)

1979 年,在 ANAEM 的架构下,核农业中心成立。1999 年,核农业中心重组,并在位于 Saraykoy 的安卡拉核农业和畜牧业研究中心(ANTHAM)内继续开展活动。2005 年,根据部长会议决定,ANTHAM 与 ANAEM 的部分部门合并成立 Saraykoy 核研究与培训中心(SANAEM)。

(四)其他核能发展相关机构

除 TAEK 外,土耳其还有许多组织直接或间接地参与核电计划的实施(图 11-7)。

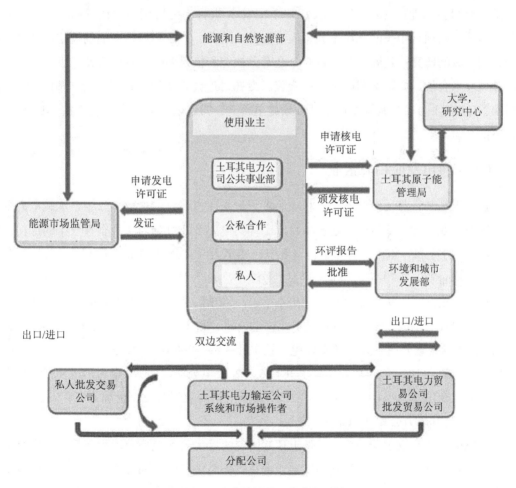

图 11-7 土耳其核能项目参与机构

1. 环境和城市发展部（MoEU）

MoEU 负责建立保护和改善环境、预防环境污染的国家政策、相关计划和项目的原则。具体而言，MoEU 的职责包括确保以最合适且有效的方式利用和保护土地、保护和改善自然动植物栖息地和防止环境污染。在 1997 年《环境影响评价条例》的框架下，规定 MoEU 履行以上职责。根据条例，设施的运营商必须在规划阶段就编制环境影响评价（EIA）报告，并递交给 MoEU。MoEU 会对拟建装置的可行性及环境相关因素进行评估，如果认为报告合格，MoEU 会向运营商颁发开展项目的许可证。核设施属于需要这项许可的设施类别，核电站的建设应该在取得其他任何证件前先从 MoEU 处获得首肯。

2. 核能项目实施部

根据 1985 年 2 月 19 日审批、2011 年 10 月 11 日修订的法律 3154 号《能源和自然资源部的组织和职责》，核能项目实施部（NEPIO）被指定为协调相关认识活动，以便制定与实施核电站项目相关的立法框架、人力资源、培训、工业和技术方面的规定，开展或指派相关领域的研究；开展研究，告知公众有关核能和核设施的信息，支持、组织和参加相关领域技术会议，如国家和国际上的会议、专题讨论会、研讨会、研习会。按照 IAEA 的指南 NG-G-3.1 号《发展国家核电基础设施里程碑》的建议，NEPIO 是设立在 MENR 管辖之下的组织。

（五）核电发展相关企业

虽然土耳其目前还没有本土的核电企业，但是在拟建设的核电项目中，本地电力企业将与国外企业一起，参与核电建设项目。土耳其电力产业可分为 4 个垂直分工的部门：发电、传输、分配和零售。目前除了传输环节仍完全由国有公司 TEIAS 控制外，其他环节均引入了私营企业。1970 年，根据第 1312 号法令，设立土耳其电力局，垄断发电、输电、配电业务。根据第 3096 号法令，从 1984 年起，允许私营企业进入电力市场。1994 年，土耳其电力局被分割成 TEAS（负责发电、输电公司）和 TEDAS（负责配电公司）。2001 年 TEAS 解体为三家公司，分别负责发电、输电和零售。2005，TEDAS 被 21 个私营配电公司所取代。截至 2014 年年底，土耳其共有 615 家发电公司、160 家电力供应商，私营企业装机容量占全国的 72%。电网长度达 120 万 km，位列欧洲第二、世界第五。

1. 土耳其电力公司（EUAS）

EUAS 成立于 2001 年 10 月，是土耳其国有的最大的发电公司，为土耳其提供经济、环保、可靠的电力以支持土耳其的发展，也负责提高现有电站的工作效率以保证低成本的发电，通过为国内能源的投资提供优惠政策以降低土耳其对进口能源的依赖。

根据 2013 年 3 月 30 日的第 6446 号《电力市场法》的规定，EUAS 的职责包括：

- 接管属于国家水利工程的电站；

- 运行或退役没有转交给私人生产的电站；
- 维护、维修和恢复在运电站；
- 与能源和自然资源部（MENR）批准的私有生产者合资建设新的电站。

EUAS 被授予的另一项权利是，在核电站归国家所有并经营（作为唯一所有人或参股方）的情况下，EUAS 即作为核电站的国有发电实体。2012 年 7 月 17 日，MENR 委托 EUAS 在 Sinop 核电站建设谈判框架下，主控 Sinop 厂址许可证审评并进行与厂址评审有关的研究。同样在 MENR 的授权下，EUAS 允许建造并运行基于研究结果选定的第三座核电站，包括对于核电站厂址的识别。同样，EUAS 也可以开展对于选定厂址的初步研究和可行性研究工作。

截至 2014 年年底，EUAS 管理了土耳其总装机容量的 31.5%，其中水电占 59.4%、天然气占 17.27%、褐煤占 21.59%、液态燃料占 1.74%。EUAS 的总发电量达到 70.469 GW·h，占土耳其全国电量总额的 28.2%。

EUAS 作为一个国有企业，一直致力于通过低成本的电站来防止电价的波动，保证了电力市场消费的平稳运行。EUAS 使得土耳其的电力市场更具预见性，也使得公众对于土耳其的电力市场保持乐观态度。EUAS 也将继续努力稳固市场的稳定性和能源安全，力争满足市场和消费者的期许。

2. 土耳其电力输运公司（TEIAS）

在土耳其国家总体经济政策调控下，土耳其电力输运公司从 2001 年 10 月 1 日开始接管国内所有电力传输设备并执行配电和运行服务计划。TEIAS 是依据第 233 号法令成立的国有企业，同时也受现有立法制度和公司章程管控，为适应新的市场架构，在 2003 年 3 月 13 日从 EMRA 出获得了电力传输许可证。

3. 土耳其电力贸易公司（TETAS）

TETAS 是负责电力买卖的国有承包商，也负责核电站项目。TETAS 将会购买到 2037 年为止 Akkuyu 核电站将近一半的电力。

4. 铀矿开采公司

土耳其铀矿资源丰富，2007 年的红皮书显示其有 7 400 t U 的铀矿可以开采，其中 Temrzil 铀矿储量达 3 000 t U。2013 年，土耳其向澳大利亚的安纳托利亚能源公司发放了其位于安纳托利亚中部项目的运营许可。这是土耳其铀矿项目获得的首批运营许可，涵盖该矿藏的所有先前勘探许可区域，有效期至少 10 年。获得这些许可后，安纳托利亚能源公司可建造原地浸析（ISL）井场及加工厂。据估计，Temrezli 铀矿含有 1 740 万磅[①]平均品位为 $1 170×10^{-6}$ 的 U_3O_8。计划在 10 年的矿山寿命内，开采 912.5 万磅的 U_3O_8。这些铀

---

① 1 磅（lb）=0.453 6 kg。

矿资源也为土耳其发展核电提供了良好的条件。

（六）核安全监管法律框架

土耳其监管架构由法律、法令、条例、指南、规范和标准组成（图 11-8）。此架构中，土耳其现行的立法和监管体制与国际惯例和条约以及 IAEA 的核安全要求是相符的。

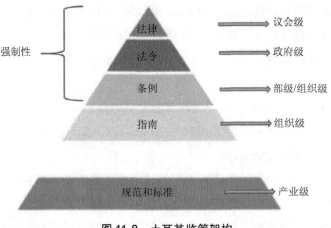

图 11-8　土耳其监管架构

1. 法律（国会级）

土耳其目前只有一部针对核电站的法律：*Law on Turkish Atomic Energy Authority*（土耳其原子能监管法，No：2690，09/07/1982），该法律定义了 TAEK 与其相关机构的义务、责任和司法权，以及其他一些与环境、核设施、人员保护相关的要求。但是，这并不是一部综合性的法律，一部新的更综合的法律已经起草并上交等待批复。

新的能源法将包含：

- 综合的核法律；
- 核安全基本原则；
- 授权、责任等；
- 独立监管机构的建立；
- 具体执行条款；
- 无监管责任的 TAEK 的重组；
- 核废料管理的政策问题；
- 退役和核废物基金。

除此之外，其他的土耳其法律，如《环境法》，将会规定核设施的环境影响，监管核设备的环境影响；《刑罚法》，明确规定核和辐射犯罪行为和处罚；《电力市场法》，监管电力生产、配电、批发贸易等（表 11-2）。

同时，一部新的核责任法正在起草中，将包含：

- 被许可方的责任；
- 第三方的责任；
- 保险需求；
- 符合巴黎公约的内容。

表 11-2 土耳其核电项目法律框架

法律	状态
土耳其原子能监管法	执行中
核电厂建设运行和能源售卖法	执行中
环境法	执行中
电力市场法	执行中
核能法	草案
核损害民事责任法	草案

2. 法令（政府级）

和法律一样，法令是强制性的而且是直接由政府制定和执行的。目前，也只有一部法令是为核电站编制的：*Decree on Licensing of Nuclear Installations*（核装置许可法，1983）。

该法令设定了许可流程以及核设施许可证和执照相关的规定，还有与许可流程相关的机构的角色。这部法令明确了申请许可证和执照必须的要求、文件和内容，对审核流程也进行了一些解释，也描述了土耳其许可流程的 3 个阶段：

- 厂址许可：厂址许可证、厂址相关设计参数的同意；
- 建造许可：有限的工作许可证、建造许可证；
- 运营许可：调试许可证、装料和测试许可证、运行许可证。

也包含其他在设备生命周期中所需的许可证以及吊销执照的说明。但是，需要注意的是，部分许可过程可能很快就会做出改变（特别是与厂址许可证申请有关的）。同时，为了能正确满足土耳其条例的相关要求，此法令的使用需要与 *A Guide on Owner and Authorization Applications for Nuclear Installations*（关于核装置的所有者和授权申请的指南，2014）相结合。

另有一部法律 *Decree on Radiation Safety*，1985（表 11-3），规定了在持有、使用、制造、进出口、获得、贩卖、运输和储存电离辐射原料过程中应该由政府或个人组织或实体机构应该遵守的规则。小于 0.002 μCi/g 的放射性物质的活动不在此规定包含的范围内。

表 11-3　土耳其核电项目法令框架

法令	状态
核设施执照法令	执行中
辐射安全法令	执行中

3. 条例（部门/组织级）

土耳其的条例包含了政府批准的一般性规定，也包含了在特别领域被赋予法律责任的机构或组织。条例是强制性的，但是也必须服从法律规定的内容，不能违背法律的规定（表 11-4）。

表 11-4　土耳其核电项目条例框架

条例	状态
原子能委员会工作程序条例	执行中
核安全咨询委员会建立和工作程序条件	执行中
辐射安全条例	执行中
核材料和核设施实体保护条例	执行中
核材料衡算和控制条例	执行中
核设施安全基本质量管理要求规定	执行中
核安全检查和执法条例	执行中
辐射材料安全运输条例	执行中
核与辐射国家应急准备条例	执行中
核电厂安全具体准则规定	执行中
核电厂安全设计准则规定	执行中
核电厂选址条例	执行中
签发核和核两用物品出口许可文件库的规定	执行中
在电离风险控制区保护外部工人条例	执行中
辐射废物管理条例	执行中
核设施清洁和监管控制现场释放规定	执行中
辐射安全监督和执法条例	执行中
核设施管理系统条例	草案
核电厂建设监督条例	草案

（1）原子能委员会工作程序条例，1983

描述了 AEC 的工作流程以及相关义务。

（2）核安全咨询委员会建立和工作程序条件，1997

描述了咨询委员会的工作流程和相关义务。

（3）辐射安全条例，2000

针对电离辐射暴露，定义了人员和环境的辐射安全，包括与为防止辐射源和辐射活动的危险，与设备相关的辐射安全和测料要求。但此条例不包含与核设施、核燃料、由核设备和核物质带来的放射性废物的相关活动。

（4）核材料和核设施实体保护条例，2012

该文件规定了核设备和核材料的处理、应用、储存或转移，以及在土耳其境内发生偷窃时的物理保护方法。

（5）核材料衡算和控制条例，2012

此条例规定了确认和追踪以及定期清查核材料的原则和过程，其中所有的核材料的使用都需要遵循和平利用核能的原则。本条例包括了设备、核材料、特别设计或准备的设备和材料、参与到核燃料转换研发活动的实体的人或者法人、核燃料转移活动的计划、核材料提取和处理等相关内容，具体包括：

- 声明；
- 计算和控制的起点，以及相关义务；
- 核材料转移许可证；
- 记录、豁免和终止；
- 报告；
- 检查和制裁。

（6）核设施安全基本质量管理要求规定，2012

为加强核设施的安全性，本条例建立了质量管理法定的基本原则和要求，该条例应用于核设施所有阶段的活动，也应用于对核安全最为重要的架构、系统和设备，具体包括：

- 责任、与权力的关系、执法；
- 管理体系、原则和活动；
- 质量管理基本要求。

（7）核安全检查和执法条例，2007

确认了为保证安全，在核设备任意阶段需要采取的行动，确认了执法行为的应用情况以及与这些行动相适应的核安全监管需求，具体包括：

- 检查，范围和类型；
- 授权个人的检查；
- 检查；
- 执法行动。

（8）辐射材料安全运输条例，2005

为保护个人不受辐射侵害，同时也确保在放射性材料通过公路、铁路、航空和航海转移过程中不对环境造成影响，条例包含了设计、准备、装载、运输、卸载、暂时储存放射性燃料以及到最终接收点各个阶段的要求，具体包括：

- 活动和材料的限制；
- 运输的要求和控制；
- 放射性材料的要求以及对放射性材料包装的要求；
- 测试方法；
- 许可和管理要求。

（9）核与辐射国家应急准备条例，2000

描述了相关机构、组织、附属单位的责任，以及在和平时期在国内或者国外发生核事故或放射性事故的前后，在事故或危机情况下的责任人。同时，也明确了对于保护公众和环境所需采取的健康和安全的行为。

（10）核电厂安全具体准则规定，2008

为保证核安全，此条规确定了核电站的主责人员应该遵循的安全原则，包括组成核电站安全框架的：

- 厂址评估；
- 设计、制造和施工；
- 调试；
- 运行；
- 退役；
- 事故管理以及应急事故管理。

（11）核电厂安全设计准则规定，2008

为保证核安全，此条例建立了在核电厂设计过程中需要遵循的安全原则，包含两部分内容：

- 核电站总体设计规定；
- 电站设计的具体要求。

（12）核电厂选址条例，2009

对于即将建设电站的厂址，本条例建立了对该厂址的核安全要求，适用于有意向建设核电站的厂址以及具体的厂址地区的审查，具体包括：

- 一致性审查；
- 外部事件设计基础；
- 人为引起的外部事件；
- 气象有关的外部事件；
- 水文有关的外部自然事件（洪水）；
- 地理和岩土有关的外部自然事件。

（13）签发核和核两用物品出口许可文件库的规定，2007

针对核材料的出口，明确了有关文献库出口许可原则；在核领域使用的材料、设备和相关技术；以及核两用材料、设备和相关技术，具体包括：

- 出口控制、文件库出口许可授权和申请；
- 核转移出发清单上的出口项目规定；
- 出口核两用清单项的条件。

（14）在电离风险控制区保护外部工人条例，2011

此文件规定了为在可控区域内执行核与电离放射活动的工作者须提供的工作条件，包括对于工作人员的分类、剂量限定以及他们的责任和义务。

（15）辐射废物管理条例，2013

为保护公众、环境以及后代，此条款规定了对放射性废物的安全管理规定，适用于与放射性废物管理有关的活动和设施。对于不在核能使用和电离放射源范围内但也可能产生放射性废物的活动，此条款也是有效的。具体包括：

- 放射性废物管理的要求和原则；
- 放射性废物管理的步骤；
- 释放气体和液体放射性废物到环境中；
- 放射性废物设备的总原则；
- 放射性废物设备的总安全准则；
- 核设备和放射性设备的管理；
- 审查和制裁。

（16）核设施清洁和监管控制现场释放规定，2013

本条例规定了在核设施运行和退役过程中产生的放射性材料和废物清理的方法和原则，适用于固体放射性材料以及在运行和退役的过程中核设施以及核设备厂址所产生的放射性废物，具体包括：

- 清理原则；金属、建筑物和碎石的限制；测量；平均质量和表面积；过程；测量项目；记录；
- 从监管体制中移除厂址。

（17）辐射安全监督和执法条例，2010

为确保监管情况的连续性以及人员整合的确定性，此条例明确了权利机构与放射性应用相关的监管和执行要求，具体包括：

- 检查和检查结果；
- 检查办公室、权限、义务和裁决；
- 其他规定（过程和原则、现有人员的调试、强制执行）。

由于土耳其的条例、指南和标准并没有包含所有需要的方面，为保证安全，土耳其监管机构规定，需要按照以下原则进行审批：

①土耳其的条例；

②"安全基础"和"安全要求"类别下的 IAEA 核安全系列文件；

③如果①②两点还认为不足够，在供应国家的核安全准则也需要被遵守；

④如果在安全相关问题上，①②③都不足够，与 IAEA 安全指南相符的或者设计电厂的许可申请的第三方国家准则需被遵守。

基于以上原因，IAEA 安全需求在土耳其的条例尚未覆盖的部分也需要被满足。国际共识认为，在 IAEA 和核电开发国家所制定的安全规则中，哪一方的规则安全要求更高，就优先参照哪一方的要求执行，IAEA 安全标准系列包括基本安全原则、总体安全要求、具体安全要求（图 11-9）。

图 11-9　IAEA 安全标准系列

基本安全原则建立了基本的安全目标、安全原则和概念，这为 IAEA 的安全标准以及与安全相关的项目提供了一个基准。总体要求所建立的要求必须满足，以确保基本的安全目标和原则，从而对人民、环境以及后代给予保护。用"必须"来表达并且以条例的语言描述的要求可以与不同国家的法律和规定相融合，这些都是为了安全一定要遵守的条例。IAEA 的安全指南为成员国提供了对于如何遵循安全要求的一些建议和指导，也展示了国际上一些公认的为达到安全所做的良好事例。

4. 指南（组织级）

安全指南并不是强制性的，但是在确保核电安全性实施的过程中也是有效的，因此与强制性条例一样，也是表现安全性的重要形式。有效的规范和标准有：

- TAEK 安全导则；
- IAEA 安全导则；
- 供应国家导则设计规范和标准的使用；
- 第三方国家导则设计标准和规范的使用。

土耳其的指南和相关文件如表 11-5 所示。

表 11-5 土耳其指南和指导性文件

序号	名称	发布年份
	核电厂评价基础法规、指南和标准以及参考电厂的确定指令	2012
GK-KYS-01	建立和实施核设施安全质保计划指南	2009
GK-KYS-02	核装置安全不合格控制和改正行动管理指南	2009
GK-KYS-03	核装置安全文件控制和记录管理指南	2009
GK-KYS-04	核装置安全验收检验指南	2009
GK-KYS-05	核装置安全质保计划实施评估指南	2010
GK-KYS-06	核装置安全物项和服务购买质保指南	2010
GK-KYS-07	核装置安全生产质保指南	2011
GK-KYS-08	核装置安全研发质保指南	2011
GK-KYS-09	核装置选址阶段建立和实施质保计划指南	2010
GK-KYS-10	核装置安全在设计阶段质保指南	2011
GK-KYS-11	核装置安全在建设阶段质保指南	2011
GK-KYS-12	核装置安全在调试阶段质保指南	2011
GK-KYS-13	核装置安全运行质保指南	2011
GK-KYS-14	核装置安全退役质保指南	2011
	核电厂现场报告内容和格式指南	2009
	特定设计准则指南	2012
	核装置所有者授权申请指南	2014
	根据授权阶段授权的核装置建设活动指南	2016

四、核安全与核能国际合作

近年来，土耳其凭借其日益增强的综合国力和地缘战略优势，外交上更加积极进取，推行独立自主、积极务实的外交政策，主张以和平方式解决国际争端。重视多边和区域外交，注重经济外交，维护本国切身利益。土耳其与美国保持传统战略伙伴关系，为北约成员；重视加强与欧洲的关系，并将加入欧盟作为既定战略目标。开始注重实行外交多元化，重视发展与亚洲、非洲国家关系。

1. 与中国的合作

1971 年 8 月 4 日，中国和土耳其建交。20 世纪 80 年代以来，中国与土耳其的关系一直保持稳步发展态势，双边频繁的高层互动加深了双方的政治互信。2010 年 10 月，土耳其与中国宣布建立战略合作关系，为包括核能合作在内的双边关系的深化和发展奠定了良好基础。但中土政府间的核能合作仍处于起步阶段，主要合作成果来自 2012 年 2 月和 2012 年 4 月双方高层互访时达成的合作共识。

中国政府一直鼓励国内企业"走出去"，来增加国际贸易和投资方面的合作。核电站项目的输出，不仅仅是作为一个产品，而且是一项技术和一种标准的输出。

2012 年 2 月中国和土耳其之间签署了和平利用核能的协议，该协议的合作范围包括：
①核能的基础研究和发展；
②核电厂和研究堆的设计、建设、调试、运行、升级、维护和退役；
③勘探、开采、核矿石研磨、放射性废物处理和处置以及相关铀矿开发；
④联合开发自主化反应堆和燃料技术，特别是更安全、无扩散、环保并有经济性的技术；
⑤核安全、放射保护、环境保护规定、应急管理以及核废料管理；
⑥人才培养；
⑦核电厂及反应堆使用材料及设备，提供核燃料相关服务以及其他协议里包含的服务内容；
⑧其他双方同意的合作项目。

此协议遵循国际核不扩散原则，包括和平利用的目标、物理防护、IAEA 条款以及第三方转移等。此协议正在执行两国正式批准流程，批准后将会极大程度上促进中土在核电项目上的进展。

2012 年 4 月 9 日，土耳其总理埃尔多安在访华期间与中国签署两项核能合作协议，为深化两国之间的核能合作铺平了道路。其中一项协议是土耳其能源部与中国国家能源局签署的有关进一步开展核电合作的意向书。

2013 年 2 月 26 日，土耳其能源与自然资源部代表团访问中国，并与中国环境保护部就共同关注的核电及核安全合作等议题进行了交流。

2014 年 11 月 24 日，土耳其国有发电公司与中国国家核电技术公司、美国西屋公司签署合作备忘录，启动在土耳其开发建设 4 台核电机组的排他性协商。这是土耳其第 3 个核电项目，初步计划建造两台 AP1000 机组和两台 CAP1400 机组。土耳其对 CAP1400 技术非常感兴趣，一直是 CAP1400 "走出去"最具希望的市场之一。此协议的执行将进一步巩固三方战略合作关系，促进经济和贸易合作，同样也会对美洲、亚洲和欧洲产生重要的影响。

2015 年 7 月，中国国家核安全局与土耳其原子能管理局（TAEK）进行接触，双方已经完成框架合作协议的磋商，待择机签署。

2016 年 9 月 2 日，土耳其宣布就和平利用核能与中国展开合作的官方声明，这意味着中国在帮助土耳其建设该国第 3 座核电站的道路上又向前迈进了一步。该协议签署于 2012 年，但一般只有在土耳其官方正式宣布声明后，国际协议才能正式进入实施阶段。

随后，在 2016 年 G20 峰会期间，中国国家核安全局与土耳其原子能管理局签署双边合作协议。此项协议的签署标志着两国核安全监管正式开展合作。

2. 与美国的合作

美国和土耳其建交可以追溯到 1831 年的奥斯曼帝国时期，土耳其自 1952 年以来一直是强大的北约盟友，也是驻阿富汗国际维和部队的积极成员。美国一直视土耳其为其重要的盟友，贸易伙伴以及国际稳定的影响势力。

2008 年 6 月，美国与土耳其政府开始执行具有法律约束效力的政府间和平利用核能的合作协议——"123 协议"。该协议规定了在核不扩散条件下和平利用核能的合作框架，为两国之间互利合作以及和平利用核能打下了深厚的基础。

"123 协议"初始期限为 15 年，并可自动延期 5 年。协议的生效使得两国之间互相转让核能相关的技术、材料、反应堆、部件等成为可能。此协议同意西屋公司与土耳其国有发电公司（EUAS）、土耳其能源和自然资源部（MENR）以及其他土耳其机构共同完成相关项目。

针对土耳其第 3 座核电项目，美国西屋公司、中国国家核电技术公司和土耳其签署合作备忘录，启动在土耳其开发建设 4 台核电机组的排他性协商，初步计划建造两台 AP1000 机组和两台 CAP1400 机组。

美国核管制委员会（NRC）将为土耳其项目提供显著且有意义的帮助。作为一个国际性的合作和支持机构，NRC 的工作人员和承包商能够为核安全法规的制定提供直接的咨询服务，特别是针对土耳其项目将包含全方位的培训，NRC 也将为反应堆相关技术知识以及提高核监管能力提供帮助。

3．与俄罗斯的合作

2010 年 5 月土耳其政府与俄罗斯政府签订了政府间一揽子协议，授权俄罗斯国家原子能公司 Rosatom 建设和运营 Akkuyu 核电厂。Akkuyu 核电厂已于 2015 年 4 月宣布开工建设，预计 2022 年并网发电。但是 2015 年 11 月土叙边境俄战机被土方击落，俄罗斯开始对土耳其经济制裁，极有可能导致工期推延。

4．与日本的合作

2011 年土耳其启动第二座核电厂招商项目。2013 年土耳其与日本签署了 Sinop 核电厂建设意向协议。2015 年 4 月土耳其批准了关于日本建造 Sinop 核电厂的政府间协议。目前正在进行厂址准备工作，首台机组预计 2017 年开工建设，2023 年并网发电。负责建设运行的财团由日本三菱重工、伊藤忠商社以及法国阿海珐集团、Engie 集团（原法国燃气苏伊士集团）组成，将拥有 65%的项目公司股份，土耳其国有发电公司 EAUS 拥有其余 35%股份。

5．与 IAEA 的合作

2013 年国际原子能机构（IAEA）支持土耳其的核基础设施发展，土耳其邀请 IAEA 审查其引进核电的计划。由 IAEA 国际专家组成的综合核基础结构评估（INIR）考察团注意到一些好的做法，并提出了进一步改进的建议。

最近的 2017 年国际原子能机构还在 Akkuyu 工地举办了多次现场和外部事件设计（SEED）任务。这些任务旨在帮助各国进行核装置选址、现场评估以及结构、系统和部件的设计，同时考虑特定地点的外部危害，如洪水和地震。

国际原子能机构一直在支持土耳其起草其核能法和核损害民事责任法。

根据国际原子能机构和土耳其商定的综合工作计划，原子能机构举办了多次讲习班和活动，重点关注核电基础设施发展的不同方面，如监管框架、人力资源开发、利益攸关方参与、辐射防护、放射性废物管理、工业参与和环境保护。2013 年 12 月，在安卡拉的 TAEK 质子加速器设施（PAF）IAEA 为 TAEK 举办了"国际原子能机构回旋加速器和放射性药物生产设施辐射安全国家培训班"。旨在培训 TAEA 放射卫生和安全部门的人员，使他们了解回旋加速器和放射性药物生产设施的辐射安全，解决许可和检查问题。

五、核能重点关注事项及改进

土耳其一直是中国"走出去"战略最具有希望的市场之一，中土两国的合作也极有可能将 CAP1400 走出国门变为现实。然而对于土耳其这个地处亚欧交通枢纽的国家，中土之间的核能及核安全合作机遇与风险并存。

（1）开展核安全监管合作，分享核电监管经验

土耳其现在还没有核电厂，相关的法律法规、标准、导则等比较匮乏，在核电厂选址、

设计、建设和运行安全监管等诸多方面缺乏经验。中国国家核安全局可以以此作为合作起点，参与到土耳其监管体系的建设和完善过程中，共享我国的核电建设、运行及监管经验，为电力企业之间的合作提供支持。

土耳其在其核电发展中也考虑了福岛核事故的经验教训，已经为其核电站做了地震、海啸、洪水等自然灾害方面的安全调查，以求在任何自然灾害的情况下都能保持其核设施的安全稳定。土耳其国会还通过了国家级灾难响应计划，其国家级核辐射应急响应计划也正在开发中。中国国家核安全局也可在此领域展开与土方的合作。

（2）开展 TSO 领域技术合作，加强核安全安保技术交流

为顺利开发核电项目，土耳其目前正在计划扩大其人力资源配置，将聘用更多人力执行核电站的许可审批和监管活动。目前在国内，TAEK 正利用 IAEA 等国际组织成员国的有利条件培训其员工，补充其核电建设和监管人才队伍。但临时培训难以立时达到监管要求，土耳其还通过与国外 TSO 签订协议的方法提供技术能力支持。针对 *Akkuyu* 项目，土耳其已选定捷克 UJV Rez（UJV）作为 TSO，并于 2014 年签订协议。

我国核电发展历史悠久，核电监管体系完善，核电技术支持单位（TSO）技术能力充足，可借两国发展 CAP1400 的机遇，加强与土耳其监管当局的联系，为其发展核电项目提供技术支持和政策咨询，协助土耳其消除技术差距。同时也可适时加强与土耳其科研机构的交流合作，为培养土耳其核电建设和监管人才提供培训服务。

（3）充分考虑地缘政治因素，规避潜在风险

中土核能及核安全合作也应考虑地缘政治的风险。很直观的例子就是 2015 年 11 月 24 日俄罗斯一架苏-24 战机在土耳其和叙利亚边境地区被土耳其战机击落，随后俄罗斯宣布对土耳其进行经济制裁。虽然制裁措施中没有提及 *Akkuyu* 核电站等项目，也不含有可能限制这些项目执行的内容，但由两国能源部长担任联合主席的经贸合作政府间委员会工作将暂停，而能源合作项目就是在该委员会框架下进行讨论的。

因此，在中国国家核安全局与土耳其原子能管理局开展合作时，应尽可能将政治风险因素纳入考量范围，从而合理规避、提前预防可能对核安全合作、核能行业合作造成的负面影响。